入門
金属3Dプリンター技術

日本溶接協会 AM部会 技術委員会 編

産報出版

はじめに

　本年（2024 年）4 月から，一般社団法人日本溶接協会 3D 積層造形技術委員会は AM 部会に改組され，AM 技術の各方面への普及・拡大に向けて，適切な企画立案と効果的なイベント等を実行できる体制となりました。

　AM 部会 技術委員会は 2020 年に設置された 3D 積層造形技術委員会を本流として継承するものであり，AM 部会の中核になります。本委員会は，AM 実用のウエイトが高い航空宇宙分野をはじめとして，電力設備，産業機械，建築，自動車，化学プラントなど幅広い製造分野のエンドユーザ，AM 装置メーカ，AM 材料メーカ，ガスメーカ，サービスビューロなどから構成されています。生みの苦しみを経験された前委員長の平田好則先生（大阪大学名誉教授）のあとを担当することになり，身が引き締まる思いですが，世界のものづくりの革新が始まっているなか，我が国の国際競争力を高めるため，全力を投入したいと考えています。具体的には，AM 技術の最新情報の共有や実用化における課題の抽出・共有，日進月歩で進化する技術レベルをさらに強化する活動などを実施したいと考えています。

　このたび，昨年（2023 年）スタートした AM 技術入門書の出版プロジェクトが終了し，「入門：金属 3D プリンター技術」が上梓されることになりました。AM 技術はまだまだ発展途上であり，関連ジャーナルでは研究開発者にとって有用な総説（レビュー）が掲載されていますが，初学者にとって体系化された書籍はほとんどなく，本書 16 名の執筆者がご苦労されている様子を校閲者の一人として窺い知ることができました。

　本書の執筆者の皆様にはお忙しいところ，多大なご尽力をいただきましたことに対して，厚く御礼申し上げます。そして，校閲者とともに，本書完成までに様々なご支援とご協力をいただいた関係者の皆様に対して，深く感謝申し上げます。

　本書がものづくり分野の設計技術者や生産技術者などの意識を変え，近い将来，金属 AM を用いた製品・部品が身近になることを願っています。

2024 年 8 月

田中　学
一般社団法人日本溶接協会
AM 部会 技術委員会委員長

発刊にあたって

本書のタイトルを「入門 金属3Dプリンター技術」とした。これは3Dプリンターが家庭にまで広く行き渡り，3次元立体物を造形する機械という用語が周知されており，本書が文系・理系や専門分野に捉われず，幅広い読者層を対象としていることがその理由である。いずれ用語が定着するものと思われるが，国際標準化機構はISO/ASTM 52900でAdditive Manufacturing（AM）と定義しており，日本産業規格ではJIS B 9441で付加製造（AM）としている。このため，本書のなかではAMあるいはAM技術という用語を使用していることをあらかじめ記す。

さて，日本の金属3Dプリンター技術（以下，金属AM技術と記す）は欧米に比べて実用化が5～6年遅れていると言われている。さらに，中国も国策として産官学が取り組んでおり，我が国を凌駕する勢いで研究開発とともに実用化が進められている。このような背景のもと，日本がAM技術の実用化で世界に取り残されるという危機感から，2020年に（一社）日本溶接協会に3D積層造形技術委員会が設置された。委員会の設置趣旨は国内の製造各分野に金属AM技術を普及させることである。

本委員会では当初情報交換を主体に運営してきたが，様々な製品分野のエンドユーザが参画していることから，金属AM技術を系統的に理解できるような取組みを要請する意見が寄せられるようになった。そこで，初学者が金属AM技術全般を俯瞰できるような書籍を上梓することにした。具体的には読者対象として，ものづくりの設計技術者や生産技術者はもとより，幅広い分野の方々にとって教材となるような平易な入門書を目指して，章立てやキーワードを委員の方々と検討した。

AM技術は機械工学や材料工学，品質工学，設計工学など多様な知識を必要とする。したがって，本書を編集するにあたって，読者にとって読みやすくするために，本文に記された専門用語のいくつかに脚注をつけている。また，より高度な内容については【Step-Up】欄を設け，読者の必要に応じて読み飛ばしても差し支えがない構成にしている。

本書では，産業界・学術界の各分野の方々に執筆を依頼した。執筆者の皆様にはご多用のなか，短い執筆期間にもかかわらず，本書の趣旨を汲み、多大なご尽力をいただきましたことに対して，厚く御礼申し上げます。

そして，執筆内容について読者目線の立場から校閲していただいた先生方に対して，心より感謝申し上げます。また，数々の機会にご支援とご協力をいただきましたAM部会の皆様に対して御礼申し上げます。

最後に，本書を通して読者が金属AMを理解し，さらに，ものづくり分野への金属AM導入を促進することにつながることを期待しています。

2024年8月

平田 好則
前3D積層造形技術委員会委員長

執筆者一覧

○ 池庄司　敏孝　　（東京工業大学）　　　　　　　　2.1節，2.2節，2.3節

○ 石出　孝　　　　（三菱重工業）　　　　　　　　　1.2節

○ 荻野　陽輔　　　（大阪大学）　　　　　　　　　　3.1節

○ 笠見　明子　　　（三菱重工業）　　　　　　　　　4.1節

○ 門井　浩太　　　（大阪大学）　　　　　　　　　　3.2節

○ 小池　綾　　　　（慶應義塾大学）　　　　　　　　2.5節

○ 柴原　正和　　　（大阪公立大学）　　　　　　　　3.4節

○ 中野　貴由　　　（大阪大学）　　　　　　　　　　3.3節

○ 永田　佳彦　　　（ＩＨＩ）　　　　　　　　　　　4.2節

○ 朴　勝煥　　　　（日立製作所）　　　　　　　　　4.4節

○ 平田　好則　　　（大阪大学名誉教授）　　　　　　1.1節，2.1.2(c)，2.3.1(c)

○ 水谷　義弘　　　（東京工業大学）　　　　　　　　4.3節

○ 迎井　直樹　　　（神戸製鋼所）　　　　　　　　　2.4.3項

○ 矢地　謙太郎　　（大阪大学）　　　　　　　　　　5章

○ 柳谷　彰彦　　　（兵庫県立大学）　　　　　　　　2.4.1項

○ 吉野　雅樹　　　（大阪チタニウムテクノロジーズ）　2.4.2項

（五十音順）

校閲者一覧

○ 桐原　聡秀　　　（大阪大学）

○ 粉川　博之　　　（東北大学名誉教授）

○ 篠崎　賢二　　　（広島大学名誉教授）

○ 田中　学　　　　（大阪大学）

○ 平田　好則　　　（大阪大学名誉教授）

（五十音順）

目　次

はじめに …………………………………………………………………………… i

発刊にあたって…………………………………………………………………… ii

執筆者一覧・校閲者一覧 ……………………………………………………… iii

▌第1章　ものづくりへのAMの導入

1.1　ものづくりの基礎とAM技術 ………………………………………… 1

　1.1.1　金属材料の種類と用途 ……………………………………………… 1

　1.1.2　金属材料の性質 ……………………………………………………… 2

　1.1.3　加工技術 ……………………………………………………………… 4

　1.1.4　ものづくりの工程とAM 技術 …………………………………… 9

1.2　実用化の現状と課題 …………………………………………………… 12

　1.2.1　はじめに ……………………………………………………………… 12

　1.2.2　日本と世界の現状 …………………………………………………… 12

　1.2.3　推進遅れの原因（課題） …………………………………………… 14

　1.2.4　課題の解決 …………………………………………………………… 15

　1.2.5　今後のAM の進め方 ……………………………………………… 16

▌第2章　金属AMの造形方法

2.1　AM方式と金属への適用 ……………………………………………… 19

　2.1.1　AM 方式 ……………………………………………………………… 19

　2.1.2　熱源 …………………………………………………………………… 26

2.2　PBF（粉末床溶融結合）方式 ………………………………………… 38

　2.2.1　造形原理 ……………………………………………………………… 38

　2.2.2　装置の構成 …………………………………………………………… 46

　2.2.3　サポート付加 ………………………………………………………… 49

　2.2.4　造形条件と欠陥 ……………………………………………………… 50

　2.2.5　後工程 ………………………………………………………………… 52

2.3　DED（デポジション）方式……………………………………………… 56

　2.3.1　造形原理 ……………………………………………………………… 56

　2.3.2　装置の構成 …………………………………………………………… 59

　2.3.3　造形条件と欠陥 ……………………………………………………… 61

　2.3.4　後工程 ………………………………………………………………… 61

2.4　AM材料　‥‥‥‥‥‥‥‥‥‥‥‥‥‥‥‥‥‥‥‥‥‥‥‥‥‥‥‥　64

　2.4.1　AM 粉末　‥‥‥‥‥‥‥‥‥‥‥‥‥‥‥‥‥‥‥‥‥‥‥‥‥　64

　2.4.2　安全衛生　‥‥‥‥‥‥‥‥‥‥‥‥‥‥‥‥‥‥‥‥‥‥‥‥　67

　2.4.3　AM ワイヤ　‥‥‥‥‥‥‥‥‥‥‥‥‥‥‥‥‥‥‥‥‥‥‥　71

2.5　造形設計　‥‥‥‥‥‥‥‥‥‥‥‥‥‥‥‥‥‥‥‥‥‥‥‥‥‥　75

　2.5.1　はじめに　‥‥‥‥‥‥‥‥‥‥‥‥‥‥‥‥‥‥‥‥‥‥‥‥　75

　2.5.2　AM のためのソフトウェア　‥‥‥‥‥‥‥‥‥‥‥‥‥‥‥　75

　2.5.3　3Dデータの準備　‥‥‥‥‥‥‥‥‥‥‥‥‥‥‥‥‥‥‥‥　77

　2.5.4　CAM による造形経路設計　‥‥‥‥‥‥‥‥‥‥‥‥‥‥‥　81

　2.5.5　おわりに　‥‥‥‥‥‥‥‥‥‥‥‥‥‥‥‥‥‥‥‥‥‥‥‥　82

第3章　AM造形現象

3.1　溶融池と温度分布　‥‥‥‥‥‥‥‥‥‥‥‥‥‥‥‥‥‥‥‥‥‥　85

　3.1.1　温度と溶融現象　‥‥‥‥‥‥‥‥‥‥‥‥‥‥‥‥‥‥‥‥‥　85

　3.1.2　熱流束とパワー密度　‥‥‥‥‥‥‥‥‥‥‥‥‥‥‥‥‥‥　85

　3.1.3　エネルギーの保存　‥‥‥‥‥‥‥‥‥‥‥‥‥‥‥‥‥‥‥　86

　3.1.4　熱伝導方程式　‥‥‥‥‥‥‥‥‥‥‥‥‥‥‥‥‥‥‥‥‥‥　87

　3.1.5　準定常熱伝導方程式　‥‥‥‥‥‥‥‥‥‥‥‥‥‥‥‥‥‥　87

　3.1.6　ローゼンタールの式とクリステンセンによる無次元表示　‥‥‥　88

　3.1.7　金属AM プロセスにおける熱輸送現象　‥‥‥‥‥‥‥‥‥‥　90

　3.1.8　溶融池の対流現象　‥‥‥‥‥‥‥‥‥‥‥‥‥‥‥‥‥‥‥　91

　3.1.9　溶融池現象の数値シミュレーション技術　‥‥‥‥‥‥‥‥‥　92

3.2　凝固組織　‥‥‥‥‥‥‥‥‥‥‥‥‥‥‥‥‥‥‥‥‥‥‥‥‥‥　97

　3.2.1　AM 部の組織形態とその形成過程　‥‥‥‥‥‥‥‥‥‥‥‥　97

　3.2.2　金属の凝固現象　‥‥‥‥‥‥‥‥‥‥‥‥‥‥‥‥‥‥‥‥　97

　3.2.3　AM 過程での凝固現象　‥‥‥‥‥‥‥‥‥‥‥‥‥‥‥‥‥　99

　3.2.4　AM 過程での凝固現象に起因した欠陥　‥‥‥‥‥‥‥‥‥‥　101

3.3　相変態とミクロ・マクロ組織制御　‥‥‥‥‥‥‥‥‥‥‥‥‥‥　103

　3.3.1　はじめに　‥‥‥‥‥‥‥‥‥‥‥‥‥‥‥‥‥‥‥‥‥‥‥‥　103

　3.3.2　代表的な2元系平衡状態図　‥‥‥‥‥‥‥‥‥‥‥‥‥‥‥　103

　3.3.3　液相からの冷却にともなう組織変化　－平衡凝固と非平衡凝固を比較しつつ－　‥‥‥　104

　3.3.4　冷却速度と組織形成　‥‥‥‥‥‥‥‥‥‥‥‥‥‥‥‥‥‥　106

　3.3.5　結晶集合組織形成と力学異方性の発現　‥‥‥‥‥‥‥‥‥　109

　3.3.6　おわりに　‥‥‥‥‥‥‥‥‥‥‥‥‥‥‥‥‥‥‥‥‥‥‥‥　112

3.4 熱変形および残留応力 ……………………………………………………………… 112

   3.4.1 固有ひずみ ………………………………………………………………… 112

   3.4.2 固有ひずみ（固有変形）を用いたFEM弾性解析による金属AM時の熱変形予測 ………… 113

   3.4.3 金属AM時の熱変形試験 ………………………………………………… 114

   3.4.4 FEM熱弾塑性解析を用いた金属AM時の熱変形予測 ……………………… 115

第4章　AM造形物の品質保証に向けて

4.1 品質保証の考え方 ……………………………………………………………… 121

   4.1.1 AM造形物の品質保証の基本方針 ………………………………………… 121

   4.1.2 設備・装置 ………………………………………………………………… 122

   4.1.3 工程管理 …………………………………………………………………… 123

   4.1.4 妥当性検証 ………………………………………………………………… 124

   4.1.5 認定 ………………………………………………………………………… 124

   4.1.6 管理要領の具体例 ………………………………………………………… 125

   4.1.7 品質保証 …………………………………………………………………… 126

   4.1.8 まとめ ……………………………………………………………………… 127

4.2 造形品質の確認試験 …………………………………………………………… 128

   4.2.1 断面観察 …………………………………………………………………… 128

   4.2.2 引張試験 …………………………………………………………………… 131

   4.2.3 試験片の採取 ……………………………………………………………… 132

   4.2.4 疲労試験 …………………………………………………………………… 134

   4.2.5 クリープ試験 ……………………………………………………………… 136

4.3 非破壊検査 ……………………………………………………………………… 138

   4.3.1 はじめに …………………………………………………………………… 138

   4.3.2 非破壊検査とその役割 …………………………………………………… 139

   4.3.3 AM造形品で発生し得るきず ……………………………………………… 140

   4.3.4 従来の非破壊検査法 ……………………………………………………… 141

   4.3.5 AM造形品に特化した非破壊検査の規格基準と方法 …………………… 144

   4.3.6 今後の課題とまとめ ……………………………………………………… 145

4.4 インプロセスモニタリング …………………………………………………… 146

第5章　AM設計（DfAM）入門　～トポロジー最適化による構造設計～

5.1 はじめに ………………………………………………………………………… 152

5.2 DfAMと構造最適化 …………………………………………………………… 152

5.3	トポロジー最適化 …………………………………………………	153
5.3.1	最適化問題の定式化 …………………………………	153
5.3.2	密度法による最適化問題の緩和 …………………	154
5.3.3	工学的に価値のある構造を得る手続き ………	155
5.4	ジェネレーティブデザイン ………………………………………	156
5.4.1	定義 ……………………………………………………………	156
5.4.2	DfAM での活用 …………………………………………	158
5.5	AMを考慮した最適化 ………………………………………………	159
5.5.1	AM の製造性制約 ………………………………………	159
5.5.2	後工程 …………………………………………………………	160
5.6	トポロジー最適化の事例紹介 ………………………………………	160
5.6.1	剛性最大化 …………………………………………………	161
5.6.2	最大応力最小化 …………………………………………	161
5.6.3	コンプライアントメカニズム ………………………	162
5.6.4	熱伝導問題 …………………………………………………	164
5.6.5	熱対流問題 …………………………………………………	165
5.7	おわりに ……………………………………………………………………	166

索引 ……………………………………………………………………………… 168

第 1 章
ものづくりへのAMの導入

1.1 ものづくりの基礎とAM技術

ものづくりの対象物は身近に見られる家電をはじめ自動車，鉄道車両，建築物，橋梁，船舶から，電力・化学プラントなど幅広くある。材料面から見ると，金属材料をはじめ，プラスチックやCFRP（炭素繊維複合材料），セラミックス，コンクリート，ガラスなど多種多様な材料が使用されている。

本書では金属3Dプリンター技術（以下，AM：Additive Manufacturing，AM技術）を対象としており，まず，金属材料の種類と特徴についてまとめ，ものづくりに適用される加工技術を述べる。そして，AM技術の登場によって，ものづくりが革新される可能性について述べる。

1.1.1 金属材料の種類と用途

製品対象は図1.1.1-1に示すように多岐にわたっているが，一般的には強度を必要とするところに金属材料が適用されている。

金属材料は鉄鋼材料と非鉄金属に大別され，それぞれの材料特性に応じて，使い分けがされている。鉄鋼材料は鉄を主成分としたもので鉄以外には，化学成分として，炭素やケイ素，マンガンなどが含まれている。また，化学成分の種類や添加量を変えることで，様々な性質をもつ鉄鋼材料を作ることができる。一方，非鉄金属は鉄鋼材料を除く金属の総称を指す。ここで，鉄鋼材料と非鉄金属の特徴と用途の概要を述べる。

鉄鋼材料は炭素鋼，合金鋼，鋳鉄の3種類に大別できる。炭素鋼は鉄と炭素の合金で，熱処理[脚注1]によっ

図1.1.1-1　ものづくりの対象

脚注1）熱処理：熱処理とは鋼材を加熱・冷却して加工する技術である。加熱する方法には重油やガスを燃やす燃焼炉と電気で加熱する電気炉がある。冷却速度を変えることで，鋼材を軟らかくしたり硬くしたりすることができる。熱処理工程は，一般に焼入れ，焼なまし，焼もどし，焼ならしの4つに分類されている。

て性質を変えることができるため，様々な用途で使われている。例えば，自動車や家電，ビルや橋梁などの建築材料，工具など幅広く使われている。

合金鋼は，炭素鋼をベースとしたもので，クロムやマンガン，ニッケルなど様々な元素を添加した鉄鋼材料である。その合金元素の種類や添加量によって，静的強度やじん性，高温強度，耐食性などを高めることができる。合金鋼には，ステンレス鋼やクロムモリブデン鋼（耐熱鋼），高張力鋼（ハイテン鋼）などがある。ステンレス鋼は台所の流し台や食器，鉄道車両の外板，化学容器，原子力プラント，自動車の排気管などに幅広く使われている。また，耐熱鋼はステンレス鋼を含み，火力発電プラントや石油精製プラント，エンジン排気系部品などで使用されている。ハイテン鋼は石油タンクや水圧鉄管，橋梁や船舶・海洋構造物などに利用されている。また，自動車の軽量化に資する材料として使用されている。

鋳鉄は，炭素含有量が2.1～6.7%で融点が1,200℃程度と鉄鋼材料の中では低く，溶融金属を型に流し込んで成形できる。マンホールのふたや水道管，自動車部品などの用途で使われている。

次に，非鉄金属のなかで幅広く利用されている材料について述べる。アルミニウム（Al）・アルミニウム合金（Al合金）は軽く，錆びにくく，熱や電気を伝えやすい特徴がある。アルミニウム合金は展伸用合金と鋳物用合金に分類される。展伸用合金とは，圧延や鍛造（後述）をして加工したもので，鋳物用合金とは熱で溶かして冷やし固めたものを指す。アルミニウム合金の用途は飲料缶から航空機やロケットの機体や部品，また，最近では自動車車体の軽量化材料として使用されている。

銅（Cu）と銅合金（Cu合金）は，加工しやすく錆びにくい素材である。純金属の銅の熱伝導率と電気伝導率はアルミニウムよりも高い。鍋などの日用品から，家電，船舶用の部品などに使われている。

チタン（Ti）とチタン合金（Ti合金）は他の金属材料よりも軽量で強く，錆びにくいことから，航空宇宙分野の強度部材や建築材料などに使われている。

ニッケル（Ni）・ニッケル合金（Ni合金）は耐熱性及び耐食性が優れており，ジェットエンジンや高温ガスタービンなどに使用されている。

マグネシウム合金（Mg合金）は，実用金属中で最も軽量で，金属としての強さも兼ね備えており，パソコンやスマートフォン，医療機器などに使用されている。

1.1.2 金属材料の性質

一般に材料の性質として，密度（比重）に加えて，強度などの機械的性質に関わるものとして，引張強度[脚注2]や弾性限度[脚注3]，ヤング率（縦弾性係数）[脚注4]，疲労強度，高温強度，じん性などが挙げられる。また，

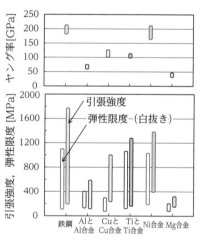

図1.1.2-1 主な金属材料の引張強度，弾性限度，ヤング率

脚注2)～4) **引張強度，弾性限度，ヤング率**：図に示すような金属丸棒の試験片の軸方向に引張荷重を加えるとき，試験片は荷重が大きくなるとともに伸びる。このとき，荷重を除いたときに試験片がバネのように元の長さに戻る限界の応力値を弾性限度という。ここで，応力値[Pa]は荷重を試験片の平行部の元の断面積で割った値を指す。ヤング率はフックの法則が成立する弾性範囲における歪と応力の比例定数である。荷重をさらに弾性限度以上に大きくすると，鉄鋼材料では図に示すような降伏点が観測できるが，その他の材料では降伏点は現れない。そして，さらに荷重を加えると，最大値に達する。このときの応力値を引張強度という。なお，金属は弾性限度を超えて，さらに荷重を加えると，歪が元に戻らない塑性変形が起こる。

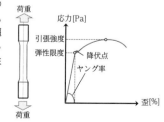

熱に関わるものとしては比熱や熱伝導率，融点，沸点，線膨張率など，そして，電気・磁気に関しては電気伝導率や透磁率などがある。さらに，水や特定の化学物質に対しての耐食性などがある。ここでは，構造物を対象として機械的性質について述べる。

図1.1.2-1は主な金属材料の引張強度，弾性限度，ヤング率をまとめたものである[1]。ものづくりをする上で，製品・部品にどの程度の荷重がかかるのかは，材料を選択する1つの指標になる。図から金属材料の中では，鉄鋼やNi合金，Ti合金が引張強度や弾性限度，ヤング率が高いことがわかる。もとより，一定の荷重のもとでは，引張強度が高いほど，材料は破断しにくい。また，弾性限度が高いほど，大きな荷重をかけても除荷したときに永久変形が残らず，元の形状に戻りやすい。

そして，材料に加える荷重が弾性範囲内であれば，ヤング率が高いほど，弾性変形が小さくなる。

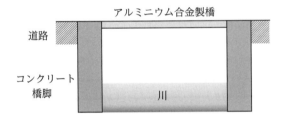

図1.1.2-2　アルミニウム合金製橋のイメージ

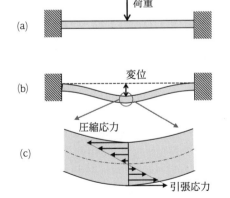

図1.1.2-3　両端が固定されたアルミニウム合金板の中央に荷重をかけたときの変位と応力分布

ここでは図1.1.2-2に示すような単純な形状の橋を対象として，荷重と変形について考えてみよう。ここで，川の幅を5,000mmとし，橋の材料として軽くて錆びにくいアルミニウム合金板（A5052H32材）を採用することにする。橋の両端はコンクリート橋脚で固定されている。橋（アルミニウム合金板）の幅を2,000mmとし，板厚を5mmとするとき，橋の中央に荷重を集中させてかける場合を考える[2]。

いま，図1.1.2-3(a)(b)に示すように，1,000N（約100kg重）の荷重をかけると，自重を無視すると，橋の中央部で446mm変位する。このとき，アルミニウム合金板の断面に生じる応力（単位面積当りにかかる力 $N/m^2 = Pa$）は，図(c)に示すように板の下側が伸びて引張応力が働く。一方，上側は縮むことになり圧縮応力が働く。これらの応力は表面と裏面で最大値となる。この荷重においては，75MPaとなる。このアルミニウム合金材の弾性限度は195MPaであるので，金属板の橋は弾性限度内で変形していることになる。したがって，荷重をゼロにすると，元の平坦な状態に戻る。また，荷重を瞬時に取り去ると，バネのように上下に振動することになる。いま，このアルミニウム合金（A5052H32材）のヤング率は実際の値である70GPaとして計算したが，仮に鉄鋼並みに200GPaあるとすると，変位量は156mmとなる。つまり，ヤング率が高くなると，変形しにくくなることを示している。

次に，荷重を3,000N（約300kg重）にすると，変位は1,340mmとなり，大きく変形する。金属板の断面にかかる最大応力は225MPaとなり，弾性限度を超えており，塑性変形[脚注5]が生じる。このため，荷重をゼロにしても元に戻らず，橋が変形してしまう。さらに，荷重をかけると，金属板の断面にかかる最大応力が引張強度を超え，破断することが想像できる。

実際の製品においては，製品を構成している様々な部品の配置を考慮しながら，部材の形状・寸法を決める設計を行う必要がある。上述した静的な荷重だけを考えたときでも，複雑な形状の場合には，まず，それぞ

脚注5）塑性変形：材料に弾性限度以上の外力（荷重）を加えて変形させ，その後，外力を取り去っても残る変形をいう。

れの企業で積み重ねられた事例をベースとした経験則に基づき，設計を行う。しかし，製品を従来よりも軽量化することや大きさをコンパクトにするなど，製品性能を高めるような場合，コンピュータシミュレーションを併用して，部材内の応力分布を求め，材料の許容応力[脚注6]を超えないようにする。このため，材料の種類，形状・寸法，荷重分布を変数として適切な設計を行う。もとより，設計においては，材料の引張強度や弾性限度，ヤング率などの強度特性だけではなく，それをつくるために必要な要素として加工技術の選択がある。そして，材料費とともに加工にかかる費用を考慮して，製品設計と工程計画をたてる必要がある

1.1.3　加工技術

前項では機械的性質のなかで，弾性限度ならびにヤング率，引張強度を取り上げて，金属板に荷重をかけたとき，荷重と変形の大きさとの関係を示した。もとより，金属板の厚みや幅，長さを変えると，変形の仕方は異なる。さらに，ここでは金属板であるので，断面形状は長方形であるが，これをＴ型やＨ型などの断面形状にすると，変形量を変えることができる[脚注7]。つまり，同じ機械的性質をもつ材料を用いても，形状や寸法によって，部材の変形状態が異なることを示している。

このため，材料の性質を踏まえた材料選択とともに，製品・部品の形状・寸法を決める設計プロセスが重要となる。ここでは設計によって決めた形状・寸法の部材を作製する方法である加工技術について述べる。

さて，人類は石器時代から木材や骨，皮，石材，粘土などを原材料として，狩猟のための道具をはじめ，生き残るために，衣食住を確保するための道具を考えだし，ものづくりを行なってきたといえる。5,000年前にはメソポタミアやエジプトで青銅器が使われ，3,500年前からはヒッタイトで鉄器を用いはじめたとされている。いずれの場合も原料として青銅では銅と錫，鉄では砂鉄・鉄鉱を採取する技術とともに，これらを溶融させる冶金技術が必要であり，火を扱う高度な技術を獲得することで実現できた。これらの金属器は生活用具や武器，祭祀器などとして普及した。そして，冶金技術の向上によって，金属の強度などが高くなり，加工するための道具が進化し，文明の発展を支えてきた。

ここで，加工とは材料に手を加えて，目的の形状や性質を得ることをいう。このとき，加工技術は加工する

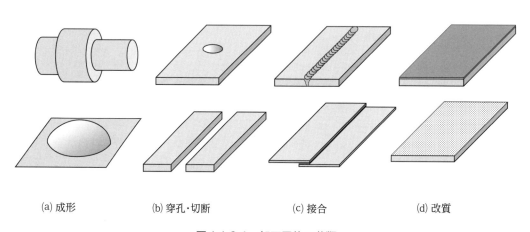

(a) 成形　　　　(b) 穿孔・切断　　　　(c) 接合　　　　(d) 改質

図 1.1.3-1　加工目的の分類

脚注6）許容応力：構造物や機械などが破壊しないよう安全を確保するため，設計に際しては使用する材料にどの程度の応力まで作用させてもよいかの上限を設ける。この上限の応力を許容応力という。
脚注7）梁の断面形状と変位：図 1.1.2 の橋の例を挙げて，断面形状を変えると変位がどのように変化するかを示す。本文ではアルミニウム合金板を対象としたので，断面形状は矩形である。これを図に示すようなＴ字型に変えて計算する。橋（アルミニウム合金板）の重量を変えず，板厚を 1 mm 減らすことで，面積 2,000 mm² 分を 100 mm × 20 mm として板の下部にもってくると，橋の中央に 1,000 N の荷重を加えたとき，矩形断面では 446 mm 変位するのに対して，Ｔ字型にすることで，30.2 mm と変位量が大きく低減する。このことから，形状・寸法の設計が重要なことがわかる。

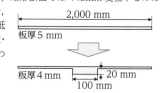

表 1.1.3-1 加工技術の分類

	成形技術		穿孔・切断技術		接合技術			改質技術		
	機械加工	熱加工	機械加工	熱加工	機械加工	熱加工	その他	機械加工	熱加工	その他
除去加工	旋盤加工	放電加工	ドリル加工	ガス切断				ブラスト加工	レーザピーニング	
	シェーパ加工		旋盤加工	プラズマ切断						
	フライス加工		シェーパ加工	レーザ切断						
			フライス加工	放電加工						
			ウォータジェット							
除去・付加なし	プレス加工	鋳造	シャーリング					ピーニング加工	レーザ焼入れ	
	ロール加工		パンチング						熱処理	
	鍛造									
付加加工					ボルト締結	溶接	接着		溶射	塗装
						ろう接				メッキ
					ネジ締結	圧接				
						超音波接合				

目的によって図 1.1.3-1 のように①成形技術，②穿孔・切断技術，③接合技術，④改質技術に分類することができる。そして，これら4つの加工技術を表 1.1.3-1 にまとめた。表では加工することによって，材料が除去されるか付加されるかも含めて分類している。また，機械加工と熱加工という用語を用いている。機械加工とは加工対象が固体のもので，もともとは手作業で木材や食材を切ったり，削り取ったりするなどの用途に応じて広く利用されてきた加工方法であるが，時代とともに様々な道具が開発されたことで機械化されたものを指す。したがって，手作業に比べて，大きな荷重を加えたり，繰返し作業ができる装置と工具を組合せた機械によって行う加工を想定している。本項では，現在，広く利用されている加工方法のいくつかを挙げ，その特徴について述べる。

(a) 成形技術

成形技術の目的は3次元形状をつくることであり，その加工方法について概要を述べる。

成形加工においては図 1.1.3-2 で示す切削加工が広く利用されている。機械加工にはドリル加工や旋盤加工，シェーパ加工，フライス加工がある。いずれも金属の加工局部を鋭い刃先を持つ工具で削り取ることや擦り取ることなどをして，材料を除去しながら加工する方法である。

図(a)に示す旋盤加工では被加工材を回転させ，工具のバイトの刃先で少しずつ削り取る。図(b)のシェーパ加工では工具を固定し，被加工材を並行移動させて，工具の刃先で切削する。図(c)のフライス加工では刃先を埋め込んだ工具を回転させながら，被加工材表面を切削する。

一方，部材を塑性変形させて曲げることや金型を押し付けて成形する方法として，図 1.1.3-3 に示すプレス加工やロール加工，図 1.1.3-4 に示す鍛造などがある。これらはあらかじめ部材の温度を高くして，軟化させて成形する方法（温間加工あるいは熱間加工）などを使用する場合もある。

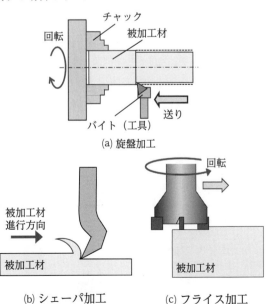

図 1.1.3-2 切削加工の例

第 1 章 ものづくりへのAMの導入

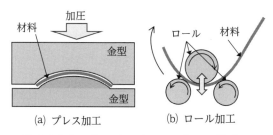

図 1.1.3-3　プレス加工とロール加工の模式図

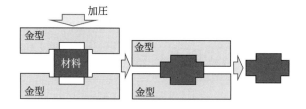

図 1.1.3-4　型鍛造の模式図

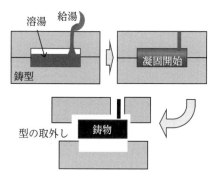

図 1.1.3-5　鋳造の模式図

熱加工による成形技術としては，鋳造が代表的な加工方法である。鋳造とは図 1.1.3-5 に示すように作りたい形と同じ形の空洞部をもつ型に，溶けた金属を流し込み，それを冷やして固める加工法である。型の種類によって，砂を固めて作った砂型，金属を削って作った金型，樹脂型や石膏型などがある。型のことを鋳型と呼び，鋳造で作ったものを鋳物と呼ぶ。

(b) 穿孔・切断技術

ここでは部素材に穴をあけることや切り離すことを目的とする加工方法を対象とする。

ドリル加工をはじめ，旋盤加工やシェーパ加工，フライス加工による機械加工は，高精度の穴あけや切断をすることができる。対象部材を除去しないで切断する方法として，鋭利な刃先に荷重を加えて，部材を引き離す方法がある。例えば，シャーリング[脚注8]やパンチング[脚注9]では数 mm 程度の厚さの鉄板を切ることや穴をあけることができる。

一方，機械的な切削ではなく，図 1.1.3-6 に示すように，高温のアセチレンガス炎やプラズマアーク，レーザを用いて，部材の局部を加熱し溶融させて，その溶融金属やスラグ[脚注10]を吹き飛ばす方法がある[3]。これらは熱切断とも呼ばれ，レーザ切断の場合，光学系で

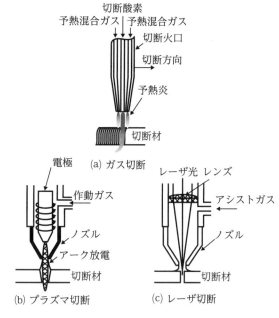

図 1.1.3-6　熱切断の例（日本溶接協会 HP 溶接情報センター Q&A/Q07-10-10 引用）

脚注8), 9) シャーリング，パンチング：シャーリング加工はハサミと同じ原理で，上刃と下刃で板材を挟んでせん断（英語で shear）する方法をいう。図のように上刃と下刃を用いて材料に荷重をかけて断ち切る。パンチングもシャーリングと同じ原理で穴あけ加工をする方法をさす。

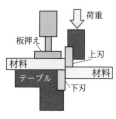

脚注10) スラグ：一般にスラグは，鉱石から金属を還元・精錬する際などに，特定の成分が溶融・分離してできたものをいう。ここでは広く利用されている鋼板の熱切断で溶融金属が空気と反応してできた鉄と酸素，窒素などから成る化合物をさす。

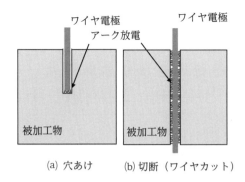

図 1.1.3-7 放電加工の模式図

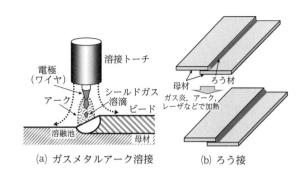

図 1.1.3-8 溶接とろう接の例

収束したレーザで加熱・溶融させ，溶融部にガスを吹き付け，除去加工する。

放電加工では，絶縁性の加工液に部材を浸し，電極と部材との間でアーク放電を発生させ，溶融した金属を加工液の流れで除去する。図 1.1.3-7(a)(b)に示すように穴あけや切断加工の電極には主として細線ワイヤが使用される。

(c) 接合技術

接合技術の目的は部材同士をつなぐことで，より大きな部材を作製することや様々な部品を組立て最終製品に近い形状・寸法の部材・構造物を作製することである。このことから付加加工とも呼ばれる。そして，部素材を強固につなぐために，ボルト締結やリベット締結，ネジ締結，溶接，ろう接，圧接，接着などが広く用いられている。

溶接においては，アーク放電やレーザ，電子ビームなどの熱源を用いることや抵抗加熱などを行なって，部材局部を融点以上に加熱し溶融させて接合する。図 1.1.3-8(a)は溶接の例として製造各分野で，現在最も利用されているガスメタルアーク溶接を示す。ワイヤ電極と母材の間でアーク放電を発生させ，この熱エネルギーによって，母材を溶融させながら，同時に電極のワイヤを溶かし，ビードと呼ばれる溶接部を形成する。次に，ろう接ははんだ付けも含まれる接合方法であるが，母材の融点よりも低いろう材を用いて，溶融したろう材と母材との界面での反応を利用する接合方法である。図(b)に示すように母材も加熱しながらろう材を溶かして接合する。

圧接や拡散接合は溶融部を介してではなく，固相状態の母材同士を接合する方法で固相接合とも呼ばれる。図 1.1.3-9(a)に示す摩擦圧接では摩擦熱で接合面を加熱し，接合面同士を加圧して塑性流動によって接合面に存在している酸化物や汚染層を押し出して，清浄な

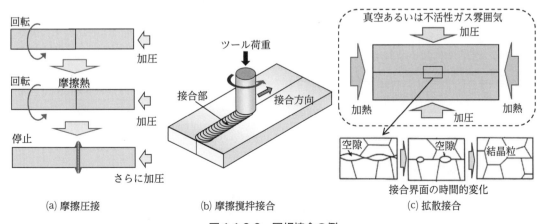

図 1.1.3-9 固相接合の例

金属面同士を固相状態で接合する方法である。図(b)に示す摩擦撹拌接合では超硬工具鋼やセラミックスのツールを回転させながら母材に押し込んで，摩擦熱を発生させ，母材を軟化させて，塑性流動によって母材内部を撹拌させ接合する方法である。図(c)に示す拡散接合では真空や不活性ガス雰囲気中で部材の接合面を密着させ，加熱することで金属原子の拡散現象[脚注11]を促進し，接合面の空隙部が接合時間とともに縮小し，接合が完了する。なお，材料の種類や厚さによっては常温で接合できるものもある。

接着では，有機溶剤と樹脂などから成る接着剤を介して，金属同士の接合に加えて，金属と樹脂などの異材接合を行える。強固な接着を行うためには，接合界面の凹凸部に接着剤が侵入することでアンカー効果[脚注12]を高めることと，接着剤の成分と金属との接着界面で化学結合が行われることが必要とされている[4]。したがって，接着前の部材表面の前処理方法が接合強度などに大きく影響を及ぼす。

(d) 改質技術

改質技術の目的は，部材全体あるいは局部の機械的性質や耐食性，耐摩耗性，耐熱性などを高めることである。とりわけ，熱処理は熱サイクルのパターンによって，ミクロ組織を変えることや残留応力[脚注13]を除去することなどに利用されている。熱の投入の仕方によって，表面付近だけを硬化させるものがレーザ焼入れである。

ブラスト加工は細かい砂や硬い鋼材の小球などを研磨材として用いる。図 1.1.3-10 に示すように，これらの多数の研磨材を流体ジェットで投射し，被加工物に衝突させて，表面に凹凸をつけて粗くすることが行われるが，表面酸化物や汚染物を除去する研削なども行う。

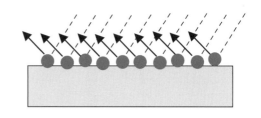

図 1.1.3-10　ブラスト加工の模式図

ブラスト加工は気体を用いる乾式が一般的であるが，研磨材の種類や方式によって，サンドブラストやショットブラストなどがある。なお，ウォータジェットはブラスト加工と加工原理がほぼ同じもので水などの液体に研磨材を混ぜて，細径ノズルを用いて高圧でかつ高速の水ジェットにして，穴あけや切断に使用される。

ピーニング加工は部材表面を塑性変形させて，残留応力の除去や硬化させるために行われる加工方法である。表面を塑性変形させる方式として，ショットブラストと同様に，無数の小さい金属球を気体ジェットで部材表面に投射するショットピーニングがある。硬い金属の小球が高速で表面に衝突すると，数十 μm 程度の深さが塑性変形する。このため，ショット加工部の表面層に圧縮応力が残る。また，ハンマーなどで繰り返し叩きつける方法もある。レーザピーニングは非常に高いパワー密度のレーザをごく短時間，表面に照射し，瞬間的な蒸発現象（アブレーションとも呼ぶ）の反跳力で塑性変形させる。

次に，部材表面を被覆（コーティング）する方法として，周知の通り，めっきや塗装がある。

溶射は図 1.1.3-11 に示すように高速火炎やプラズマジェットに金属やセラミックスなどの粉末もしくはワ

脚注11）拡散現象：拡散とは，物質が濃度の高いところから低いところに向かって移動することをいう。微視的にみると，固体中では原子が熱振動しているが，この熱振動の大きさはランダムであり，なかには原子がジャンプして，位置を変える現象である。この熱振動は温度が高くなるとともに活発になる。
脚注12）アンカー効果：接着剤が被着材の表面にある空隙に浸入して硬化し，くさびのような働きをすることをいう。
脚注13）残留応力：図に示すように部材 B は剛体板で拘束されている。部材 B よりも長さ a 短い部材 W は下の剛体板に固定されているとき，部材 W に引張力を加えて，上の剛体板に固着させる場合を考える。このとき，部材 W には引き伸ばした結果，引張応力が残留し，部材 B には引張荷重にバランスするように圧縮応力が働き，圧縮応力として残留する。このように，外見では変形等はみられないが，部材内部に内在する応力を残留応力と呼ぶ。

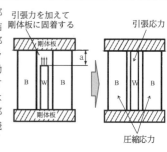

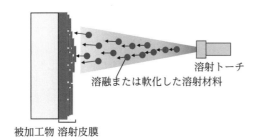

図 1.1.3-11　溶射プロセスの模式図

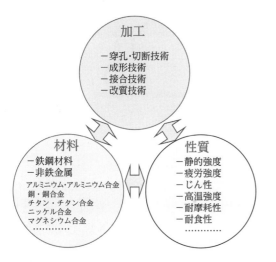

図 1.1.3-12　ものづくりにおける材料－性質－加工の関係

イヤを挿入し，一般にはこれらの溶射材料を溶融させながら，部材表面に吹き付け，コーティングする加工方法である。

本項では加工技術全般についてあらましを述べてきた。目的に応じた加工をするためには，材料の機械的性質や耐食性などの性質を理解して，適切な加工方法を選択しなければならない。これらの材料とその性質，加工技術の関係を図 1.1.3-12 に示す。加工技術のポイントは，加工するために必要なエネルギーとして荷重や熱，化学反応などを利用することである。とりわけ，熱加工のなかでレーザの加工への応用は 1960 年にレーザが発明されて以来，目覚ましい発展を遂げたといえる。

1.1.4　ものづくりの工程と AM 技術

ものづくりは加工技術と材料技術の進化とともに発展してきた。第 2 次世界大戦後の高度経済成長期（1955 年頃～）になると，大量生産が求められ，手作業で行っていたプロセスを NC 加工 [脚注14)] で行うことができるようになった。NC 加工では，同じ製品を複数作製する際に，同じ寸法のものを同じ作業時間で，大量につくることができることから，旋盤などの機械加工やガス切断などへの適用が普及拡大した。

併せて，材料開発によって機械加工用のドリルやバイトなどの工具の機械的性能が向上し，精密な加工を行うことができるようになった。また，機械設備の位置決めや移動精度が向上し，産業用ロボットが登場した。これらはコンピュータの性能向上と連動してきたといえる。

ものづくりにおけるロボットの実用化は「ロボット普及元年」と呼ばれる 1980 年頃から始まった。とりわけ，自動車車体の組立て工程において，部材や部品などを接合するために適用された。今もさらに進化した溶接ロボットが活躍している。

その後，半導体技術の進化にともないセンシング技術が急速な進歩を遂げ，加工をしながら対象物の加工状態をインプロセスで可視化し，それを加工機械にフィードバックして適切な制御を行い，不具合があれば，加工を停止するなど，加工技術が高度化した。このことは加工プロセスの省人化とともに品質向上に大きくつながっている。また，加工部の画像や振動，音などのデータを蓄積し，データベースとともに AI を活用して，適正な加工条件の選定に寄与している。

このように，加工プロセスの状況をデジタルデータとして処理できるようになり，コンピュータをインターネットにつないで，いわゆる IoT によって，図 1.1.4-1 に示すように，製造プロセスの工程進捗や加工品質に加えて，設計や顧客の情報を管理することができるようになってきた。

脚注14）NC 加工：NC は Numerical Control の頭文字を取ったもので，数値制御を意味する。したがって，数値制御装置付きの機械を使って行う加工のことをいう。

第1章 ものづくりへのAMの導入

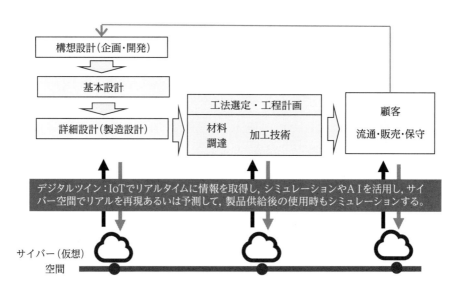

図 1.1.4-1　ものづくりの工程とデジタルツイン

しかしながら，現状では製品・部品がうける荷重や使用環境などを踏まえて基本設計が行われるが，製造設計では自社の製造システムや外注先の能力を考慮している。すなわち，工場の現有設備をはじめ，現時点で使える加工技術を前提にして，部材や部品の設計をしている。つまり，第1.1.3項で述べた様々な加工技術を目的に応じて使い分け，製品へと仕上げる。そのため，どのような加工技術を選択するかに加えて，加工工程がどれだけあるのかによって，工程計画が左右される。このことは，材料費とともに加工の精度や速度，費用が製品の製造原価に大きく影響することを意味する。

ここで，2000年代のはじめに登場した金属AM技術によって，設計－製造を含めた生産システムがどのように変化するか考えてみよう。

まず，金属3次元造形方法の開発経緯に少し触れる。国内では三菱重工業の氏家 昭博士が，溶接技術の1つであるエレクトロスラグ溶接[脚注15]の原理に基づく溶造技術によって，圧力容器製作の研究開発が1966年から行われた[5]。また，溶接ロボットが普及しはじめた1994年には現在のDED-Arc（WAAM）方式によって航空機のモデル部品が製作されている[6]。

一方，PBF方式ではアメリカのDeckard氏が1986年に特許を取得し，その後，Beaman氏とともにDTM社を設立し，1992年に世界初のPBF装置が発売された。その後，ドイツのEOS社が粉末を平坦に敷き詰めるリコータを組み込んだPBF装置を1994年に発売して以来，改良が進められ，現在も多くの金属AM装置を販売している[7]。

なお，ここに記述したDEDやPBF，リコータなどの用語は第2章で説明することになるので，用語説明を割愛する。

さて，3次元AM技術が製造各分野において，思い描いた形状・寸法の造形物を自由自在に製作できることを想定する。このとき，基本設計の段階において，現在，使用されている構造に捉われないで，必要な機能と性能を併せもつ製品を設計することができる。

具体的には第5章に述べるトポロジー最適化をはじめとする構造最適化を行なうことで，荷重負荷や使用環境などに対する要求を満足させることに加えて，軽量化やコンパクト化など製品の付加価値を高めることができ

脚注15）エレクトロスラグ溶接：エレクトロスラグ溶接では，溶接ワイヤが溶融池と接触しており，母材やワイヤを溶融させるエネルギーは溶融スラグの抵抗発熱（ジュール発熱）を利用する溶接法である。この溶融スラグは溶融池に投入されるフラックスと溶融金属との反応によって形成される酸化物などから成り，溶融金属に比べて電気抵抗率が高い。なお，フラックスは溶融池表面を大気から保護する役割もある。

1.1 ものづくりの基礎とAM技術

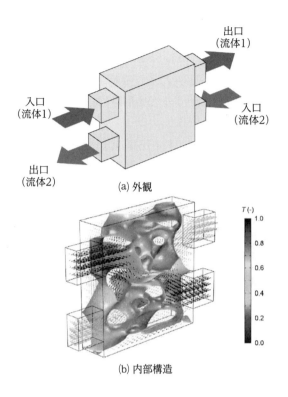

図 1.1.4-2　最適化された対向流式2流体熱交換器

るようになる。ちなみに製品例として熱交換器の場合，使用圧力の制限のもと，伝熱量を高めることで，製品性能すなわち製品価値が格段に高まる。図 1.1.4-2 は対向流式の2流体熱交換器の計算例であるが，従来型の数倍以上の伝熱量が見込めるとされている[8]。図(b)から2流体を隔てる壁の形状は従来のチューブやフィンを用いた構造とは大きく異なり，現在，使用されている加工技術では対応できないことになる。このため，第2章に述べる金属AM方式を用いて，3次元形状を造形することになる。

今後，金属AM技術を用いて製造するようになると，3次元形状の造形体を作製するため，従来の複数の部品で構成されていたものが一体化され，多くの加工工程を削減することができるようになる。また，すべての情報をデジタルでやりとりするので，AM造形装置を海外などの製造現場に設置するなど遠隔地での製造も可能になる。

このため，ものづくり工程は図 1.1.4-3 のように，まず，基本設計にあたる AM に対応する設計（DfAM：Design for AM）を行い（第5章），次に，第2章で述べる AM 方式に応じて，粉末やワイヤなどの AM 材料の選定を行うとともに，第3章で述べる造形体のミクロ組織や熱変形・残留応力を予測して造形条件（プロセスパラメータ）を選択する造形設計を行う。併せて，製品として使用される国や地域の法規をはじめ，ISO/IEC などの国際標準，航空機や船舶，圧力容器などの製品規格，そして，客先の要求を満足する品質保証の方法なども検討する必要がある（第4章）。

以上に述べてきたように，金属AM技術は複雑な形状の製品・部品を自由自在に製造することができ，製品価値を高めることにつながるが，そのためには，ものづくりの工程，すなわち，生産システムを大きく変革しなければならない。

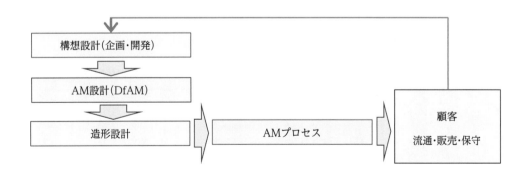

図 1.1.4-3　AM 技術を用いたものづくりの工程

1.2 実用化の現状と課題

本項ではAM推進の日本の状況，世界の状況をまとめる。さらに日本のAM推進が遅れた原因とその対策を述べるとともに今後の進め方を考える。

1.2.1 はじめに

最近の新型コロナウィルス感染症の拡大やウクライナ問題が投げかけたものづくりサプライチェーンの危機に対し，日本はいまだ十分な打ち手が取られていない状況にある。デジタルものづくりを筆頭とした我が国の製造業の在り方が大きく変わろうとしている節目にあるのが，この令和の時代ではないだろうか。このような状況下，金属積層造形（AM）は，ものづくりのゲームチェンジャーと成り得る技術として注目されている。さらに，AM市場の伸びは毎年20%以上という驚異的な予測（2019年特許庁）もあり，この技術を早期に実用化することが製造各分野の国際競争力を確保することに繋がる。

そこで，まず現在のAM適用の日本の状況と世界の状況を比較することから話を進める。

1.2.2 日本と世界の現状

図1.2.2-1に3Dプリンター装置の世界市場規模を示す。2019年迄は毎年20%以上の伸びを示しているものの2020年はコロナウィルス感染症のため落ち込んでおり，予測は横ばいとなっている。これは海外渡航等が普通の状態に戻りつつある現状ではおそらく伸びてゆく方向で，調査会社によっては再度市場拡大する予想も出されている。

それに比べ日本市場の推移を図1.2.2-2に示す。ここで注目すべきは2019年までの市場の伸びであり，海外の20%に対し，5%程度の伸びであるとともに，2020年の市場も世界の3%に過ぎない点である。これは海外から見ても日本の市場規模に対する期待は小さいというのが現状である。

一方，AMに関する特許出願の国籍別比較を行ったものが図1.2.2-3である。現状のデータは特許庁から2019年に公表されたものであるが，中国の出願件数の伸びは他地域を抜いて著しく高い。図1.2.2-4は地域別の論文発表件数であるが，これは中国に比べ欧米からの発表件数が60%を占め，中国は14%に過ぎない。これも中国政府の方針が読み取れる結果である。いずれにしても日本の論文数は2.1%と少なく，日本ではアカデミアもAMに注目していないことがよくわかる。

上記データは5年前に公表されたものであり，より直近の状況を掴むため，2022年に開催された展示会を調査した。図1.2.2-5はフランクフルトで開催されたFormnext 2022の状況と日本国内では大きいRX主催による東京ビッグサイトで開催された3Dプリンター展の状況を比較したものである。

参加企業数を見てもわかるように東京での開催では50社に対し，フランクフルトでは800社と多数の会社が参加している。展示会場の大きさもFormnextでは東京ビッグサイトの6ホールをすべて使う規模に対し，日本では1ホールの面積分も埋めることができていない。

次に，各国での政府の施策を比較する。まず最も積極的にAM技術の研究開発を支援しているのは米国である。2021年に国防省が積層造形戦略を策定し，図

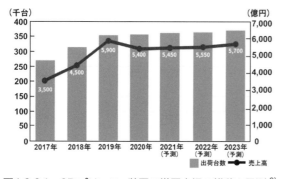

図1.2.2-1　3Dプリンター装置の世界市場の推移と予測[9]

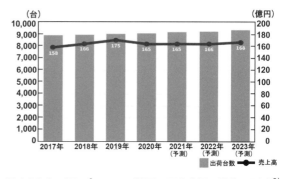

図1.2.2-2　3Dプリンター装置の国内市場の推移と予測[9]

1.2 実用化の現状と課題

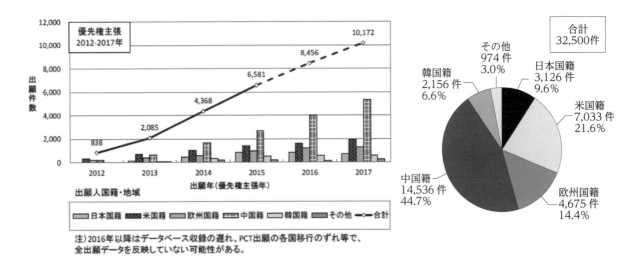

図 1.2.2-3　特許出願人の国籍・地域別ファミリー[脚注16]件数比率およびファミリー件数推移[10]

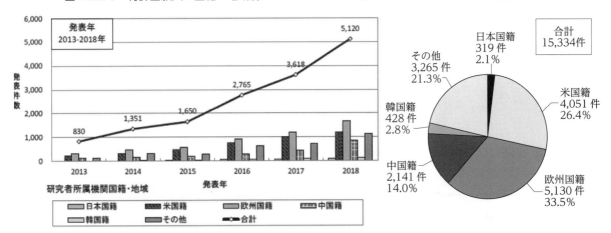

図 1.2.2-4　研究者が所属する機関の国籍・地域別の論文発表件数比率と推移[10]およびファミリー件数推移[10]

FORMNEXT2022
主　　　催：Mesago Messe Frankfurt GmbH
開 催 場 所：ドイツ　フランクフルト
会　　　期：2022年11月15日～11月18日
参加企業数：802社以上
参 加 人 数：29,581人以上
展 示 面 積：51,148m²

2022年第5回次世代3Dプリンター展
主　　　催：リードエグジビションジャパン
開 催 場 所：日本　東京ビッグサイト
会　　　期：2022年6月22日～6月24日
出典企業数：48社以上
展 示 面 積：1142m²

開催年	出展数	来場者数	展示面積
2015年	203社	8,982人	14,028m²
2016年	307社	13,384人	18,702m²
2017年	470社	21,492人	2万8129m²
2018年	632社	26,919人	3万7231m²
2019年	852社	34,532人	5万3090m²

開催年	出展数	来場者数	展示面積
2017年	50社	3500人	3400m²
2018年	55社	4000人	4300m²
2019年	82社	6500人	6500m²

https://formnext.mesago.com/frankfurt/en/press/press-releases/formnext-press-releases/formnext_2019_additive_manufacturing_inspires_with_best_perspectives.html

図 1.2.2-5　海外・国内展示会の比較[11]

脚注16）ファミリー：パテントファミリーを略してファミリーと呼ぶ。通常，同じ内容で複数の国に出願された特許は，同一のパテントファミリーに属する。したがって，パテントファミリーをカウントすることで，同じ出願を2度カウントすることを防ぐことができる。

1.2.2-6 に示すように翌年バイデン大統領が「Additive Manufacturing Forward」を発表し，より強靭なサプライチェーンを築くことを目標としている。具体的には図 1.2.2-7 に示すように米国大手企業に中小サプライヤーからの AM 部品の積極的な調達を指示している。もとより国としての人材，技術，資金面での援助も十分行われている。

一方，EU では「Horison2020」で AM 関連研究開発の支援を行っている。中国においても 2015 年に国務院が発表した「中国製造 2025」で重点分野の 1 つに先端デジタル制御工作機械を位置づけ，この中で AM 開発を推進している。日本でも経済安全保障確保を掲げて AM 高速化，高精度化，品質保証などを狙った国家プロジェクトを 2024 年からスタートさせ，これまでの遅れを一気に挽回しようという試みがなされ，このプロジェクトに大きな期待が寄せられている。

1.2.3　推進遅れの原因（課題）

ここで何故，日本の AM 推進がここまで遅れたのかその原因を考えることとする。図 1.2.3-1 に示すように，日本のものづくりは非常に完成度が高く，高品質な製品を供給できるのが当然であるかのような意識のなかで，製造業は活動してきた。

このような製造工程は長年のカイゼン[脚注17] に継ぐカイゼンで確立されたシステムや製造工程が存在している。このため，余程のことがない限り現状の製造工程を変えることは容易ではない。この中には日本独特のすり合わせ技術や匠の技術が存在しているのである。それ

図 1.2.2-6　米国における AM に向けた取組み（AM Forward）[12]

図 1.2.2-7　米国での AM の具体的推進 [12]

脚注17）カイゼン：カイゼンとは，業務を見直して今よりも良くしていくための活動を指し，主に製造業の現場で行われる。

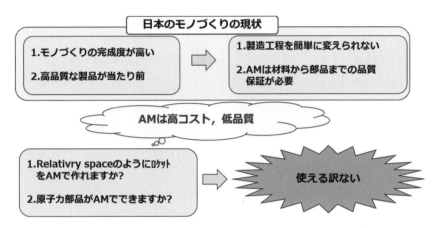

図 1.2.3-1　日本で AM が進まない理由

が日本のものづくりの品質を支えてきたといっても過言でない。

一方，欧米や中国はデジタル化をものづくりの上流から進めようとしており，この動きに AM がうまく合致したと言わざるを得ない。特に現状の AM は高コストであり，まだ造形部品にはポロシティが発生し，欠陥ゼロとなる造形ができていないことから，高品質を目指す製品の実用化が進まないのが現状である。そのような状況のなかでも何故，欧米・中国はすでに述べたように AM を推進するのかという問いに対して，筆者は次のような理由によるものと考える。それは他社に負けない性能を得られる部品が AM により生み出されるからであり，その性能確認を AM 試作によって直ぐ確認できるからである。欧米や中国は AM を前提とした設計を考えており，品質以上に AM による新機能創出や性能向上に価値を見出しているからである。

1.2.4　課題の解決

ここでは，前述の課題に対してどのような取組みが必要になるかを考えることにする。図 1.2.4-1 に AM が進まない理由に対する対策をまとめた。まず，中央の円グラフを見てもらいたい。これは AM で製品を造り上げるために必要なコストの内訳である。AM 造形では装置価格が高いことから造形時間がそのまま製造コストに反映され，造形コストの 1/2 が装置回収代となる。その次が粉末の費用となり，造形コストの 6 割程度が設備回収と粉末コストに消える訳である。したがって，AM の高速化，造形の大型化，粉末の低コスト化を達成することが必須条件である。これらのニーズに対応するため，装置メーカーや粉末メーカーが鎬を削っている。次に挙げられるのが造形品質の保証であり，これは様々なインプロセスモニタリング手法が開発され，それぞれの

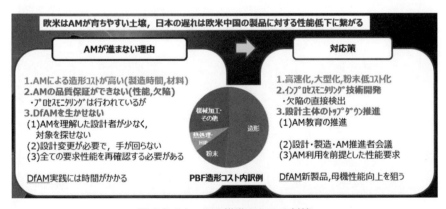

図 1.2.4-1　AM 推進のための対策

手法の有効性に対する評価がなされているものの未だ造形品質の保証には至っていない。今後のインプロセス欠陥検出手法の開発が望まれる。

最後に，最も重要な DfAM (Design for AM) について述べる。すなわち，製品に新機能を付与したり，性能を向上させることで，製品価値を高める設計をするためには，AM の特徴である複雑な形状を有する製品・部品を造形できるポテンシャルを引き出す知識と能力，経験を必要とするが，それを実践できる設計者は少ない。したがって，我が国の製造各分野で AM を普及させるためにも，AM に関する教育を行い，設計技術者の育成が必要となる。

いずれにしても AM を推進させるためには経営陣による判断が最も重要になると考えている。

1.2.5　今後の AM の進め方

今後，日本で AM をどのように進めていけばよいかを考える。図 1.2.5-1 に AM の進め方の基本を示す。AM は高コスト，低品質でなかなか使いづらいというのが実状である。この各々に対してはコスト以上の付加価値をつけることが可能な部品を対象として選定することである。また，品質に対しては AM ならではの品質保証を考えることである。

具体的に設計においては DfAM を実践し，対象とする製品の製造プロセスが AM を適用することで，製品価値が高まる部品を選び出すことに十分な時間をかけ

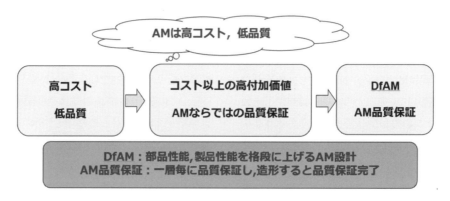

図 1.2.5-1　今後の AM の進め方

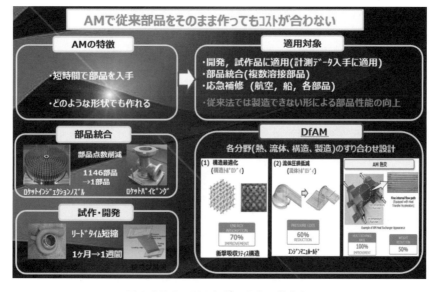

図 1.2.5-2　AM をどのように使うか

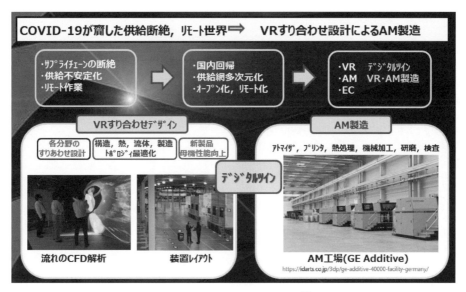

図 1.2.5-3 将来の AM 工場 [13]

ることである。これは取りも直さず新製品を開発することと同じことである。そのため，時間がかかるのである。

一方，品質保証に関しては，AM プロセスでは一層ずつ造形しているので，一層ずつ品質保証をすることによって，最終的に造形体が完成すると，製品の品質保証ができることになる。この層ごとの品質保証に対して様々な手法が考えられており，インプロセスモニタリングを活用することで，欠陥などが含まれている可能性がある部分の抽出ができる。欠陥リスクがある場所を特定できると，再溶融をさせたりすることで，健全な造形体をつくることができる。今後，これらの手法を用いて品質保証を推進していくことになるものと考える。

最後にまず手始めにやる事は何か？まず，治工具をAM で造って AM に慣れること，その先にどのように具体的に進めるかを図 1.2.5-2 に示す。従来部品をそのまま AM でつくることは考えてはいけない。まだ，コストも高くなり，収益につながらないからである。そこで，複数部品から成るパーツを統合することを考えるのが最も近い実用化に繋がる。次に，新製品を開発する際の性能評価を AM で造形した部品で試験することをお勧めする。これは競争の激しい世界では最もよく使われている AM の適用例である。そして，最後に DfAM である。この適用に焦りは禁物である。なにしろ新製品を生み出すと同等なことをしているのだから。ここでは根気よく，何回も製品適用対象を選び出し，設計，製造に関わる技術者と技能者すべてが納得するまで議論し，途中で頓挫しても根気よく次の部品を探すことである。

最後に，日本の AM の目指す方向を考える。欧米ましてや中国では，AM 造形体に発生するポロシティの抑制には限界があると考えている。一方，日本では99.9% での充填率でも断面を取った際，ポロシティが発生していたら使えないと考える品質要求もある。もとより，AM を前提とした設計を最初からすれば問題ない話なのだが，日本では従来のモノづくりと比較することからなかなか容認されない。それではどうするか？ 日本は世界にない高品質 AM を目指すべきである。それは十分な粉末を供給し，融合不良を押さえ，スパッタが極力発生しないビームモードを使い，それでも発生する欠陥についてはインプロセスモニタリングで抽出しつつ，再溶融補修して各層を完全に欠陥なしで造形する日本独自の高品質 AM を目指すべきである。

これらが達成できると，サプライチェーンの断絶も回避できるとともに図 1.2.5-3 に示すように VR 等による日本独自のすり合わせを生かしたデザインを行い装置間レイアウトも調整できる。これとデジタルデータを連携させた AM 工場をデジタルツインで運営できる未来も間近に来ていると考える。

第1章　参 考 文 献

1）日本金属学会編：金属便覧 改訂6版（2000），丸善

2）日本機械学会：機械実用便覧，改訂第7版（2011），丸善

3）溶接学会編：溶接・接合便覧 第2版（2003），丸善

4）新構造材料技術研究組合：革新構造材料とマルチマテリアル技術概論（2023），オーム社

5）氏家 昭：溶造技術による圧力容器および配管の製作，圧力技術，Vol.13（1975）No.3，pp.22-30

6）Ribeiro A.F., Norrish J., McMaster R.S.: A practical case of rapid prototyping using gas metal arc welding, Fifth International Conference on "Computer Technology in Welding", The Welding Institute, 55（1994），1-6

7）ASM Handbook Vol.24: Additive Manufacturing Processes, 2020, ASM International

8）Kobayashi H., Yaji K., Yamasaki S., Fujita K.: Topology design of two-fluid heat exchange, Structural and Multidisciplinary Optimization, 2021, 63, 821-834

9）矢野経済研究所「2021年版3Dプリンター市場の現状と展望」（2021年3月発刊）

10）令和元年度 特許出願技術動向調査　結果概要　3Dプリンター　令和2年2月　特許庁

11）JETRO　各年のFormnext調査結果

12）ASTRO America

13）GE Additive home page

第 2 章
金属AMの造形方法

金属 Additive Manufacturing（AM）はアディティブ（Additive），追加するという名称の通り原材料を付加して 3D 部品を造形する技術である。三次元の物体を作る方法には，昔から，繊維を編んで作る方法，板材を組み合わせる，または，接着して作る方法，粘土を付け加えて作る方法などがある。あまり一般的な製品には使われなかった方法に紙を重ね合わせて作る方法がある。これは積層造形と呼ばれるが，実は，現在使われている金属 AM の多くは積層造形法である。

積層造形法は造形対象の 3 次元の物体をスライスにした 2 次元断面[脚注1)]に分割し，原材料で一定の厚みをもった 2 次元断面を作り，積み重ねることを繰り返して 3D 部品を製作する方法である。2 次元断面は造形層，または，レイヤー（Layer）と呼ばれる。

本章では 2.1 節で積層造形法を基にした AM 方式を紹介し，その中でも金属 AM として現在主流の PBF-LB 法，DED-LB 法，DED-Arc 法を 2.2 節ならびに 2.3 節で述べる。そして，2.4 節では AM 材料，2.5 節では造形設計について述べる。

2.1　AM方式と金属への適用

2.1.1　AM 方式

現在，AM は 7 方式に分類されており[1-3]，結合剤噴射法（Binder Jetting: BJT），指向性エネルギー堆積法（Directed Energy Deposition: DED），材料押出法（Material Extrusion: MEX），材料噴射法（Material Jetting: MJT），粉末床溶融結合法（Powder Bed Fusion: PBF），シート積層法（Sheet Lamination: SHL），液槽光重合法（Vat PhotoPolymerization: VPP）である。これらの中で，現在，金属材料を主対象として使用する AM 方式は BJT，DED，PBF，SHL である。しかし，他の AM 方式も原材料の工夫により金属材料を扱うことができるようになってきている。以下，それぞれの AM 方式について詳しく述べる。

(a)　BJT（結合剤噴射：Binder Jetting）[4,5]

結合剤噴射法はバインダジェット，バインダジェッティングとも言われている。

原材料は主成分に粉末材料とバインダを用いる。主成分の粉末材料は高分子材，金属，セラミックスなどである。バインダは結合剤とも呼ばれる液体の接着剤である。

造形のプロセスは，図 2.1.1-1 に示すように，まず，造形プラットフォーム（Build platform）に薄く主成分材料の粉末の層を敷く。次にプリントヘッドを動かして 3D 造形物の 2 次元断面の形にバインダを噴射しレイヤーを形成する。そして，粉末の層の形成とバインダの噴射を繰返して 3D 物体を造形する。バインダは接着剤なので粉末同士を接合してある程度の強度の 3D 物体が出来上がる。なお，主成分粉末同士の接合を強固にするために加熱して焼結[脚注2)]する方法もある。

脚注1）2 次元断面：2.5 節 造形設計に記されているが，積層造形法においては，図のような 3 次元の造形対象をスライスして，それぞれの位置の断面形状を金属や樹脂などで作製し，積上げていく。

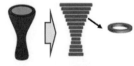

造形 2 次元断面

脚注2）焼結：焼結とは，金属やセラミックスの粉末を固めたものを融点よりも低い温度で焼き固める方法をいう。固体の温度を高くすると，原子振動が活発になり，原子が移動する拡散現象が生じる。図のように隣り合う原子同士が結合し，時間とともに空隙部が消滅し，粒子同士が接合する。

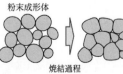

焼結過程

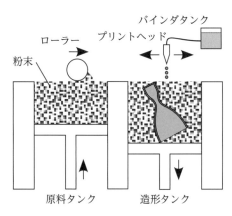

図 2.1.1-1　BJT（結合剤噴射，Binder Jetting）

接着剤による接合は化学反応を利用しており，一方，後熱処理により焼結する接合は熱を利用している。

主成分の材料を金属粉末にすると金属材料の造形物を作製できる。まず，金属粉末とバインダを使って3D造形物を作成する。その後，粉末に埋もれた状態で熱処理してバインダを硬化させ，3D造形物の結合を強固にする。そして，周囲の粉末を取り除いて3D造形物を取り出す。その後，熱処理でバインダを揮発させ，最後に金属粉を焼結する。このように金属のBJTは3段階の後熱処理過程をもつマルチステップAMプロセスである。バインダの硬化と揮発に用いる低温熱処理炉と3D造形物の金属粉末を焼結する高温熱処理炉が必要となる。

セラミックス材料の造形体も主成分をセラミックス粉体として作製できる。この場合も同様な後熱処理が必要である。

(b) DED（指向性エネルギー堆積法：Directed Energy Deposition）

DEDは図 2.1.1-2 に示すように，原材料をレーザビーム，電子ビーム，アークの熱源で溶融し，基材に堆積する。そして，溶融状態の原材料を冷却し，凝固することで造形する。DEDはレイヤーを積み重ねる積層造形もできるが，3D物体を直接製作することも可能である。

原材料は粉末とワイヤがある。前者はDED-LB/Powderであり，後者はDED-LB/Wire，DED-EB/Wire，DED-Arc/Wireである。

DED-LB/Powderではノズルを用いて粉末を一点に集中するように噴出し，粉末が集中した部分にレーザビームを照射して溶融・凝固させる[6]。

DED-EB/Wire，DED-LB/Wireではワイヤ送給装置で供給したワイヤの先端をレーザや電子ビームを照射し溶融凝固させる。レーザや電子ビームをワイヤだけでなく近傍の基材にも照射しながら同時に加熱する方法もある[7]。

DED-Arc/Wire は WAAM（Wire Arc Additive Manufacturing）と別名で呼ぶことが多い[8]。DED-Arc/Wireはワイヤをトーチの中心部を通して供給し，ワイヤ先端部と基材との間にアークを発生させ，ワイヤを溶融し基材表面に堆積させる。また，ワイヤをトーチの外部から供給する方法もある。この方法ではトーチの中心にはタングステン製の電極を配置し，電極と基材の間にアークを発生させる。

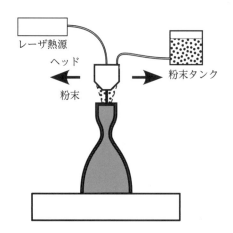
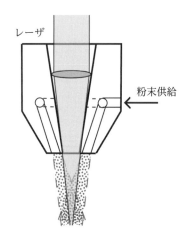

図 2.1.1-2　DED（指向性エネルギ堆積法：Directed Energy Deposition）の概略図

> **基礎知識** **AM 技術の ISO / ASTM 略称**
>
> ISO/ASTM 国際規格では AM 方式の略称をハイフンでつないだ英文字 5 文字で表している。最初の 3 文字は主分類でありハイフンの後に副分類 2 文字付け加える。副分類は原材料の結合方法を表し，熱源や反応方式などである。その後に半角で「/」を挟み材料分類を表し，その後ろに「/」をつけ材料名を示す。つまり，次のように表す。
>
> （主分類）-（副分類）/（材料分類）/（材料名）
>
> 材料分類は M を金属，C をセラミックス，P を高分子とし，丸で囲うとしている。例えば，PBF-EB/M/Ti-6Al-4V は Ti-6Al-4V の電子ビーム式粉末床溶融結合法，PBF-LB/Co/WC，Co は超硬合金のレーザビーム式粉末床溶融結合法である。表 K 2.1.1 に主な略称を示す。
>
> しかし，必ずしもこの規則に従わずに用いられている。材料名から材料分類が明らかなときには材料分類を省略する。また，材料分類に材料の形状を含ませることもある。例えば，金属ワイヤであれば，DED-Arc/Metal Wire である。これは一般には WAAM（Wire Arc Additive Manufacturing）と呼ばれている。また，2 つ目の「/」の後の材料名は化学式，成分表示，あるいは，一般名か商品名かは規定がない。さらに，今後，マルチマテリアル化が進むとみられるので複数の材料名をどのように表記するか規格化されると予想される。
>
> **表 K 2.1.1　AM（付加製造技術）の名称**
>
> | 主分類 Main category | 副分類 Sub-category | 略称 Abbr. |
> |---|---|---|
> | 結合剤噴射法：バインダジェット | シングルステップ single-step process | BJT-SSt |
> | Binder Jetting: BJT | マルチステップ multi-step process | BJT-MSt |
> | 指向性エネルギー堆積法 | レーザビーム laser beam | DED-LB |
> | Directed Energy Deposition: DED | 電子ビーム electron beam | DED-EB |
> | | アーク electric arc | DED-Arc |
> | 材料押出法 | 化学反応結合 chemical reaction bonding | MEX-CRB |
> | Material Extrusion: MEX | 熱反応結合 thermal reaction bonding | MEX-TRB |
> | 材料噴射法 | 紫外光露光 ultraviolet light exposure | MJT-UV |
> | Material Jetting: MJT | 化学反応 chemical reaction | MJT-CRB |
> | | 熱反応 thermal reaction | MJT-TRB |
> | 粉末床溶融結合法， | レーザビーム laser beam | PBF-LB |
> | パウダーベッドフュージョン | 電子ビーム electron beam | PBF-EB |
> | Powder Bed Fusion: PBF | 赤外光 Infrared light | PBF-Irl |
> | シート積層法 | 接着 adhesive joining | SHL-AJ |
> | Sheet Lamination: SHL | 超音波 ultrasonic consolidation | SHL-UC |
> | 光造形法 | 紫外線レーザ ultra violet laser beam | VPP-UVL |
> | VAT PhotoPolymerization: VPP | 紫外光マスク露光 ultra violet light through a mask | VPP-UVM |
> | | LED light emitting diodes | VPP-LED |
>
> （注）ISO/ASTM 52900:2015 : Additive manufacturing -- General principles – Terminology（2015），ISO/ASTM DIS 52900 : Additive manufacturing -- General principles – Terminology（2018）を基に作成.

ワイヤをトーチ中心部から供給する方法は，いわゆる，ミグ溶接（MIG 溶接:Metal Inert Gas 溶接，図 2.1.2-9 参照）による肉盛溶接を応用した方法である。また，タングステン電極を用いる方法はティグ溶接（TIG 溶接：Tungsten Inert Gas 溶接，図 2.1.2-9 参照）の応用である [9]。

このような造形原理のため，WAAM の造形機のトーチはミグ溶接機，ティグ溶接機とほとんど同じでものである。

DED では基材は平板である必要はない。ノズルまたはトーチを多軸のアームに取り付け，ビルドステージも多軸にすることで 3 次元曲面上に原材料を堆積して 3D 物体を作製することもできる。

DED-LB，DED-Arc は積層面や造形物の酸化防止のためにアルゴンガスなどの不活性ガスをノズルあるいはトーチから噴出する。そのため，雰囲気を調整した造

形チャンバは必ずしも必要ではない。その結果，3D 造形物の寸法の制約がなく，大型の造形物を作製できる。

(c) MEX（材料押出法：Material Extrusion）

MEX は FFF（Fused Filament Fabrication），FDM®（Fuse Deposition Modeling）と一般的に呼ばれている。FDM® は Stratasys 社の登録商標となっている。日本語では熱溶解積層法と表す場合もある。

MEX は図 2.1.1-3 に示すように，フィラメントと呼ぶ熱可塑性樹脂の線材を加熱したノズルから押し出して断面形状に堆積し，積層する方法である[10, 11]。ノズルの加熱は材料を溶融，あるいは，半溶融状態にして供給することが主目的である。押し出された材料の結合にはノズルで加熱した熱を用いる熱反応方式と接着剤を供給する化学反応方式がある。

MEX は最も安価でありホビーユースから産業用ラピッドプロトタイピング用途まで幅広く用いられている。

MEX はフィラメントに金属粉末を混合することで金属 AM として使うことができる。この場合，熱可塑性樹脂は金属粉末のバインダとして機能する。そのため，3D 造形物を作製した後にバインダを揮発させる熱処理と，金属粉末同士を結合するために焼結する熱処理が必要である。つまり，金属 AM の MEX はマルチステップ AM プロセスである。同様にしてフィラメントにセラミックス粉末を混合することもできる。

(d) MJT（材料噴射法：Material Jetting）[12]

MJT はマテリアルジェット，マテリアルジェッティングともいわれる。図 2.1.1-4 に示すように，2 次元インクジェットプリンタと同様の方法で液体樹脂を噴射することで，樹脂を堆積して固化させる。材料は連続方式またはドロップオンデマンド（DOD）方式のいずれかを使用して噴射される。連続方式は高分子材を噴射して薄く敷き造形体として必要な部分を選択的に固化させる。一方，DOD は造形体の 2 次元断面形状を対象として，樹脂を噴射し固化させる。DOD では後処理で溶解しやすい別の樹脂でサポート構造[脚注3]を補助的に作る。樹脂の固化方法は紫外線露光，化学反応，熱反応などがあるが，一般に UV 硬化樹脂と紫外線露光の組み合わせで用いられることが多い。

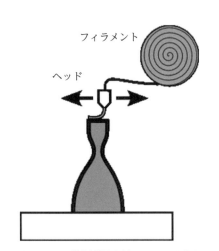

図 2.1.1-3 MEX（材料押出法：Material Extrusion）の概略図

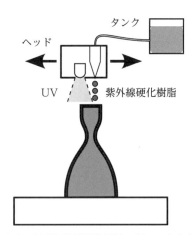

図 2.1.1-4 MJT（材料噴射法：Material Jetting）の概略図

脚注 3）サポート構造：サポート構造は，造形中の部品の変形を防ぐことや複雑な形状を造形する場合に必要とされる。サポートを必要とする複雑な形状とは，図に示すようなオーバーハングやブリッジなどの形状のことを指す。これらの形状はサポート構造を使用せずに正確に造形することが難しい。また，サポート構造は造形中の部品から熱を逃がし，造形プロセス中に発生する熱の影響による変形を防ぐ効果もある。なお，サポート構造は造形完了後に除去する。

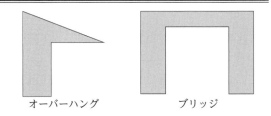

(e) PBF（粉末床溶融結合法：Powder Bed Fusion）[13]

PBFはパウダーベッドフュージョンとも，さらに略してパウダーベッド法ともいわれる。他にも多くの別名がある。直接金属レーザ焼結（DMLS: Direct Metal Laser Sintering），電子ビーム溶融（EBM: Electron Beam Melting），選択的熱焼結（SHS: Selective Heat Sintering），選択的レーザ溶融（SLM: Selective Laser Melting），および，選択的レーザ焼結（SLS: Selective Laser Sintering）などである。

焼結は粉末などの材料同士の接合現象の観点から不正確であるため，Sinteringを含む用語，DMLS, SHS, SLSの使用頻度が減っている。また，SLMは製造装置会社名に使用されているため論文等では使用されなくなった。EBMは今後PBF-EBと規格に合わせた呼称になると思われる。

PBFでは図2.1.1-5に示すように，粉末を薄く敷き詰めてパウダーベッド（粉末床：Powder Bed）を形成し，レーザビームや電子ビームなどの熱源を走査して粉末を溶融してレイヤーを作る。

パウダーベッドの厚さはレーザビームでは30～50 μm，電子ビームでは100 μm程度で他のAM法と比較して高精細な造形物が得られる。

粉末を溶融して所望の形状をつくるため，3D造形物は圧延材とほぼ同等の機械的強度をもつ。もちろん，内部欠陥を発生させない造形条件で作成した場合である。以前はPBF-LB/Mの造形材は空孔を多く含み，機械的強度が低いといわれていたが，それはエネルギー密度の低い熱源を用いて金属粉末同士を結合していたためである。現在では十分高いエネルギー密度の熱源で粉末を完全に溶融させているため高い機械的強度を得ることができる。

余談ではあるが，以前のレーザ焼結法という呼称も厳密には間違いである。科学技術用語でいう焼結は高温の固体同士が接触部で原子拡散により結合する現象である。そのため，焼結のプロセスは長時間を要する。PBFではレーザや電子ビームを数100～数1,000 mm/sで走査するため，結合時間はミリ秒以下のごく短時間であり，焼結という物理現象は起こりえない。以前のレー

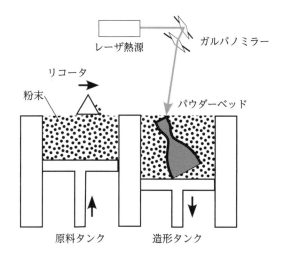

図2.1.1-5 PBF（粉末床溶融結合法：Powder Bed Fusion）の概略図

ザ焼結法と呼ばれていた方法では実際には粉末同士の接触部を溶融させて結合していたのである。

(f) SHL（シート積層法：Sheet Lamination）[14, 15]

SHLはLaminated Object Modelling（LOM）とも呼ばれる。積層造形法としては古い方法であり，紙を材料として三次元形状を作成することは昔からなされていた。図2.1.1-6に示すように，薄い紙をモデルの断面形状に切断し，接着剤を塗りながら積み重ねる方法である。これを金属に適用し金属箔を拡散接合（図1.1.3-9）により積層し，金型や複雑流路をもった機械要素などの作製に用いられてきた[15]。現在，超音波による積層[16]や，摩擦撹拌接合を用いる方法も開発され

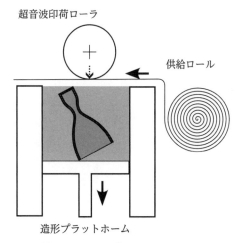

図2.1.1-6 SHL（シート積層法：Sheet Lamination）の概略図

ている[17]。一般に，造形速度が速く，材料の取り扱いが容易で，低コストである。モデルの強度は接着剤や層間の接合方法に依存する。シートや箔材を用いるため造形物の密度が高い。

(g) VPP [18, 19]

液槽光重合法（VAT PhotoPolymerization: VPP）は光造形法とも呼ばれる。図 2.1.1-7 に示すように，液体の光硬化樹脂を満たした槽（バット：VAT）の中でレーザなどの光源を造形モデルの 2 次元断面の形状で照射し硬化させて積層する。比較的粘性の高い液体を用いていることとレイヤーごとに固化させるためサポート構造を省略できる利点がある。また，非常に高精細かつ表面粗さが小さい造形が可能である。造形時間が比較的長いが，最近ではレーザの走査以外にデジタル光処理プロジェクターによるマスク処理や LCD（液晶ディスプレイ）により面で露光する方式もあり，短縮化されつつある。

光硬化樹脂に金属粉末を混合することで金属 AM に用いることができる。金属のみの造形物を得るには樹脂を除去する後熱処理が必要であり，マルチステップ AM プロセスとなる。WC や Co の造形が可能である。同様にセラミックスも造形可能である[20]。

(h) その他

ISO/ASTM で未分類の造形方法では電気泳動堆積法（Electrophoretic Deposition: EPD）[21] と電子写真印刷（Electrophotographic Printing: EP）[22] がある。

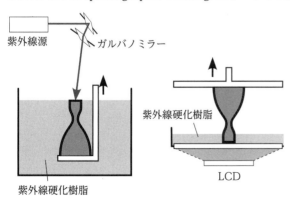

図 2.1.1-7　VPP（液槽光重合法：VAT PhotoPolymerization）

電気泳動堆積法（EPD）は液体媒体に懸濁した荷電コロイド粒子を電極間に生じる電界を用いて電気泳動により移動し断面形状に堆積させ積層する。断面形状に電界をかける方法にはプローブ電極を移動する方法と電位を分布させることのできる電極平板を用いる方法がある。電着塗装を三次元的に行う方法ともいえる。

電子写真印刷（EP）は静電像を含む感光体プレートを粉体層（トナー層）の上に配置し静電荷により粉体をプレートに引きつけ定着させて断面形状を得ることで，積層する方法である。レーザプリンタのドラムを平板にして積層を行う方法ともいえる。

いずれの方法も粉体が誘電体でなければならない。そのため，高分子やセラミックスに用いられる。また，金属粉体を高分子で包んだトナーの開発もなされている。

(i) AM の分類 [2, 3]

積層造形法はレイヤーの作成方法で分類される。レイヤーは原材料を熱による溶融凝固，化学的結合，摩擦などにより接合して作られる。原材料の接合に 1 過程で済む方法をシングルステップ AM プロセス，2 回以上の過程で接合する方法をマルチステップ AM プロセスと大別している。

図 2.1.1-8 に示すように，シングルステップ AM プロセスでは類似材料を接合する。接合してレイヤーを作成，積層する過程のみで 3D 部品が造形できるのでシングルステップと呼ばれる。ここで，AM での 3D 造形物は最終的な製品の形状とともにサポート構造と同時に造形されるため，サポート構造を除去する工程が必要であるが，このような後加工の工程はシングルステップ AM プロセスのステップには含まない。ここでいうステップとは原材料を結合する工程のみを指すからである。

他方，マルチステップ AM プロセスは図 2.1.1-9 に示すように，主に異種材料を混合して結合し，積層過程の後に焼結や溶侵により不要な材料を除去する。焼結における加熱は融点以下に抑え結合するプロセスであるが，その前段階として有機物の結合剤を揮発させるプロセスを含む。溶侵は液体の溶剤で溶解させることである。

金属を原材料とするシングルステップAMプロセスはDED（指向性エネルギー堆積法），PBF（粉末床溶融結合法），SHL（シート積層法）がある（図 2.1.1-8）。原材料を結合する方式は，DEDが溶融，PBFはPBF-LBでは溶融，PBF-EBでは溶融と固相接合，SHLは固相接合である。PBF-EBでは溶融と固相接合の両者が結合に寄与しているが，固相接合はレイヤーの溶融前粉末床を仮焼結するためであり，本質的には溶融のみである。

金属を原材料とするマルチステッププロセスでは基本的に金属粉末と結合剤を混合した原材料を用いる。結合剤は高分子材であり，第2段階のプロセスで熱処理により揮発させて除去する。

それぞれに一長一短あり，どちらが良いかは一概にはいえない。

表 2.1.1-1 にAM方式の長所，短所，材料の例を示す[23]。長所，短所の着目点は残量選択の広さ，造形速度（総造形時間），造形可能寸法，寸法精度に着目し

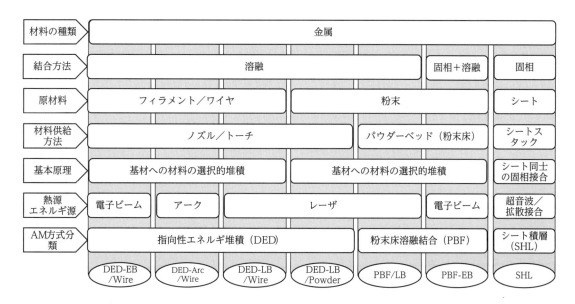

図 2.1.1-8　金属材料のシングルステップAMプロセス原理の概要（JIS B 9441:2020 を基に作成）

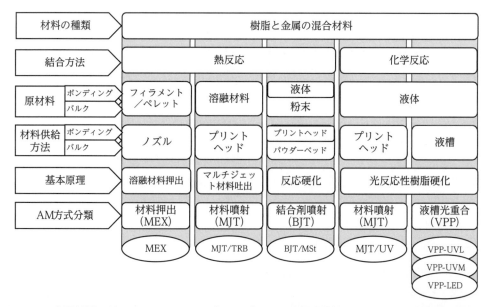

図 2.1.1-9　金属材料に対するマルチステップAMプロセス原理の概要（JIS B 9441:2020 を基に作成）

第 2 章 金属AMの造形方法

表 2.1.1-1 付加製造技術（Additive Manufacturing）の分類別特徴

主分類 Main category	長所	短所	材料（例）
結合剤噴射法 バインダジェット Binder Jetting: BJT	材料選択の広さ 多色 高速造形	結合剤により構造用途に 向かない場合もある 後処理に時間がかかる	SUS, ABS, PA, PC, ガラス
指向性エネルギー堆積法 Directed Energy Deposition: DED	大寸法 姿勢の制約が小さい 高速 マルチマテリアル	後処理に表面仕上げが必要 材料選択に制限	金属材料全般 EB では CoCr 合金，Ti 合金 も可
材料押出法 Material Extrusion; MEX	高普及度，低コスト 多色，マルチマテリアル	ノズル径が寸法精度制約 高寸法精度では低速	ABS, PA, PC, AB
材料噴射法 Material Jetting; MJT	高寸法精度 無駄が少ない 多色，マルチマテリアル	サポート材が必要 材料選択の狭さ	Polypropylene, HDPE, PS, PMMA, PC, ABS, HIPS, EDP
粉末床溶融結合法 パウダーベッドフュージョン Powder Bed Fusion: PBF	広範な材料選択 複雑形状 比較的高寸法精度	限定された寸法 高エネルギーを要する 表面性状の粉体径に依存	金属材料全般 SUS, Ti, Al, CoCr, 鋼，Cu
シート積層法 Sheet Lamination: SHL	高速 低コスト（金属以外で） マルチマテリアル（金属）	仕上げに後処理が必要 材料選択の制限	紙，プラスチック，金属
光造形法 VAT PhotoPolymerization: VPP	高寸法精度・複雑形状 良好な表面性状 微小～大型造形可能 比較的高速	比較的高価 長時間の後処理	UV 硬化樹脂
泳動電着，電気泳動析出 Electrophoretic Deposition: EPD	高速 低コスト	断面形状に飛び地がある モデルの造形は難しい	高分子，セラミックス
電子写真印刷 * Electrophotographic Printing: EP	高速 低コスト	材料の制約	高分子，セラミックス

（*）筆者訳

ている。造形速度は通常 3D モデルを造形物にする速さで時間当たりの造形堆積 [cc/h] で表されることが多い。3D 造形物にすると断っているのは，マルチステップ AM プロセスでは 3D 造形物を得たのちに後処理でバインダを除去する必要があり，造形速度だけでは評価できず，総造形時間を考慮する必要があるためである。同じ意味で 1 ステッププロセスでも PBF-EB では 3D 造形物作成後に取出しまでの冷却に時間を要する。

2.1.2 熱源

DED 法，PBF 法といったワンステップ AM プロセスでの金属材料の積層造形では金属材料を一旦完全に溶融した後に凝固させることで強固に結合するため，高エネルギーの熱源を用いる。高エネルギーの熱源にはレーザビーム，電子ビーム，アークが主に用いられる。レーザビームは DED-LB/Metal Powder（レーザ式

金属粉末指向性エネルギー堆積法），DED-LB/Metal Wire（レーザ式金属ワイヤ指向性エネルギー堆積法）と PBF-LB（レーザ式粉体床溶融結合法）で用いられる。電子ビームは PBF-EB（電子ビーム式粉体床溶融結合法）で用いられ，アークは DED-Arc/Metal Wire（アーク加熱式金属ワイヤ指向性エネルギー堆積法，別名 WAAM）で用いられる。

(a) レーザビーム

レーザビームは「誘導放出 [脚注4] による光の増幅」（Light Amplification by Stimulated Emission of Radiation: LASER）により人工的に作られた光である [5]。レーザビームはレーザ発振器によって発生する（図 2.1.2-1）。レーザ発振器は全反射鏡（反射率：100%）と半透鏡（例えば，反射率が 99% で透過率が 1%），レーザ媒質を含むキャビティ（光共振器），励起源から構成

される。キャビティの 2 枚の鏡の距離が半波長の整数倍となる光はキャビティ内を繰返し往復して定常波になる。レーザ媒質は電気や光などの励起源からエネルギーを与えると励起状態[脚注5]となる。励起源からのエネルギーを大きくすると励起状態の原子数が基底状態の原子数よりも増えた反転分布状態になる。キャビティ内で定常波となった光によって励起状態の媒質は低エネルギー状態に遷移して波長，位相，偏向が同じ光を放つ。これを光の誘導放出という。励起源からレーザ媒質にエネルギーを供給し続けると，レーザ媒質から誘導放出された光がキャビティ内を往復しつつ，励起されたレーザ媒質からさらに誘導放出させることを繰り返し，波長，位相，偏向が揃った光が増幅されていく。その一部を半透鏡で出力した光がレーザビームである。

金属を溶融するほどの出力をもつレーザ発振器には CO_2 レーザ，YAG レーザ，半導体レーザ（LD），LD 誘起固体レーザ，ファイバーレーザがある[26]。CO_2 レーザでは媒質に CO_2 の気体，励起源に放電装置を用い，YAG レーザでは媒質として $Y_3Al_5O_{12}$ に Nd を微量添加した結晶（固体）を用いて光で励起させる。現在，金属 AM で用いられるレーザビームは半導体レーザとファイバーレーザが主流である。これらは炭酸ガスレーザや Nd:YAG レーザに比べると，装置がコンパクトで比較的安価である。

(a-1) 半導体レーザ（LD）

半導体レーザは半導体で作成したレーザ発振器である[27]（図 2.1.2-2）。発光ダイオードと同様にダブルヘテロ構造の PN 接合半導体である。つまり，p 型半導体と n 型半導体の間に発光層となる半導体を挟んで 2 つの界面で異材接合している。2 つの界面をダブル，異材をヘテロとしてダブルヘテロ構造と呼ぶ。p 型半導体から移動した正孔，n 型半導体から移動した電子が発光層で再結合して発光する。その上，発光層に屈折率の高い半導体とすることで，発光層に光が閉じ込められキャビティとして機能させている。発光層に閉じ込められた光は誘導放出を促し，端部からレーザ光を放出する。

半導体レーザは小型・軽量で低消費電力であり，単一波長のコヒーレントな光を放つ。光の波長は半導体の種類により決まる[28]（図 2.1.2-3）。赤外領域（Infra-Red：1,300 ～ 1,550 nm）では InP 基板に InGaAsP が用いられ，近赤外（Near-infarared, 700 ～ 860 nm）では GaAs 基板に AlGaAs が用いられる。赤色（Red：650 ～ 700nm）は GaAs 基板に AlGaInP が使用される。緑色（Green：500 ～ 550nm），青色（Blue：450 ～ 500nm），紫色（Purple：380 ～ 450nm）は GaN 基板で InGaN が使用される。

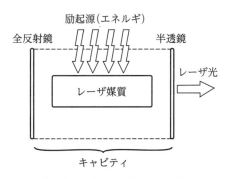

図 2.1.2-1　レーザ発振器の概略図

脚注 4)，5) 誘導放出，励起状態：物質の状態を簡単に理解するために，ボーアの水素原子モデル(a)をとりあげる。水素原子では陽子の周りを電子が運動しており，その回転半径が最も短く，電子と陽子との距離が近い状態を基底状態と呼ぶ。(b)に示すように，この距離はエネルギー準位と呼ばれ，基底状態を $n=1$ とし，$n=2$ 以上を励起状態と呼ぶ。電子と陽子との間で引力が働かない $n \rightarrow \infty$ となると，電子と陽子が離れ（電離と呼ぶ），水素イオンと自由電子になる。ここで，例えば，励起状態 $n=4$ にある水素原子が基底状態 $n=1$ になると，特定の波長をもつ光を放出し発光する。言い換えると，$h\upsilon$ [J/photon] のエネルギーをもつ光量子が放出する。ここで，h：プランク定数，

$\upsilon\left(=\dfrac{c}{\lambda}\right)$：光の振動数，$c$：光速，$\lambda$：波長である。

次に，この発光を受けて，エネルギー準位の高い状態（E_u：この場合 $n=4$）にある別の水素原子が低い状態（E_L：この場合 $n=1$）に遷移することを誘導放出と呼び，(c)に示すように光量子 1 個が 2 個に増えることで光の強度が増幅されることになる。

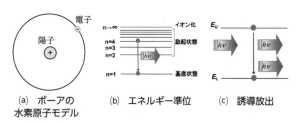

(a) ボーアの水素原子モデル　(b) エネルギー準位　(c) 誘導放出

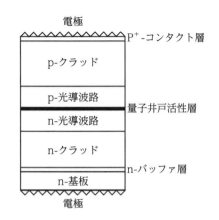

図 2.1.2-2　ダイオードレーザ半導体の構造[28]

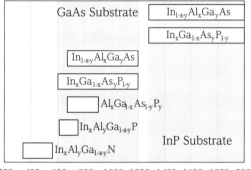

図 2.1.2-3　ダイオードレーザの発光波長と半導体材料[28]

(a-2) ファイバーレーザ[29]

ファイバーレーザはダイオードレーザを励起源，光ファイバーをキャビティとして用いる。光ファイバーは芯線をクラッド層で被覆した2層構造，もしくは，3層構造の SiO_2 ガラス繊維である。図 2.1.2-4 は芯線を2層クラッド層で被覆した3層構造のダブルクラッドファイバー（Double Clad Fiber: DCF）の概略図である。中央の芯線に Yb^{3+} などの希土類元素を微量添加，つまり，ドープしている。ファイバーの端面から励起光を導入すると内部クラッドを励起光が全反射を繰返して伝搬する。芯線がレーザ媒質であり，内部クラッドからの光が芯線を横切り励起と誘導放出をする。誘導放出された光は芯線の内部を全反射しながら伝搬していき，もう一方の端部からレーザ光として出力される。

図 2.1.2-5 にファイバーレーザの発振器の構成を示す。励起光には複数のレーザダイオードの光をコンバイナで重ね合わせた光を用いる。ファイバーの端部には反射鏡として FBGs (Fiber Bragg Gratings) という，ファイバー表面には円環状に複数の溝をつける処理が施している。なお，図中では割愛しているが，パルスレーザではレーザ光を間欠的に発光させるために，励起光の他に種光（Seed laser, Signal laser）を芯線に導入する。

(a-3) レーザビームの種類

レーザビームの発振器の機構とは別に，レーザビームは発振する波長，発振形態，ビームモードで特徴づけられる。

波長はレーザビームの光の波長である。これは上述のレーザビーム発振器の形式で決定される。

発振形態は連続波（Continuous Wave: CW）かパルスである。連続波はレーザビームの輝度が時間変化しない。一方，パルスビームは強度が間欠的に変化するレーザビームである。実際には矩形波でビームの強度が変化するわけではなく，ピークの高さが一定な山なりの曲線を描いて強度が変化する。現在の金属AMではCWレーザを用いることが多い。

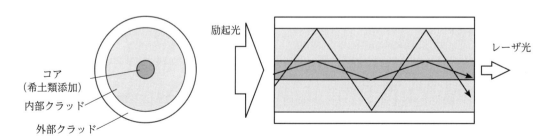

図 2.1.2-4　ファイバーレーザ用ダブルクラッドファイバの概略図

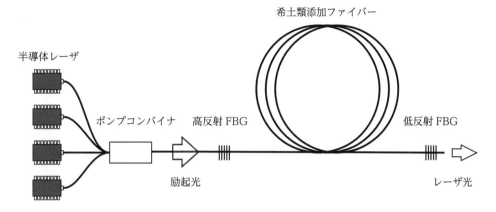

図 2.1.2-5　ファイバーレーザの概略図

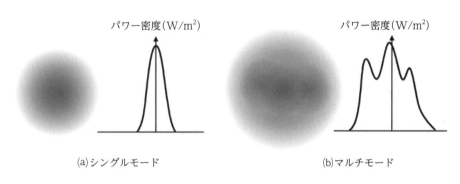

(a)シングルモード　　　(b)マルチモード

図 2.1.2-6　レーザビームのパワー密度分布のイメージ

　ビームモードは図 2.1.2-6 に示すように，レーザビームのパワー密度の空間分布である．ビームモードはシングルモードとマルチモードの2つに分けられる．シングルモードとは，ビームの形状が円形でパワーがその中心に集中しているモードである．理想的なシングルモードのレーザビームではビームの強度分布がガウス分布をしている．これをガウシアンビーム（Gaussian beam）と呼ぶ．

　シングルモードレーザは単色性，指向性，コヒーレント性に優れている．つまり，レーザビームの波長がほぼ単一で，レーザ発振器の出力窓から数 m 程度離れてもスポット径がほとんど変わらない．そのため，微細加工に適している．

　マルチモードとは，ビーム形状が複数の円や楕円で構成され，パワーのピークも不規則に分布しているモードである．マルチモードは複数のレーザ光源，例えば，複数の半導体レーザ素子の出力などを重ね合わせて作ったりする．集光性はシングルモードより劣り，スポット径は大きくなるが，大出力化が容易に可能である．

　シングルモードとマルチモードのいずれが熱源として適しているかは一概にはいえない．一般的には，シングルモードレーザは反射率の高い材料や高精度な加工に向いており，マルチモードレーザは吸収率の高い材料や高速な加工に向いているといわれている．

　スポット径はレーザビームの特性を表す重要な指標である．図 2.1.2-7 に示すように，直径 D のレーザビームをレンズで収束すると，レンズ焦点位置でのビーム直径 d は次式で与えられる．

$$d = \frac{4\lambda f}{\pi D} \tag{1}$$

　例えば，f=200 mm，D=10 mm，λ = 1 μm として(1)式により計算すると，集光スポットの直径は理論的には約 25 μm と小さくなり，精密な熱加工ができる．

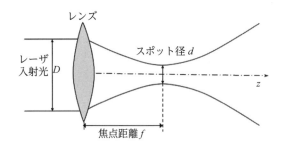

図 2.1.2-7　焦点位置に収束されたレーザビームのスポット径

溶接や切断などの用途では焦点位置から外して使用することもある。

(b) 電子ビーム [30, 31]

金属 AM で用いる電子ビームは熱電子を高圧電源により一方向に高速に加速した電子である。

電子ビームの電子銃からワークまでの概略を図 2.1.2-8 に示す。金属 AM で用いる電子銃では陰極にタングステン（W），タンタル（Ta），6 ボロン化ランタン（LaB$_6$）などの高融点金属を用いる。金属箔のリボン状，棒状の形状の陰極がある。陰極を加熱して発生させた熱電子を 50 ～ 100 kV の高電圧をかけて加速する。陽極（アノード）を通過した電子線を電磁的な収束レンズで適当なビーム径に収束させ，偏向コイルの電場で平面内に誘導しワークに衝突させる。電子線は大気中で気体分子と衝突して著しく減衰するため，図中のすべての要素はワークも含めて真空容器中に格納されている。

高速に加速した電子を金属に衝突させると電子の運動エネルギーが熱エネルギーに変化し，金属を溶融することができる。金属 AM で用いられている電子ビームの出力は数 kW から最大で 9 kW である。金属表面でのエネルギー吸収率は 80% を超える高効率な熱源である [32]。そのため，偏向コイルで高速に走査してもワークの溶融には十分なエネルギーを与えることができ，時間当たりの造形堆積も比較的高くすることができる。

(c) アーク

気体中の放電現象は気体の圧力によって異なるが，大気圧の場合，電流値が数 A 程度よりも低く放電電圧

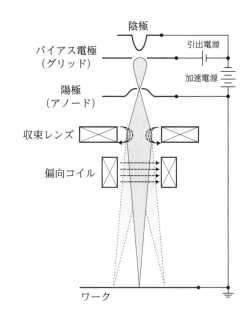

図 2.1.2-8　電子ビームの概略図

が数千 V 程度の条件ではグロー放電となる。一方，電流値が数 A 以上で放電電圧が 10 ～ 100 V 程度の条件ではアーク放電となる。いずれも気体が電離したプラズマを通して，電流が流れる。プラズマは分子，原子，イオン，電子から成り，プラスの電極に向かって，電子が運動し，マイナスの電極に向かってイオンが運動する。放電電流は電子とイオンの運動，すなわち，電子電流とイオン電流の合計となる。電子はイオンに比べて質量がきわめて小さいため，放電電流の電流成分のほとんどは電子電流である。また，プラズマ中では分子や原子，イオン，電子が高速でランダムに運動しており，これら粒子同士の衝突が頻繁に起こり，発光をともなう。

アーク放電の陰極と陽極ではそれぞれ発熱しており，トーチ電極やワークを加熱する。金属 AM でアーク加熱を用いるプロセスは，現状，WAAM（Wire Arc Additive Manufacturing, ISO/ASTM 用語では DED-Arc/Metal Wire）である。WAAM の熱源は肉盛溶接とほぼ同じであり，ミグ溶接（MIG Welding: Metal Inert Gas Welding），プラズマアーク溶接（PAW: Plasma Arc Welding），ティグ溶接（TIG Welding: Tungsten Inert Gas Welding）での溶接トーチを転用している（図 2.1.2-9）[33]。図に示すように，溶接トーチはワークとの間にアークを発生する電極

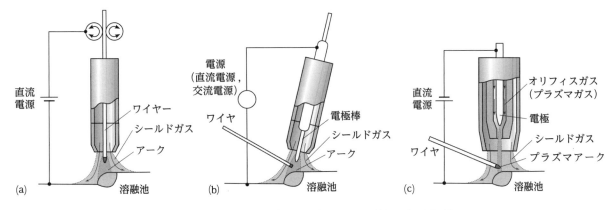

図 2.1.2-9 DED-Arc（WAAM）用アーク熱源の概略図 [12]
(a) MIG（ミグ）方式　(b) TIG（ティグ）方式　(c) PAW（プラズマアーク方式）

を内蔵し，溶融池やその周辺を大気から保護するためにアルゴンガスなどのシールドガス（Shielding gas）を供給する構造をしている。アーク溶接機の電源は，トーチの電極とワークとの間に発生するアーク放電に対して，一般的には最大 500A 程度の直流あるいは交流を供給することができる。

ティグ溶接のトーチでは電極にタングステンなどの高融点金属，シールドガスにアルゴンガスなどの不活性ガスを用いる。加えて，溶加棒やワイヤを横から挿入する。通常，直流電源を用いることが多く，トーチ電極の極性を負極（マイナス）にして接続する。これは負極側の加熱によってタングステンが高温になり，熱電子放出が容易になり，安定なアークが得られるからである。

プラズマ溶接ではティグ溶接と同様にタングステン電極，シールドガスにアルゴンを用いる。ノズルは二重円筒になっており，内側の円筒内にプラズマガスを通す。ティグ溶接と同様に堆積させる金属ワイヤはアークの横から供給する。

WAAM で最も用いられているミグ溶接のトーチは電極自体がワークに堆積させるワイヤである。この場合，電極ワイヤを安定に加熱・溶融させるためにトーチ電極側を正極（プラス），ワークを負極（マイナス）にする。

ミグ溶接用トーチを転用した WAAM では従来のミグ溶接法で高度化されてきた諸々の制御法を適用できる。特に 2000 年代に開発された CMT（Cold Metal Transfer）法は電流波形制御に加えて，ワイヤ送給速度を制御することで，スパッタを抑制しアークを安定化している。さらに入熱を低減しながら堆積する効率を向上させている [34]。

2.1.3　AM の作業フロー

AM（Additive Manufacturing）での製品製造での一般的な工程は(1)製品設計，(2)工程設計，(3)製造，(4)仕上げと進む。図 2.1.3-1 に AM ワークフローを示す。この工程や順序は他の製造方法での作業フローと概略は変わらない。しかし，AM では製品設計と工程設計で AM に合わせた設計，造形方案作成や CAE 解析といったコンピュータを多用する作業の比重が大きい。いわゆる，デジタル・マニュファクチャリングといわれる所以である。以下に夫々の段階の概略を述べる。

(a)　製品設計（Design Stage）

3D-CAD で 3D モデルを作成する。その際，AM 製造を前提とした設計をする。例えば，内管の断面形状を円形ではなく楕円形にしたり，メッシュ構造を作り込んだりする。このような設計方法を DfAM（Design for Additive Manufacturing）という（第 5 章に詳述）。また，AM 製造では三次元自由形状を製作しやすいため，形状最適化やジェネレーティブデザイン（Generative Design）を採用して製品形状が検討される。製品設計では要求仕様を満足するように，CAE で構造強度や機能を検討するが，適正な形状を見出すまでに時間を要することがしばしばある。

Step-Up　ガウシアンビーム

1　強度分布とビーム径

本文においてビームモード（図2.1.2-6）について触れた。理想的なシングルビームの強度分布はガウス分布をしており，溶接や切断，AMプロセスへの応用などでガウシアンビームを想定している。

ガウシアンビームの強度分布（パワー密度）は，次式で表され，図S1に示すようにビームの中心に軸対称であり，半径方向の距離が大きくなるにつれ，その強度が小さくなる。

$$I(r) = I_0 \exp\left(-\frac{2r^2}{w(z)^2}\right) = \frac{2P}{\pi w(z)^2}\exp\left(-\frac{2r^2}{w(z)^2}\right) \tag{S1}$$

ここで，$I(r)$：半径方向の強度（パワー密度）[W/m^2]，I_0：ピーク強度（パワー密度）[W/m^2]，$w(z)$：レーザ光がz軸方向に伝搬しているとき，位置zにおけるビーム半径 [m]，P：レーザ光の出力 [W] である。なお，ビーム半径の定義はピーク強度I_0の$1/e^2$(=0.135)の強度になるビーム半径である。

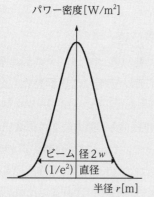

図S1　ガウシアンビームの強度分布

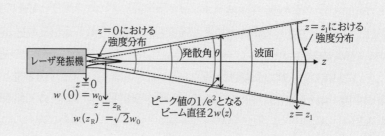

図S2　ガウシアンビームの強度分布と波面の照射距離との関係

式（S1）を図S2に示すと，照射距離が大きくなるとともにレーザ光は発散角θで広がり，$z=z_1$の強度分布に見られるようにビーム半径$w(z)$が大きくなる。$z=0$ではビーム径は最小値$2w_0$となり，ビームウエストと呼ばれる。もとより，レーザ出力は一定であるので，発振器から遠ざかるとピーク値が低下する。

次に，レーザ光の波面とビーム径について述べる。まず波面の曲率半径$R(z)$は距離とともに変化する。発振器出口付近は平面波となるが，照射距離とともに球面波となり，さらに遠方になると平面波となり，レーザ光の波面は波動光学（電磁光学とも呼ぶ）から次式が導出される。

$$R(z) = z\left[1 + \left(\frac{z_R}{z}\right)^2\right] \tag{S2}$$

ここで，z_R：レイリー長 [m] と呼ばれ，ビームウエストの前後 $-z_R \leq z \leq z_R$ をレイリー領域と呼ぶ。次に，$z=z$におけるビーム径$2w(z)$は次式で与えられる。

$$w(z)^2 = w_0^2\left[1 + \left(\frac{z}{z_R}\right)^2\right] \tag{S3}$$

ここで，$w_0(=w(0))$：ビームウエストの半径 [m] である。式（S3）から，次式の関係が得られる。

$$w(z_R) = \sqrt{2}w_0 \tag{S4}$$

また，波動光学から次式が成り立つ。

$$w_0^2 = \frac{\lambda z_R}{\pi} \tag{S5}$$

次に，発散角 θ （$=w(z)/z$）は式(S3)において $z \to \infty$ とすると，次式で示すことができる。

$$\theta = \frac{w_0}{z_R} = \sqrt{\frac{\lambda}{\pi z_R}} = \frac{\lambda}{\pi w_0} \tag{S6}$$

また，式(S3)は式(S5)を用いて，次式のように書くことができる。

$$w(z)^2 = w_0^2 \left[1 + \left(\frac{\lambda z}{\pi w_0}\right)^2\right] \tag{S7}$$

なお，式(S2)(S3)(S5)の導出などの詳細については参考文献を参照されたい。

2　レーザビームの集光

レーザによる材料加工への応用の多くでは，強度を最大化しながら加熱エリアを最小化するため，レーザビームを可能な限り小さなスポットサイズに集光することが重要となる。実用的にはレーザ発振器から光学系を用いてビーム搬送し，対象の加工部分のスポットサイズをコントロールしている。具体的には図S3に示すように，レーザ発振器から出力されたビームはレンズやミラーを用いて，平行にして（コリメートと呼ぶ），加工点近くまで伝送し，集光レンズを用いてレーザビームのスポットサイズを小さくしている。したがって，コリメートされた平面波はミラーや光ファイバーなどを用いて，用途に応じてレーザビームを遠方まで伝送するなど自由に操作することができる。

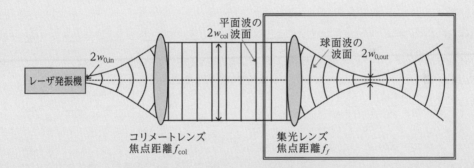

図S3　レーザ加工におけるレンズによる光学系の構成

ここで，レーザ発振器から出射した原ビームのコリメートから，集光までの過程を理解するためには，次式で表されるレンズの公式を波動光学の理論を踏まえて，修正する必要がある。

$$\frac{1}{a} + \frac{1}{b} = \frac{1}{f} \tag{S8}$$

ここで，a：レンズから物体までの距離 [m]，b：レンズから像までの距離 [m]，f：レンズの焦点距離 [m] である。詳細は参考文献によるが，図S4に示すように光源からレンズまで距離 a を波面曲率半径 $R(a)$ [m] とし，レンズから集光スポットまでの距離 b を波面曲率半径 $R(b)$ [m] として，次式のように修正される。

$$\frac{1}{R(a)} + \frac{1}{R(b)} = \frac{1}{f} \tag{S9}$$

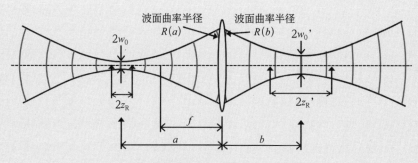

図 S4　波動光学によるレンズの公式の修正

式(S9)の修正レンズの公式を用いると，次の関係が導出される。
(1)入射光のビームウエストからレンズまでの距離 a，レイリー長さ z_R，レンズからの出射光のビームウエストまでの距離 b，レンズの焦点距離 f との間には，次式が成り立つ。

$$\frac{1}{a+\frac{z_R^2}{a-f}}+\frac{1}{b}=\frac{1}{f} \tag{S10}$$

上記の式で $a \to \infty$ とすると，式(S2)から波面の曲率半径は ∞ となるので，平面波がレンズに入射することになり，式(S10)の左辺第1項は0となり，レーザ光はレンズの焦点位置で集光する。また，式(S10)の両辺に f をかけると次式が得られる。

$$\frac{1}{\frac{a}{f}+\frac{\left(\frac{z_R}{f}\right)^2}{\frac{a}{f}-1}}+\frac{f}{b}=1 \tag{S11}$$

ここで，$z_R \ll f$ の場合，式(S11)は幾何光学によるレンズの公式(S8)に一致することがわかる。このことから焦点距離の長いレンズを用いると，ビームウエストの位置を計測することができる。
(2)出射ビーム径の倍率は，入射光と出射光のビームウエストの比で与えられるので，次式となる。

$$\frac{w_0{'}}{w_0}=\frac{f}{\sqrt{(a-f)^2+z_R^2}} \tag{S12}$$

式(S12)から $a \to 0$ とすると，$\frac{w_0{'}}{w_0} \to 1$ となる。一方，$a=f$ とすると，$\frac{w_0{'}}{w_0}$ は最大値となる。$a \to \infty$ とすると，$\frac{w_0{'}}{w_0} \to 0$ となり，加工点でのビームウエスト $w_0{'}$ を小さくすることができる。つまり，$a \to \infty$ とは無限遠方の光源から放射された光波であり，平面波をレンズに入射することに相当するので，スポット径を小さくするためには平面波を入射する必要がある。

ここで，レーザ加工のためのスポットサイズに言及するため，図S3に戻り2重線で囲んだ平面波の平行光を集光レンズで絞る場合を考える。式の導出は割愛するが，式(S12)は次式となる。

$$\frac{w_{0,\mathrm{out}}}{w_{\mathrm{col}}}=\frac{f_\mathrm{f}/z_{\mathrm{col}}}{\sqrt{1+(f_{\mathrm{col}}/z_{\mathrm{col}})^2}} \tag{S13}$$

ただし，集光レンズへの入射光のレイリー長 z_{col} は次式で与えられる。

$$z_{\mathrm{col}}=\frac{\pi w_{\mathrm{col}}^2}{\lambda} \tag{S14}$$

式(S14)を式(S13)に代入すると，次式が得られる。

$$w_{0,\text{out}} = \frac{\lambda f_{\text{f}}}{\pi w_{\text{col}}} \frac{1}{\sqrt{1+(\lambda f_{\text{f}}/\pi w_{\text{col}}^2)^2}} \simeq \frac{\lambda f_{\text{f}}}{\pi w_{\text{col}}} \tag{S15}$$

ここで，w_{col}：集光レンズへの入射光（平行光）のビームウエスト[m]，f_{f}：集光レンズの焦点距離[m]である。式(S15)からコリメート光の直径が大きいほど，焦点距離や波長が短いほどスポットサイズは小さくなる。ここで，本文に記述しているスポットサイズ$d(=2w_{0,\text{out}})$[m]と平行光の入射直径$D(=2w_{\text{col}})$[m]を用いると，式(S15)は次式となる。

$$d = \frac{4\lambda f_{\text{f}}}{\pi D} \tag{S16}$$

ちなみに，図S3の左側に示すレーザ発振器からの出射光のビームウエスト$w_{0,\text{in}}$とコリメート光のビームウエストw_{col}との関係は式(S15)を用いて表すことができるので，式(S17)となる。その結果，原ビームのビームウエスト$w_{0,\text{in}}$と集光点におけるビームウエスト$w_{0,\text{out}}$との関係は式(S18)となる。

$$w_{\text{col}} \simeq \frac{\lambda f_{\text{col}}}{\pi w_{0,\text{in}}} \tag{S17}$$

$$\frac{w_{0,\text{out}}}{w_{0,\text{in}}} = \frac{f_{\text{f}}}{f_{\text{col}}} \tag{S18}$$

3. ビーム品質

レーザ光は理論的にはガウシアンビームとして扱うことで，加工現象を支配するスポットサイズと焦点深度の設定や加工システムの光学系の構成など，用途に応じた設計に適用できる。なお，焦点深度は被写界深度とも呼び，焦点位置の前後のレイリー領域の長さ$2z_{\text{R}}$を指す。焦点深度の領域のビーム径d'は焦点位置のスポットサイズdよりもやや大きくなるが，$d' \leq \sqrt{2}d$となり，レーザ光が集光されている。

しかし，実際のレーザ光はガウシアンビームではなく，強度分布がガウス分布とは異なっているため，ビーム品質を定量化するため，次式で示すM^2（Mスクエア値）を定義し，ガウシアンビームとの違いを表現している。

$$M^2 = \pi \theta_{\text{real}} w_{0,\text{real}} / \lambda \tag{S19}$$

ここで，θ_{real}：ビームの発散角[rad]，$w_{(0,\text{real})}$：ビームウエストの半径[m]である。式(S19)を書きかえると次式になるが，$\theta_{\text{real}} > \theta$，$w_{(0,\text{real})} > w_0$であり，次のようになる。

$$\theta_{\text{real}} w_{0,\text{real}} = M^2 \frac{\lambda}{\pi} > \frac{\lambda}{\pi} \tag{S20}$$

式(S20)の関係を用いて，式(S7)を書きかえると，次式になる。

$$w_{\text{real}}(z) = w_{0,\text{real}} \sqrt{1+\left(\frac{\lambda M^2 z}{\pi w_{0,\text{real}}^2}\right)^2} \tag{S21}$$

また，実際のレーザ光のレイリー長$z_{(\text{R,real})}$も式(S5)から，次式で示すことができる。

$$z_{\text{R,real}} = \frac{\pi}{\lambda} w_{0,\text{real}}^2 \tag{S22}$$

ちなみに式(S21)を用いて，波長$\lambda=1070\,\text{nm}$，ビームウエストの半径$w_0=10\,\mu\text{m}$とした場合，ビーム品質が$M^2=1$と$M^2=2$について計算すると，図S5に示すようになる。M^2が大きくなるとレーザ光の発散が大きくなり，レイリー長（各自計算して確認されたい）も短くなることが分かる。

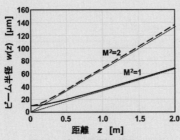

図S5 ビーム品質の差異によるレーザ光の広がりの違い

参考文献

(1) 高橋英俊 監訳：波動（下），バークレー物理学コース3，1973，丸善出版
(2) 霜田光一：レーザー物理入門，1990，岩波書店
(3) D. Meschede: Optics, Light and Lasers, 2004, Wiley-VCH

(b) 工程設計 (Process Desing Stage / Preparation Stage)

まず，造形方法の手順や条件などを検討し確定させる。これを造形方案と呼ぶが，具体的には，造形条件，3Dモデルの造形する際の水平面に対する角度といった姿勢，サポート構造の付加 (Support Structure Addition) などが検討される。造形方案の文書が造形指示書であるが，APS (Additive manufacturing Process Specification) やMP (Manufacturing Plan) とも呼ぶ。

次にパス生成 (Path Generation) をする。サポート構造を含んだ3Dモデルを薄い層に分割し，各層のパスを決定する。パスはDEDではトーチ，PFBではビームの移動経路であり，原材料が付加されていく経路でもある。パス生成はスライシング (Slicing) とも呼ばれる。3Dモデルの部位によりパスに沿った熱源のパラメータを変化させる。PBF-LBでは3Dモデルの姿勢により下面になった部位に水平面との角度により他の部位とは異なるパラメータを設定する。姿勢を変更すると角度も異なるので造形方案の作成とパス生成の工程は何度か行き来する。

この段階でAM造形装置が読み取ることができる形式のパスデータ，または，スライスデータが作成される。

(c) 製造段階 (Manufacturing Stage)

パスデータをAM造形装置に読み込ませて造形 (PrintingあるいはBuildingと呼ぶ) させる工程である。3Dモデルの造形後，シングルステップAMプロセスでは，サポート構造の除去 (Support Structure Removal) をする。マルチステップAMプロセスでは熱処理などをした後，サポート構造の除去をする。

(d) 仕上げ段階 (Finishing Stage)

製造工程後に造形したままの状態で作業を終了することもあるが，大抵は後工程でなんらかの加工をする。まず，熱処理 (Post Heat Treatment) をして造形した材料を調質する。切削などの後加工 (Post-Processing) によって必要な幾何公差に寸法を削り込む。フランジ結合部，ねじ穴，軸等には必要である。モデルの表面を研磨 (Surface Finishing)，塗装，あるいは化学処理などで仕上げる。熱処理はサポート構造を付けたまますることもある。造形をしたままでは内部応力が生じており，サポート構造除去直後に大きく変形することが予測される場合である。

このような一般的なフローは，Additive Manufacturingのプロセスの基本的なステップを示しているが，実際の手順は使用される材料，AM方式，および目的に応じて異なる場合がある。さらに，現状では取り扱う3DモデルがAMでの製造が可能か否か，得意な形状か不得意かが必ずしも明瞭になっていないため，製品設計と製造法案の準備の行き来が往々にして発生する。その上，造形方案の作成と実造形を繰返すことが多い。

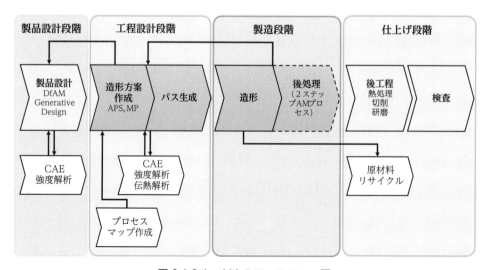

図 2.1.3-1　AMのワークフロー図

Step-Up AM方式の選定

　金属AM技術はAM方式により得意不得意があるが，最近はそれぞれのAM方式で不得意な部分を克服し，AM方式によりできるワーク，できないワークという問題は解消されつつある。そのため，金属AM造形装置の導入にあたりAM方式の選定は悩ましいものとなってきている。

金属AM造形装置の選定には以下の項目を検討する必要があると筆者は考えている。

①ワーク：材料，寸法，寸法精度
②プロセス：造形速度，熱源
③設備：補器類
④原材料の保管方法
⑤デジタル関連・ソフト・サービス
⑥サプライチェーン
⑦情報・知識の入手（サポート体制）
⑧人材

　何を製造するかに関わる①②は最重要項目である。AM方式間の相違が緩和されつつあると述べたが，寸法，精度，造形速度，目標とする造形材の密度・強度などは定量的に検討するべきである。

　③補器類としては，まず，粉末用の掃除機が必要になる。また，粉末リサイクルのための篩（ふるい，シービング機）は原材料コストを抑えるためには必要である。他にも粉末の特性を調べる分析機器類も必要である。特に，粉末の湿度や流動性の測定器は品質管理のためにも必要である。また，サポート構造を除去するために，はつり用の空圧工具，電動工具があると便利である。

　④原材料の保管方法や雰囲気ガス保管方法は消防法などに則り，安全上必要な措置を講じなければならない。消防法ではメッシュが$150\mu m$の網ふるいから50%以上通過した粉体を含む乾燥金属粉は危険物第二類にあたる。大半のDED／Powder，PBF用の金属粉末はこれに該当する。そのため，粉末保管用に防火区画の設置が必要になる場合がある。また，造形装置の設置場所や，造形チャンバ内に不活性ガス消火装置の設置が必要になる場合がある。MEX，BJT，VATで金属粉末にすでに粘結剤等を混合しているスラリー（泥）状のものはこれに当たらない。

　雰囲気ガスは不活性ガス（アルゴン，窒素）を使用するため，高圧ガス法に基づく規制があり，法律に基づく許可や高圧ガス保安協会の指導に従って，適切な取り扱いを行う必要がある。そのため，適切な設備，保護具など事故を防止する措置を講ずる必要がある。

　⑤デジタル関連機器・ソフト・サービスでは，まず，3D-CAD／CAMとスライサは最低限必要である。スライサは造形装置付属のソフトが用意されており，造形装置の製造者や代理店の推奨を使用することが良いが，Materialize Magics® が現在，デファクトスタンダードとなっている。他にはAutodesk Netfabb® などがある。また，メジャーな造形機についてはAutodesk Fusion 360にも入門的なスライサが付属している。一般に，スライサはサポート構造の付加やワーク配置等の造形方案の作成を支援するソフトを含むが，高い効率を実現する機能は別途契約が往々にして必要である。特に，造形時の熱変形を予測する機能やCAEソフトは造形の試行回数を減らすことができるので導入を検討すべきであろう。これらはインターネット上で提供されているサービスもある。

　⑦知識・情報の入手，サポート体制は考慮に入れなければいけない。現在，国内では金属AM造形装置を導入している事業所は少ない。また，装置導入そのものを秘匿し，造形に関する情報を公開していない場合もある。そのため，自社でノウハウを蓄積するまでに長い時間と多くのコストを要することになる。各都道府県の公設試では金属AM造形機を導入している施設もあるので，地元の公設試に相談すると良いアドバイスが得られると考えられる。

　⑧人材は現状では最も得難い。金属AMが一般的ではなく，熟練のAM技術者はAM造形装置の製造社やサービスビューローに偏在している。そのため，自前で育成していく必要がある。しかしながら，世界的にはAM技術者の資格認証システムが開発されつつあり，AM造形案件の請負の要件になる可能性もある。

2.2 PBF（粉末床溶融結合）方式

PBF（Powder Bed Fusion：粉末床溶融結合）は3Dモデルの断面を作成し積み重ねる積層造形法である。3Dモデルの断面の作成は，PBFの名称の通り，粉末を敷き詰めたベッドを作って高エネルギー熱源で溶融して粉末同士を結合させる方式である。本節では造形原理を説明し，それを実現する装置の構成，プロセス条件と造形物の内部欠陥を説明し，最後に後工程について述べる。

2.2.1 造形原理

(a) 造形のサイクル

図2.2.1-1に示すように3Dモデルの断面であるレイヤーを作る際には，まず，造形テーブルを所定の高さだけ下降させる。この沈降距離が積層厚さとなる。次に粉末を層状に敷きつめてパウダーベッド（Powder Bed, 粉末床）を形成する。そして，レーザビームを走査してパウダーベッドを溶融し，凝固させる。このとき，所望の造形物を得るために3D構造を形成するレイヤーを選択的にレーザで溶融させる。その後，再び，造形テーブルを積層厚さ分だけ下降させ再度パウダーベッドを形成する。この手順を繰返して3Dモデルを原材料の粉末から作り上げるわけである。

それぞれの過程について，もう少し詳しく説明する。

(b) パウダーベッド形成過程

パウダーベッド形成過程（Powder bed forming process）は原材料の微細な粉末を一定の厚さで一様に敷き詰める過程である。慣用的にはリコート（Recoating），スキージ（Squeegee, Squeeze）とも呼ばれる。リコートはパウダーベッドを粉末でコーティングした層と見立てて，粉末を繰返しコーティングするという意味である。スキージの由来は諸説あるが，Squeegeeは窓ガラス掃除で吹き付けた洗剤液をT字型の道具でこそぐ動作からとも，Squeezeはスクリーン印刷でインクをメッシュスクリーンに通して伸ばす工程から転用したともいわれている。

パウダーベッドの厚さはPBF-LB，PBF-EBで異なる。現在，PBF-LBでは粉末サイズが30～50μm，PBF-EBでは50～100μmが常用されている。PBF-LB，PBF-EBでのパウダーベッドの厚さは工業的には極薄という訳ではない（図2.2.1-2）。市販の食品などを包むラップフィルムは厚さが約10μmでパウダーベッドよりも薄い。パウダーベッドの厚さはPBF-LBでは市販のアルミホイルを4枚ずつ，PBF-EBでは一万円札を積み重ねる程度である。また，一般的なマイクロメータの最小目盛りより厚い。パウダーベッド自体の厚さを実測する計測器は市販されていない。しかし，マイクロメータで計測できる範囲なので，リコータのブレード先端とベースプレートのすき間は辛うじて手動で調整できる。

現在，造形装置の製造各社はパウダーベッドの厚さを薄くする方向で開発している。また，造形するユーザも薄いパウダーベッドを志向している。パウダーベッドを薄くする理由は，製品の表面粗さを小さくするためと，レーザ走査で投入するエネルギーを小さくするためであ

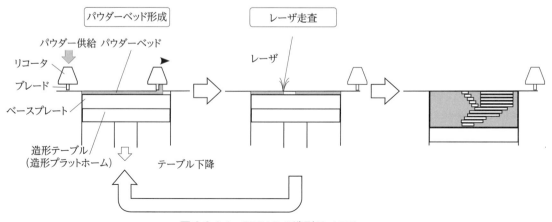

図 2.2.1-1　PBF-LBの造形サイクル

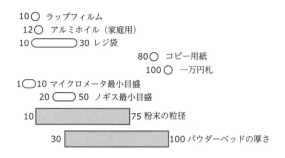

図 2.2.1-2 積層厚さ [μm] と他の工業製品の比較

る。

　製品の表面粗さは図 2.2.1-3 に示すように，レーザを走査し，溶融・凝固させた痕跡に影響される。レーザを走査した跡をレーザビード，あるいは，単に，ビードと呼ぶ。ビードの断面は，単純化すれば，下向きの半円形，あるいは，楕円形のお椀型である。そのようなお椀形が積み重なった輪郭が造形材の側面に露出する。したがって，側面を滑らかにするためには，積層厚さが小さいほうがよい。

　一方，レーザ走査で投入するエネルギーは，層間の結合を強固にするために，下の層を溶融させるために十分な大きさが必要となる。このため，積層厚さを薄くすると必要な熱量が小さくてもよい。逆に，投入する熱量が必要以上に大きいと溶融した液体金属の領域の幅は大きく，深さは深くなる。比較的に体積が大きくなった溶融金属が凝固するまでに要する時間は数 ms 程度ではあるが長くなる。そのため，液体金属の領域内での流れが乱れたり，振動したりして不安定になり，造形材内部に欠陥を生じる原因となる。それゆえ，積層厚さを薄くすることで，投入する熱量を減らし安定的なレーザ走査を志向するわけである。

　さて，非常に細かな話題であるが，慣用的には同一とされているが，積層厚さとパウダーベッド厚さは異なる。積層厚さは造形条件の 1 つとして設定する値であり，1 層ごとに造形ステージを下げる量である。一方，パウダーベッド厚さは実際に形成されるパウダーベッドの厚さである。

　積層厚さ z [mm] とパウダーベッド厚さ δ [mm] との関係は以下のようになる[35]。

$$\delta = \frac{z}{1-k_e} \quad (1)$$

　ここで，k_e は粉体の空隙率（Void fraction）である。逆に $1-k_e$ は充填率（Packing fraction）である。上式で表されるパウダーベッド厚さは 10 層以上積層した後の漸近した値である。

　例えば，充填率 $1-k_e$=70% 程度の粉末では積層厚さ 50μm の設定では約 1.4 倍の 71μm となる。

　パウダーベッド厚さを概算する際には嵩密度[脚注1]やタップ密度[脚注2]を充填率の代替とするが，本来はパウダーベッドの密度を用いる必要がある。しかし，パウダーベッドの密度もパウダーベッド厚さも正確な測定はあまりなされていない。接触式での測定は粉末を動かしてしまうし，X 線 CT 等での非接触式はパウダーベッド形成装置を測定装置に入れることが困難なためである。そもそも，パウダーベッドの厚さは統計量でしか表すことができない。パウダーベッドは直径数十 μm の粉末が薄く堆積したものである。PBF-LB の造形面の表面

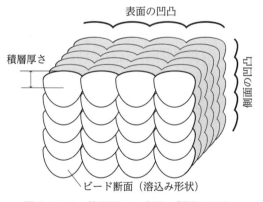

図 2.2.1-3 積層厚さと表面，側面の凹凸

脚注1）嵩（かさ）密度：図に示すように，空間において粒子集合体が占める体積を嵩体積という。この場合，容器に粉末を注ぐような入れ方をする。この粒子集合体の重量をこの嵩体積で割った値を嵩密度という。

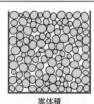

嵩体積

脚注2）タップ密度：タップ密度とは，ある重量の粉体を容器に入れ，容器を軽く叩いたり，振動させたりするなどタップして粒子間のすき間を詰めた体積で割った値をいう。したがって，真密度＞タップ密度＞かさ密度の順番となる。

粗さは 10～30μm なのでパウダーベッドの底面の粗さの影響が大きい。また，雰囲気ガスの対流で粉末が流されるため，粉末は一様には分布しない。局所で粉末の粗密が異なる。そのため，パウダーベッドの密度の実測値を得ることは難しい。

しかし，パウダーベッドは可能な限り一定の厚さで密度も均一に形成する必要がある。密度が一様でなく厚さも不均一なパウダーベッドはレーザ走査により溶融した領域（溶融池）が不安定な挙動をし，造形材に内部欠陥を生じさせ，荒れた造形面を形成するからである。極端に荒れた造形面はパウダーベッド形成過程でリコータを引っ掛け造形停止を余儀なくする。

薄く一様なパウダーベッドを形成するには粒径が小さく，かつ，流動性の高い粉末を用いる必要ある。粉末の粒径分布は平均粒径を中心に広がりが小さく粒径が揃っていることが望ましい。平均粒径が積層厚さよりも小さく，粒径が極端に小さい微粉を含まない必要がある。図 2.2.1-4 に示すように完全球形の比較的粒径の揃った粉末が AM 用粉末として市販されている。

粒径が積層厚さ，あるいは，パウダーベッド厚さより大きい粉末はパウダーベッド形成過程で引き摺られ凹部を作り，パウダーベッドの表面の凹凸が一様にならない。

一方，微粉は粉末の流動性を低くする。流動度が低い粉末はリコータと前の造形層の間に詰まって一様なパウダーベッドを形成できない。極端な場合には，粉末を供給するホッパからリコータへの粉末の供給が不十分でパウダーベッドの形成すらできなくなる。

一般に金属粉末は粒径が小さくなると流動性が低下する。粉末を流動させる力は重力や周囲の気体の流動や，直接的な外部の力であるが，これらは体積力であり，粒径の 3 乗に比例する。一方，粉末の流動の抵抗となる粉末を凝集させる力はファン・デル・ワールス（van der Waals）力，静電気力，液架橋力がある。PBF-LB では乾燥粉末を使うので液架橋力はここでは無視する。ファン・デル・ワールス力は粒径に比例する。静電気力は粒径の 2 乗に反比例する。このため，粒径が微細になると凝集させる力が卓越することとなる[36)]。

粉末の流動性が低下するとパウダーベッドの表面が波立ち，一定の厚さではなくなる。均一なパウダーベッドを形成するためには，リコータを動かす速度を抑える必要がある[37)]。しかし，リコータ速度が低くなると，パウダーベッドを形成する時間が長くなり，全体の造形時間に大きな影響を及ぼす。現在は妥協してパウダーベッド形成過程に時間をかけざるを得ないが，将来的には技術革新により極薄のパウダーベッドを短時間で形成することが期待される。

まとめると，パウダーベッドは 20～100μm の積層厚さで形成されており，実際の厚さはその 1.2～1.8 倍程度になることがある。現在，高精度な形状や安定的な造形をするためにパウダーベッドを薄くする傾向にある。そのために流動性の高い微細な粉末の利用やリコータの研究開発が進められている。

(c) レーザ走査過程

レーザ走査の過程ではレーザをパウダーベッドに照射し，走査する。レーザのエネルギーを吸収した金属粉末は溶融し，液体金属の領域を形成する。これを溶融池（Melt pool）と呼ぶ。図 2.2.1-5 に示すように，溶融池の大きさや形状は照射したレーザの出力（Laser power, P [W]），スポット径（Spot diameter, d [mm]），走査速度（Scanning speed, v [mm/s]），ハッチピッチ（Hatching pitch, h [mm]），積層厚さ（Layer thickness, z [mm]），粉末の材質によって異なる。

PBF-LB では，スポット径はパウダーヘッド表面でのレーザビームの直径である。スポット径は 2.1.1 項で述べたように焦点位置でのレーザビームの直径であり，PBF-LB の場合粉末床表面に焦点位置をあわせる。走

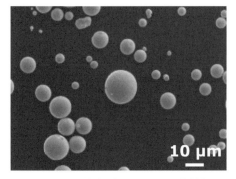

図 2.2.1-4　AM 用粉末（SUS630，平均粒径 32μm）

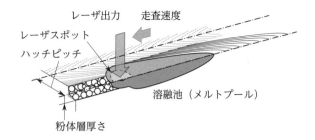

図 2.2.1-5 PBF-LB におけるレーザ照射とその条件

査速度はレーザを照射している点が動く速度である。レーザの照射点は面を塗りつぶす際には直線で動かすことが多い。直線同士の間の間隔をハッチピッチ (Hatching pitch)，あるいは，ハッチ幅 (Hatching width) と呼ぶ。PBF-LBでは幅を示すパラメータが，ハッチピッチ，レーザスポット径，溶融池の幅などいくつかあるので混同しないように注意を要する。積層厚さは前述のように1層ごとに造形ステージを下げる量である。これらが主要なレーザ照射条件，あるいは，造形条件である。

造形条件はエネルギー密度という指標で表し，造形条件同士の比較に用いられる[38]。体積エネルギー密度 VED (Volumetric Energy Density) E_{VED} [J/mm³] は

$$E_{VED} = \frac{P}{vhz} \qquad (2)$$

と定義される。式からも明らかなように，辺の長さが v × h × z の直方体に投入するレーザのエネルギーを表している。他にも表面エネルギー密度 (Surface Energy Density, SED, E_{SED} [J/mm²]) がある。

$$E_{SED} = \frac{P}{vd} \qquad (3)$$

SED は造形条件探索において条件を変化させてビードを作製して評価する際に用いる。

レーザのエネルギーはどの金属粉末に対しても同じように吸収されるわけではない。レーザのエネルギーを吸収する割合をレーザ吸収率と呼ぶが，レーザ吸収率は金属の種類により異なる。

金属材料のレーザ吸収率について，金属材料の塊，いわゆる，バルク体について考える。金属材料は金属光沢があり，光を反射する性質を目に見える形で示している。金属表面で反射する光がある一方，残りは吸収されて金属を加熱する。吸収された光のエネルギーの割合を吸収率 (Absorptance, α) と呼ぶ。金属は光により加熱されるが，同時に放射により金属表面から熱が散逸する（放射熱）。金属表面の温度が一定に保たれている平衡状態のとき，表面から放射される熱量と吸収される熱量は等しい（キルヒホッフの法則）。

$$\varepsilon = \alpha \qquad (4)$$

ここで，ε は放射率である。吸収率 α は金属材料にレーザを当てて，周囲に放射された熱量を測定すれば，求めることができる。

金属のレーザ吸収率は金属の種類やレーザの波長によって異なる（図 2.2.1-6）[39]。金属は短波長のレーザ光に対して吸収率が高くなる傾向がある。ファイバーレーザは波長が 1080 nm 程度であり，Fe や鉄系合金では 30% のレーザ吸収率を示すが，Al で 5% 程度，Cu で 3% 程度しかレーザを吸収しない[40]。緑色レーザのレーザ吸収率は Fe が 60% 程度，Al が 12%，Cu が 30%，青色レーザでは Cu が 45%，Al が 10% と向上する。このため，金属 AM でのレーザビームは近赤外のファイバーレーザが現在主流であるが，緑色レーザ，青色レーザ[41] が用いられ始めている。

金属粉末では粒度分布や充填密度によっても吸収率が変化する。金属粉末のレーザ吸収率はバルク体のレー

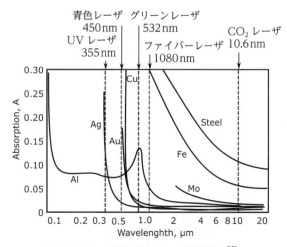

図 2.2.1-6 金属材料のレーザ吸収率[39]

ザ吸収率よりも高くなると数値解析では予測されている[42, 43]。レーザビームを金属粉末に照射すると，金属粉末の表面でレーザは乱反射する。そして，金属粉末の粒と粒の間の空隙を通してより深い金属粉末に当たり，ここでも乱反射する。その一部は空隙を通して表面から外に出ていき，他の一部はさらに深部の粉末に当たる。また，一部は表面に近い粉末の裏側に当たり粉体内部で乱反射する。このような繰り返しにより，大まかに見れば，金属粉末のレーザ吸収率はバルク体よりも高くなる。以上は金属粉末が厚く堆積した金属粉体の場合である。

パウダーベッド上をレーザ走査する際には粉末以外の状態も考慮する必要がある（図2.2.1-7）[44]。パウダーベッドは金属粉末の平均粒径と同等，あるいは，1.5倍程度の厚さの層なので，金属粉末の表面から粒と粒の間に差し込んだレーザの一部は粉体内で乱反射せずにパウダーベッド底面の基材にあたり，反射する。そのため，パウダーベッドのレーザ吸収率は厚い粉体層よりも小さくなる。パウダーベッドのレーザ吸収率は実測定された例があまりなく，もっぱら，数値計算により推定されている。

さらに，溶融金属のレーザ吸収率を考慮する必要がある。なぜなら，レーザ照射開始直後でこそパウダーベッドにレーザが当たっているが，数10ns後には溶融池を形成して，レーザスポット径の範囲はほぼ溶融池先端部の溶融金属のみを加熱するからである。溶融金属のレーザ吸収率はバルク体よりも高い値となる。Hagen-Rubensのモデルでは次式で表される[45]。

$$\alpha \approx 0.365\sqrt{1/\lambda\sigma_0} \quad (5)$$

ここで，λはレーザ波長[μm]，σ_0は電気伝導率[S/m]である。電気伝導率は温度上昇とともに小さくなるので溶融金属のレーザ吸収率は固体のレーザ吸収率よりも高くなる。炭素鋼については実測でもおおむねこのモデルに従っている[46]。実際のパウダーベッド上を100W以上のレーザ出力で走査した際には薄いパウダーベッドが瞬時に溶融してしまうため見かけ上のレーザ吸収率はバルク体もパウダーベッドも大差ないという実測結果[47]もある。そのため，レーザ走査時には溶融金属のレーザ吸収率を用いるべきとも考えられる。

(d) 溶融池（Melt pool：メルトプール）

レーザ走査によって加熱されたパウダーベッドは溶融して液相の金属となる。この液相の金属の領域を溶融池（メルトプール）と呼ぶ。レーザ熱源は高速で移動しているので溶融池の形状は，3.1節で述べるように楕円形状，または，涙滴形状になる。しかし，パウダーベッドは粉末で形成されているため安定的に涙滴形状にはならない。図2.2.1-8に示すように，高速度カメラにより撮影された溶融池に見られるように，レーザが当たって最も輝度が高い部分は走査方向前方に少し持ち上がり，後ろ側が窪んでいる。そして，周囲に溶融した球体が飛散している。この飛散した溶融球体をスパッタ（Spatter）と呼ぶ。また，レーザ照射点も後ろ側に霞がかかった領域は金属蒸気やヒューム[脚注3]（Fume）である。さらに後方は少し曲がった尾を引き，ところどころ，周囲の粉末が入ってきている。

高速度カメラ画像から読み取った溶融池周囲の物理現象の模式図を図2.2.1-9に示す。(a)に示すようにレーザが照射された部分は加熱され溶融し，さらに温度が上昇して蒸発する。レーザ加熱部の温度が材料の沸点のときには，蒸発圧力（蒸気圧）は1気圧である。溶融池の温度が沸点以上に高くなると，蒸気圧はさらに高

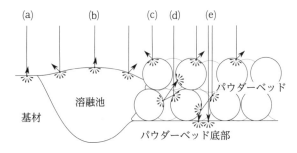

図2.2.1-7　パウダーベッドと溶融池周囲のレーザ吸収
　　(a) バルク体，(b) 溶融池の液相金属，(c) 金属粉末表面，
　　(d) パウダーベッド内部，(e) パウダーベッドの底部

脚注3）ヒューム：溶融金属の蒸気が空気中で反応・冷却されたもので，ごく微小な金属粒子や酸化物などをさす。

図 2.2.1-8　レーザ走査時のメルトプールの様子（Inconel 718）

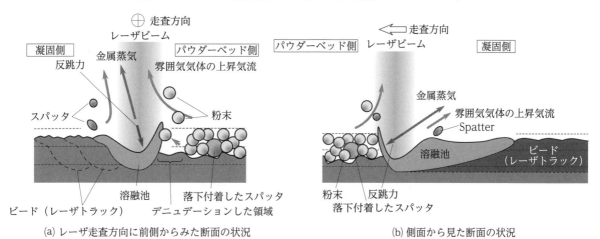

(a) レーザ走査方向に前側からみた断面の状況　　(b) 側面から見た断面の状況

図 2.2.1-9　メルトプール周囲の物理現象

くなるので，液相金属の表面を押し下げる力として働く。この圧力を反跳力（Recoil pressure，リコイルプレッシャー）と呼ぶ。押し下げられた液相金属の一部は溶融池の淵から飛散し，スパッタとなる。

雰囲気側には金属蒸気はジェットとなって噴きあがる。このジェットに雰囲気が引っ張られ上昇気流が溶融池周囲に生じる。そして，上昇気流にあおられた粉末が巻き上がったり，溶融池に入り込んだりして，周囲のパウダーベッドをはぎ取る。この現象をデニュデーション（Denudation）と呼ぶ。また，ジェットとなった金属蒸気は膨張して温度が下がり微細な金属粒子や酸化物で構成されるヒュームとなる。

図(b)にある側方からの断面を見ると，やはり，反跳力による溶融池前方は表面が押し下げられる。そして，後方に押しやられた液相金属の一部が飛散しスパッタとなる。

液相金属を後方に押しやる原因には他にもマランゴニ対流がある。一般的に金属の表面張力は低温の方が

強い。3.1節に示されているように，溶融池後方部では温度が低いため，溶融池表面の液相金属は後方に引っ張られる。後方に引っ張られた液相金属は冷却され凝固するが，その際に表面に盛り上りを作ることがある。また，後方に流れる液相金属が蛇行し不安定な溶融池となることもある。不安定な溶融池挙動による凝固部の荒れた面や大きな凸部，盛り上りはリコータに接触し造形停止に繋がることもある。

(e)　熱伝導モードとキーホールモード

レーザをパウダーベッドに照射したときに反跳力により溶融池表面が押し下げられる。押し下げる度合いはレーザ出力，走査速度に影響を受ける。レーザ出力が大きく，走査速度が遅いと，押し下げが大きく，細くて深い穴を生じる。この穴をキーホールと呼ぶ[48]。キーホールは図 2.2.10 (b)に示すように，溶融池内の空洞であり，プルームと呼ばれる高温の金属蒸気で満たされている。

PBF-LB ではキーホールを避けるか浅い状態に抑え

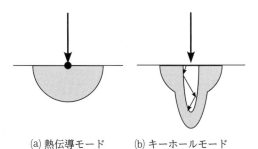

(a) 熱伝導モード　(b) キーホールモード
図 2.2.1-10　レーザ照射による溶融池形成

る。深いキーホール形成は後述のキーホール欠陥の原因となるためである。この点は故意にキーホールを形成し，深溶込みを狙うレーザ溶接とは異なる。キーホールを形成しない溶融池の様態を熱伝導モード（Heat conduction mode），キーホールを形成する溶融池の様態をキーホールモード（Keyhole mode）と呼ぶ[49]。

熱伝導モードはレーザ出力を抑え，比較的高いレーザ走査速度の造形条件でレーザ走査をするときに現れる。また，熱伝導率の高い材料やレーザ吸収率の低い材料で現れやすい溶融池の様態である。レーザを点熱源，パウダーベッドを一様等方な半無限体と仮定すると溶融池断面は図 2.2.1-10(a)のように半円形のビード断面となる。実際には，図 2.2.1-11 に示すように楕円形の下半分の形状になる。なお，楕円形の横幅が揃っていない理由はこの造形材はレーザ走査方向を一定角度ずつ回転させて造形したからである。レーザ走査方向については後述する。

キーホールモードではキーホールの壁の角度が急峻になると壁に反射したレーザ光がより深い位置の溶融金属を加熱する。さらに反射を繰返してより深いキー

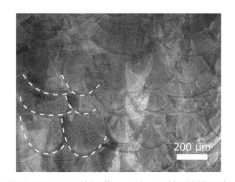

図 2.2.1-11　熱伝導モードでの断面組織写真
(Inconel 718)

ホールが形成される（図 2.2.1-10(b)）。レーザ光がキーホール内で反射を繰返すことを多重反射と呼ぶ。キーホールモードは深い溶込みが期待できる。そのため，積層厚さを厚く設定して造形時間の短縮を図ることができる。しかし，後述するが，キーホール欠陥という内部欠陥を生じることがあり造形材の機械的強度の低下も危惧される。

(d)　レーザスキャンストラテジー

レーザを造形面内で走査する様式をスキャンストラテジー（Scanning strategy）と呼ぶ。スキャンストラテジーにより造形面の入熱の分布が変わるので欠陥の発生や熱変形の状態などの造形物の品質が影響を受ける。

レーザビームの走査は輪郭を描くベクタースキャンと内部を塗りつぶすラスタースキャンがある。図 2.2.1-12 に示すように，ベタ塗り，中塗りとも呼ばれるラスタースキャンで面をレーザ走査し，その輪郭をベクタースキャンでレーザ走査する。ベクタースキャンは積層面の側面を整えるために行う。

ラスタースキャンでは一方向型，往復型がある。一方向型はハッチ幅でレーザトラックをずらしながら一方向に走査する方法（Uni-directional scanning）と，一本置きに間隔をあけて一旦走査し，元に戻ってレーザトラックの間を走査する方法がある。往復型は蛇行型（Snake scanning, Serpent scanning）とも呼ばれる。

ラスタースキャンでは走査方向は，通常，1つのレイヤーで一方向であるが，レイヤーごとに変化させる。例えば，図 2.2.1-13 に示すように，あるレイヤーで造形面の x 軸に対して 0°の方向に往復走査させたとする。次のレイヤーでは 67°傾けて往復走査させ，さらに次のレイヤーでも 67°傾け，都合最初のレイヤーから 134°傾けて往復走査させる。このようにレイヤーを積層するごとに角度 θ°ずつ傾きを増しながら往復走査させる。こうする理由は積層面内の材料特性の異方性が生じることを避けるためである。この理由から角度 θ°を 180°の約数でない素数の角度とすることで同じ方向の走査を極力避ける。もっとも，180°の約数でない素数であっても最大で 180 層ごとにレーザ走査は必ず同じ方向となる。

2.2 PBF（粉末床溶融結合）方式

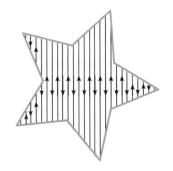 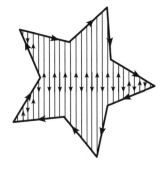

(a) ラスタースキャンのみ　　　(b) ラスタースキャンとベクタースキャン併用

図 2.2.1-12　ラスタースキャンとベクタースキャン

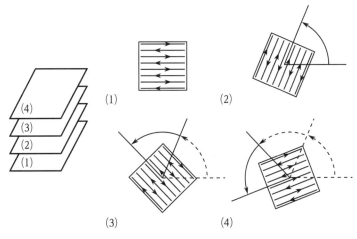

図 2.2.1-13　走査方向の回転（左図，下から上方向に積層が進む）

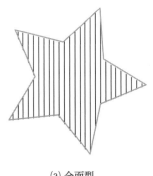 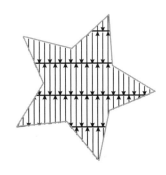 

(a) 全面型　　　　　　　　(b) 短冊形　　　　　　　(c) チェッカーボード型

図 2.2.1-14　ラスタースキャン

　ラスタースキャンはレイヤー全体で一方向走査や蛇行走査させることもあるが，造形面を短冊状あるいはチェッカーボード状の領域に区切って走査させる方式もある（図 2.2.1-14）。この理由は，1 つは造形時の熱変形の抑制のためである。ビードが長くなるとビードに沿って熱収縮する量が大きくなる。例えば図 2.2.1-14 (a)では，紙面の上下方向に収縮し，上下の端部が面外に飛び出るような変形をする。これを防止するために(b)のように短冊状にしてレーザ走査距離を短くする。さらに(c)のようにチェッカーボード型にすると熱変形はより抑制される。ただし，レーザ走査の折り返し部が多くなるので 1 レイヤーを形成する時間が長くなる。また，短

冊やチェッカーボードの大きさや境界を重ねる距離など検討すべきパラメータが増える。

2.2.2 装置の構成

PBF-LBの装置は主に造形部と制御部からなり，補器として粉体の供給器，雰囲気ガスの循環装置，冷却装置，粉体のシービング装置がある。造形部はレーザ系，造形チャンバ，粉体供給部から構成され，近年ではモニタリング用のセンサ機器が追加されている（図2.2.2-1）。

(a) レーザ系

レーザ系は熱源にファイバーレーザか半導体レーザを用いることが多い（熱源については前節を参照）。レーザ発振器から発したレーザビームは光学系で焦点距離，スポット径を調整し，ガルバノミラーで照射方向に向けられ，レーザ窓を通して造形チャンバに導入される。ガルバノミラーはレーザ光を反射する2枚の反射鏡，反射鏡を動かす駆動系と制御器（ドライバ）から構成されている光学機器である（図2.2.2-2）。ガルバノスキャナとも呼ばれている。2枚の反射鏡はそれぞれに角度を制御する駆動系（スキャナ）が取り付けられており，反射鏡の角度の軸を直交させることで造形テーブル上でのX軸方向とY軸方向の2次元でレーザ光のスポットを動かすことができる。

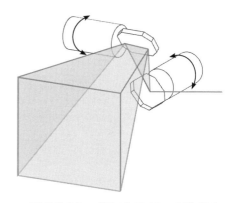

図2.2.2-2 ガルバノミラーの模式図

(b) 造形チャンバ

造形チャンバは気密性の高い箱であり，天井にレーザ窓，床側に造形ステージ（Building stage, Build platform），リコータが設置されている（図2.2.2-3）。横壁には雰囲気ガスの供給口，吸引口がある。また，造形ステージ（または，造形プラットホーム）は上下方向に高精度の位置決めができる。造形ステージ上にはベースプレートを固定する。造形の際にはベースプレート上にパウダーベッドを形成し，レーザ走査する。ベースプレートは，基本的に，粉末の材質と同じ材質の厚板を用いる。造形ステージの寸法が280×280 mm²の中型造形機ではベースプレートの寸法も280×280 mm²で，厚さは20～25.4 mm（1 inch）が一般的である。ベースプレートは厚板を用いるが，これはベースプレートの熱変形対策のためである。造形材は高温で膨張した状態で造形されるため，取り出し時に冷却収縮する。造形材に引っ張られてベースプレートは下に凸の鞍状に変形しようとする。ベースプレートは通常4隅でボルト留めされているが，薄いと変形が大きく取り外しが困難となる。

図2.2.2-3は造形テーブルとベースプレートを同時に示すために280×280 mm²の造形ステージに125×125×厚さ10 mm³の小型ベースプレートを固定している。

(c) 粉末供給方式

粉末の供給方式は大別して2通りある。連続供給プ

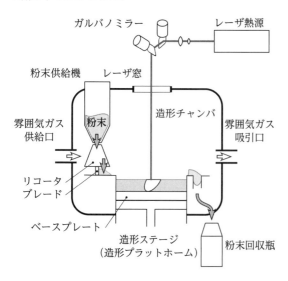

図2.2.2-1 PBF-LB造形装置の構成

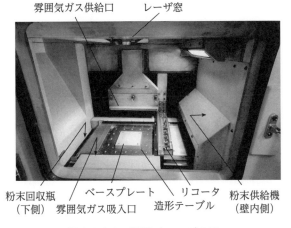

図 2.2.2-3 造形チャンバの例

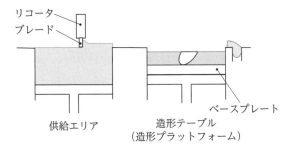

図 2.2.2-4 バッチ供給方式

ロセス（Continuous feed process）と図 2.2.2-4 に示すバッチ供給プロセス（Batch feed process）である。

連続供給プロセスでは造形チャンバ内に粉末供給機の粉末供給口があり，リコータ内部に粉末を供給したり，ブレードの進行方向に粉末を落としたりする。

図2.2.2-1は連続供給プロセスでの模式図であり，ホッパからリコータに粉末が供給されることを示している。連続供給プロセスでは造形チャンバ外部の粉末供給機に粉末を補充し続ければ1バッチの造形が終了した後も造形物の取出しとベースプレートの交換だけで次の造形作業に取り掛かることができる。また，大型機でも対応が可能である。しかし，異なる粉末への転換をする際には粉末供給機，粉末供給口，その間の配管などのクリーニングが必要になる。そのため，連続供給プロセスは同材種の粉末を使い続ける連続生産に向いた粉末供給方式である。

一方，バッチ供給プロセスは造形チャンバ内に粉末を貯留する容器を設置する。この容器の底は上下動し，パウダーベッド形成過程でせり上がって粉末をリコータに供給する。この容器を含めた部分を供給エリア（Feed region）と呼ぶ。供給エリアの呼称はドーズテーブル（Dosing table），粉末タンク（Powder reservoir），粉末供給プラットフォーム（Feeding platform）などもある。供給エリアにはあらかじめ1バッチ分，すなわち，1回の造形に必要な量の粉末を貯留する。バッチ供給プロセスは粉末の材質の転換も通常の造形チャンバのクリーニング作業で対応できる。また，粉末の貯留槽が造形チャンバ内部にあるため，外部から酸素や湿度を含む気体が混入する可能性がない。しかし，造形機を大型化すると造形チャンバ内部に大量の粉末を一度に供給しなくてはならなくなり，重量のある粉末のハンドリングに難がある。

いずれの粉末供給方式でもパウダーベッドを形成するときにリコータに供給する粉末の量は1レイヤーのパウダーベッドを形成する粉末量よりも多めに設定する。1レイヤーのパウダーベッドに必要な粉末量の体積は（積層厚さ）×（造形テーブル面積）だが，この粉末量では一様で平滑なパウダーベッドは形成できない。積層が進行するとパウダーベッド厚さは積層厚さより厚くなるため，パウダーベッド形成を終了する間際の位置での粉末不足が危惧される。そのため，リコータに余裕を持った量の粉末を供給する。

リコータに供給する粉末がパウダーベッド形成に必要な量よりも多いため，余剰な粉末が生じる。余剰粉末は造形テーブルの淵の外にあるオーバーフローエリアから粉末回収瓶に落下させる。回収した粉末はリサイクル処理をして再使用することができる。リサイクル処理はシービング（Sieving, 篩掛け）による粒径分布の調整，脱酸処理，除湿処理などである。

(d) リコータ

リコータは粉末を薄く延ばしてパウダーベッドを形成する機構である。単純化すれば，底面にブレードと呼ばれる粉末と接触する部品を付けた剛性の高い梁である。片持ち，あるいは，両持ちでリニアガイドに取り付けられており，ボールねじや空圧などの駆動機構で造形テーブル上を粉末を薄く延ばしながら移動する。

リコータは造形機により様々な形態がある。図

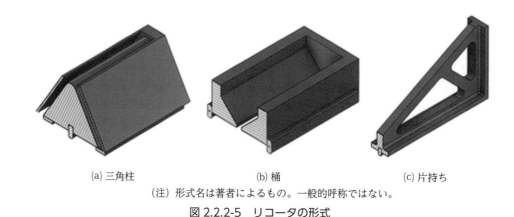

(a) 三角柱　　　(b) 桶　　　(c) 片持ち
（注）形式名は著者によるもの。一般的呼称ではない。
図 2.2.2-5　リコータの形式

2.2.2-5 (a)は連続供給プロセス用のリコータである。リコータ底面中央にブレードが取り付けられている。上部より粉末を供給し、内部でブレードの左右に振り分けられる。底部にはシャッタ機構があり、リコータが左方向に進行するときには右のシャッタが閉じ、右方向への進行では左のシャッタが閉じる。複雑なシャッタ機構を排除するために(b)は中央部に粉末を供給し、リコータの左右にブレードを配している。リコータの往復でともにパウダーベッドを形成することを諦めれば、(c)にようにブレードを梁に取り付けただけの簡易な構造にすることもできる。なお、(c)はバッチ供給プロセスでも使用できる。

ブレードも種々の形状と材質がある（図 2.2.2-6）。ブレード形状は一様なパウダーベッドを形成するように工夫がなされている。(a)の2つコブ型は最初の凸部でブレード下面と造形面の間に入る粉末の量を制限し、2つ目の凸部で平滑なパウダーベッド面を形成する。(b)は板に面取りした単純形状であるが、面取りの大きさ、底部の幅などが調整されている。(a), (b)ともにゴム製、金属製がある。(c)のくし型、あるいは、ブラシ型は金属製である。櫛状の箔を束ねたものを例示しているが、金属ワイヤを束ねたものもある。また、カーボンブラシを用いるブレードもある。くし型は造形面の凹凸が大きく、積層厚さよりも大きな突起部があってもリコータが引っ掛からずにパウダーベッド形成ができる利点がある。(d)はローラ型で、回転するローラを並進運動させ粉末を薄く延ばす方式である。ローラの回転方向がリコータ移動方向に時計回りのとき、粉末を造形面に押し付ける力が加わりパウダーベッドの密度が増す。これにより造形材の相対密度も向上する。

(e)　雰囲気ガスの循環

雰囲気ガスの循環には造形物と粉末の酸化の防止、スパッタやヒュームの吹き飛ばし、造形面の冷却の機能

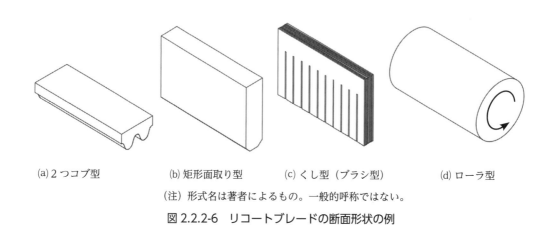

(a) 2つコブ型　　　(b) 矩形面取り型　　　(c) くし型（ブラシ型）　　　(d) ローラ型
（注）形式名は著者によるもの。一般的呼称ではない。
図 2.2.2-6　リコートブレードの断面形状の例

がある。

金属粉末のPBF-LBでは溶融金属，高温になった粉末や造形部の酸化を防ぐために酸素濃度の低い窒素（N_2）やアルゴン（Ar）といった不活性ガス中で造形する。また，酸素濃度を低くするとレーザ走査時のスパッタの発生が抑制される[50]。造形開始時の造形チャンバ内の酸素濃度は0.1％以下である。現在のPBF-LB造形機では酸素濃度計の表示が0.0％，あるいは，0.00％までとなっているため，0.1％以下，つまり，酸素濃度が数百ppmの雰囲気で造形をしている。造形中に粉末の吸着酸素や水分の分解で酸素濃度は上昇するが，造形機は1～2％程度までは許容する。それ以上になると酸素濃度上昇により造形を停止するように設定されている。

雰囲気ガスは造形面の上を層状に流れている。造形面上方を流れる雰囲気ガスはレーザ走査によって生じたスパッタやヒュームを押し流す。スパッタが造形面に落下し付着すると造形材の内部欠陥の原因となり得るので，スパッタを可能であれば造形面の外，通常は溶融部以外に落下させることを期待している。図2.2.2-7に示すように，レーザ走査で右方向に飛散するスパッタの一部が雰囲気ガスの流れに押されて下方向に流されている。ヒュームはレーザの照射点の上方に吹き上がるとレーザを散乱して造形面への入熱が減じられる。そのため，雰囲気ガスの流れでヒュームを押し流すのである。

図2.2.2-7　雰囲気ガスに流されるスパッタ（雰囲気ガスの風向きは上方から下方）

雰囲気ガスの流れには造形面を冷却する効果がある。レーザ走査による造形面への入熱の散逸経路は前の層までに造形した造形物への熱伝導，パウダーベッドへの熱伝導，造形チャンバ内への放射，雰囲気ガスへの熱伝達がある。熱伝導率の低い材質では造形物への熱伝導は小さい。粉末の熱伝導率はバルク体の1/80～1/100なので断熱材と考えてよい。そのため，雰囲気ガスへの熱伝達による冷却の効果は無視できない。雰囲気ガスの流れに対するレーザ走査方向も冷却効果に影響を与えるので，流速を大きくした場合には注意が必要である[51]。

雰囲気ガスの循環系はブロワとフィルタから構成される。図2.2.2-1の造形チャンバの右側に雰囲気ガスの吸引口がある。吸引口からスパッタやヒュームが混合した気体が吸い込まれ，フィルタによってそれらがろ過される。その後にブロワによって造形チャンバに供給される。フィルタをサイクロンで代用してフィルタ交換の必要をなくしている造形機もある。消耗品を減らすためと，フィルタには金属の微粉が付着しているため交換作業には火災の危険があり，作業安全性のためである。フィルタの後段に除湿や脱酸をする循環系もある。さらに，造形チャンバには造形面に吹き付ける横からの雰囲気供給口だけでなく，レーザ窓の周囲からも雰囲気ガスを噴き出してレーザ窓の冷却と金属蒸気による蒸着を防ぐ循環系もある。造形チャンバ内の気流の流れは造形機メーカー各社各様で工夫を凝らして造形面にスパッタやヒュームの落下を防止している。

2.2.3　サポート付加

積層造形ではサポート構造を付加する必要が往々にしてある。サポート構造とはベースプレートから造形物の下面に伸びた支柱のような構造体である（図2.2.3-1）。また，造形物の上向き面からその上方の下向き面に伸ばしたサポート構造もある。

サポート構造の役割はワークを支えて倒れなくする，造形物の変形を抑制する，レーザ照射直後の溶融金属の溶落ちを防ぐ，レーザ照射面からの熱散逸を促すなどがある。

サポートの形状は板型，ピン型，メッシュ型，樹状な

図 2.2.3-1 サポートを付加した造形物の例

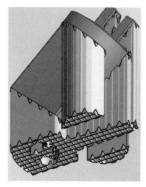　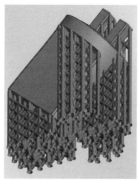

(a) 格子型　　　　(b) ピン型

図 2.2.3-2 代表的なサポートの様式

どがある（図 2.2.3-2）。サポートの配置は，格子状，輪郭状，ピンポイント型などがある。

板型サポート構造は一筆書きで作ることができるため比較的高速に作り込むことができる。

ピン型サポート構造は直立ピン，斜めピンがあり，支える部位によって選ぶ。ピン径がある程度の大きさになると外周部一周のみでなく内側をラスタで塗りつぶす必要があるため，造形時間を長くする傾向にある。

格子型サポート構造は一定間隔の格子上に板型を設置した場合には井桁型などともよばれる。また，一定間隔の格子状にピン型サポートを立てる剣山型もある。格子は四角形格子，三角形格子，六角格子がよく使われている。ワークの輪郭を気にせずに配置するため簡易である。ワークの輪郭に沿った輪郭型のサポート構造もある。輪郭とその内側に何重かに配置することで，輪郭の変形を防止する効果がある。他にも樹木状のサポート構造がある。ベースプレート上で一本のピンから上方に向かって枝状に分岐して面を支える構造である。

サポート構造は造形後に除去しやすい構造にすることが望ましい。そのため，板状サポートではワークとの接触部に切欠きをいれたり，板の中ほどに穴をあけたりする。ピン型では同様にワークとの接触部を細くする。このようにくびれ部を作り込むと除去のために負荷をかけた際に応力集中を生じて破壊しやすい。

2.2.4　造形条件と欠陥

PBF-LB では多くの造形条件，パラメータがあるが[52]，2.2.1 節にも述べたが主なパラメータは以下の5つである。レーザの出力（Laser power, P [W]），スポット径（Spot diameter, d [mm]），走査速度（Scanning speed, v [mm/s]），ハッチピッチ（Hatching pitch, h [mm]），積層厚さ（Layer thickness, z [mm]）。そして，パラメータを組合わせた指標として体積エネルギー密度（Volumetric Energy Density, VED, $E_{VED} = \frac{P}{vhz}$）を異なるパラメータの組合せの比較に用いる。

積層厚さは粉体粒径との勘案で，あるいは，造形機の最小の積層厚さで決定する場合が多い。ハッチピッチの初期値はレーザスポット径と比較して決め，調整する。より確実とするには，レーザ出力と走査速度を変化させたライン造形の結果からビード幅を測定してすき間なくビードが並ぶ幅とする。もちろん，数値解析により最適なパラメータの組合せを探索することもできる。

主なパラメータの中でもレーザ出力と走査速度を変化させることが多く，それぞれを縦軸，横軸に配して造形の可否を領域で表した図をプロセスマップという（図 2.2.4-1）[53]。この形式のプロセスマップは P-v 図と略することもある。図中，○印の造形条件では造形が可能で相対密度がほぼ 100% となる。相対密度とはバルク材の密度を 100% としたときの造形材の密度の割合である。相対密度 100% は造形材の内部に空隙などの欠陥がないことを示唆している。P-v 図中，体積エネルギー密度 VED は原点を通る直線となって現れる。この図では $E_{VED} = 40 \sim 120 \text{J/mm}^3$ の間に相対密度が高い造形ができる領域がある。

2.2 PBF（粉末床溶融結合）方式

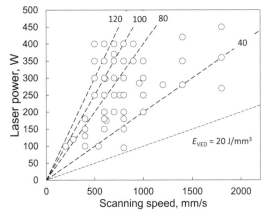

図 2.2.4-1　Inconel 718 のプロセスマップ[53]

相対密度を 100% 未満に低下させる要因は造形材中の空隙である。造形材中の空隙は造形材の機械的強度を低下させる原因ともなるので欠陥と呼ばれる。欠陥は形成機構により分類されている。PBF-LB での欠陥には，融合不良（Lack of fusion defects：LOF），微小空隙（Micro void），もしくは，ガスポア（Pore），微小亀裂（Micro crack）がある（図 2.2.4-2）。

融合不良はレーザ走査をした際に溶融した金属の領域，すなわち，溶融池がパウダーベッドの底部や隣のビードと十分に融合せずに形成された空隙である。そのため，ビードとパウダーベッドの底部，隣のビードとの境目付近に見られる。融合不良欠陥の寸法は比較的大きく，100 μm 程度である。また，前のレイヤーでのレーザ走査で飛散した大きなスパッタが付着した個所をレーザ走査した際に十分に溶融できずにレーザ熱源から見てスパッタの陰となる部分に残存する空隙も融合不良欠陥である。融合不良欠陥は寸法も大きく造形材の機械的強度を低下させる主な原因となる。しかし，造形条件を適切に設定することで根絶することができる。

微小空隙，あるいは，ガスポアは造形材中にみられる球形に近い空隙である。レーザ走査条件がキーホールモードであると深いキーホールが形成されるが，溶融池が凝固する際にキーホールの最深部に雰囲気ガスや金属蒸気が残って気泡状の空隙になる。また，溶融池内の溶融金属の流動が激しい場合にはキーホール内の雰囲気ガスや金属蒸気の気泡が溶融池内に分散して凝固時に細かい球形の空隙を残す。それ故，気体の穴，ガスポアとも呼ばれる。微小空隙の寸法は数 μm～数十 μm である。微小空隙の寸法は比較的小さく，大量に発生しない限り相対密度を低下させることはない。造形材 10 × 10 × 10 mm³ の立方体中に直径 10 μm の球形微小空隙が 5×10^7 個以上存在すると 0.1% の密度低下となる。寸法が大きい微小空隙は造形材の機械的強度，特に，動的強度を低下させる。動的強度とは疲労強度や耐衝撃性である。微小空隙も造形条件を適正にすることで根絶することができる。端的にはレーザ走査条件をキーホールモードから熱伝導モードにすることである。しかし，ビードの溶込み深さを確保するために敢えてキーホールモードとする場合もある。

微小亀裂は造形材中の微小な亀裂であり，大きくても長さ 10 μm 程度，幅は数 μm 程度である。微小亀裂は溶融池が凝固する際に生じる。溶融池が凝固する際には前のレイヤーですでに凝固している部分から溶融金属が柱状に凝固していく。これを柱状晶（3.2 節に記載）と呼ぶが，柱状晶同士の間の結晶粒界が収縮力に耐えられずに亀裂を作る。これが微小亀裂となる。微

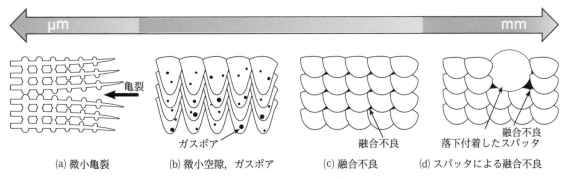

図 2.2.4-2　PBF-LB での造形材の内部欠陥とスケール

小亀裂の形成過程は多層溶接における亀裂形成過程と同様な現象としてとらえることができる[54]。微小亀裂の寸法は数 μm 程度と非常に小さいが，何層にもわたる再加熱によって亀裂が進展して大きくなることもありうる。しかしながら，造形条件で微小亀裂の発生を抑制することは難しい。そのため，微小亀裂の防止には材質そのものを改良・開発することが有効であるとされている[55]。

上に述べたように，微小亀裂以外は造形条件で抑制することができる。図 2.2.4-3 はプロセスマップ上に欠陥の種類を加えたものである。体積エネルギー密度が低い領域では融合不良を生じ，逆に，高い領域ではキーホール欠陥を生じる。そのため，適切な体積エネルギー密度の範囲で造形することで欠陥が抑制された高密度な造形材ができる。

一方，適切と思われる体積エネルギー密度範囲内でもレーザ走査速度が過度に高速となると，溶融池（メルトプール）が長くなり，ビードが蛇行したり途切れたりして不安定となる。ビードが途切れる現象をボーリング現象（Balling）と呼ぶ。この領域では隣接するビードの間にすき間ができるので大きな欠陥を生じる。逆に，レーザ走査速度とレーザ出力が極端に小さい領域ではパウダーベッドが溶融しない。そのため，造形不可能となる。

結局，プロセスマップを作成し，適切な体積エネルギー密度範囲と適切なレーザ走査速度の範囲で囲まれる造形条件の領域を探索することで，欠陥を内部に含まない良好な造形が可能となる。

2.2.5 後工程

PBF-LB では造形物は粉末に埋もれた状態で製作される。そのため，造形終了後は，まず，粉末を除去する。その後，後工程としてサポート構造の除去，後熱処理，表面研磨，寸法検査がなされる。

粉末の除去は内部流路のある造形物や壁の中にラティス構造を作り込んだ造形物では時間を要する。また，細かなサポート構造を付加した造形物でもサポート構造内の粉末を取り除く作業には時間を要する。さらに，完全に粉末が除去されたことを保証することは困難である。

サポート構造の除去と後熱処理の順番は造形物により異なる。サポート構造で熱変形を抑制している場合には応力除去焼なましを先に行って内部応力を除去してからサポート構造を取り外す。逆に，後熱処理によって強度向上を図る場合には，先にサポート構造を除去する。サポート構造は造形物と同じ材質なので，後熱処理で高強度になると除去加工が困難になるためである。

サポート構造の除去にはタガネやペンチなどを用いる。そのため，サポート構造はできる限りハンドツールで除去できるように設計する。一方で，大型のワークやサポー

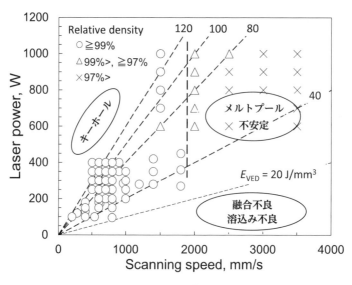

図 2.2.4-3　Inconel 718 のプロセスマップと造形欠陥

ト除去の効率化のために，マシニングセンター等の工作機械での切削除去を前提とすることもある。工作機械での切削除去の際には，上述のように造形物とサポート構造内に粉末が残留していることがしばしばあるため，注意が必要である。Ni 基超合金などはドライ条件, かつ, 粉末が存在している場合には切削が難しくなるためである。また，ベースプレートから造形物を切り離す際にワイヤ放電加工機を使うこともある。この場合，造形物を加工液に浸すので，粉末が多く残留していると粉末を内部で固まらせることもある。また，ワイヤ放電加工の際に粉末が存在すると切削速度が低下する。将来的には自動的に粉末の除去とサポートの除去加工をするシステムが市販されることが期待されている。

後熱処理は応力除去や造形材の調質のために行われる。特に Al 合金，Ti 合金では後熱処理による調質が必要である。また，内部欠陥の完全な除去が必要な場合，HIP 処理を施す。HIP 処理（Hot Isostatic Pressing）は熱間等方圧加圧法とも呼ばれる。ワークに高温で高圧の静水圧を付加する処理である [56]。融合不良のような大きな欠陥は潰すことができないが，微小空隙，微小亀裂は消失させることができる。HIP 処理によって，Ti-6Al-4V 造形材に適用すると疲労強度が改善したと報告されている [57]。

造形材の表面の凹凸は造形材の内部欠陥よりも大きく，疲労強度に大きく影響を与える [58] ため，表面研磨が必要である。造形材の外表面であれば, タンブル処理，ショットブラスト，やすり掛け等種々の方法で凹凸を除去することができる。一方，造形物の内部流路の内壁などは機械的な研磨が困難である。そのため，化学的研磨や電解研磨がなされる。AlSi10Mg では硫酸中で直流電圧を印加して電解研磨して表面粗さを低減させることができるが，算術平均粗さ [脚注4] $Ra = 10\mu m$ 程度と限定的である [59]。しかし，種々の材質のバルク体での電解研磨の知見は既に多く蓄積されているため，造形材に対する適用は困難ではないと考えられている [60]。

Step-Up　投入粉末量の推定

造形に用いる粉末の必要量は粉末の発注と納期にも関わるのであらかじめ概算できるとよい。パウダーベッド型の造形装置で注意すべきは，粉末の必要量がワーク体積 V [mm³] ではなく，造形テーブルの大きさで決まる点である。造形テーブルが $L \times L$ [mm²] の造形装置で，高さ H [mm] のワークとすると，最低限の粉末量 M [g] は次式による。

$$M = \rho_{\text{bulk}} L^2 H \tag{S1}$$

ここで，ρ_{bulk} は粉末材料のバルク密度 [g/mm³] である。本来は粉末の嵩密度 $\rho_{\text{powder}} = \varepsilon \rho_{\text{bulk}}$ を用いるべきである。ε は粉末とバルクの密度比で 0.6 ～ 0.7 程度である。ワーク高さ H もいわゆる下駄サポートの高さ H_S を考慮に入れるべきである。また，実際のパウダーベッド形成過程は，ブレードの前方にパウダーベッド分の粉末量 $\rho_{\text{powder}} L^2 z$ よりも余分な粉末を落として確実にパウダーベッドを形成する。そのため，1 レイヤーごとに必要な粉末量は多くなる。しかし，パウダーベッドの形成で余剰となった粉末はオーバーフローエリアに落ち，粉末回収瓶に入る。この粉末をシービングして調整後に粉末タンクに再投入するため，実際に必要な粉末量は正確には計算できない。

結局，粉末の嵩密度を無視し，1.4 ～ 1.6 倍という余裕をもって必要とする最大量を概算するわけである。

脚注 4）**算術平均粗さ**：表面粗さとは，対象物の表面からランダムに抜き取った各部分における粗さを数値で表現したもので，算術平均粗さ（Ra）や十点平均粗さ（Rz）などが広く用いられている。図のような表面に凹凸があるとき，次式に示すように長さ l の区間にある凹凸の絶対値の積分値を平均した値をいう。

$$Ra = \frac{1}{l}\int_0^l |f(x)|dx$$

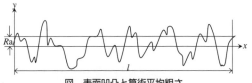

図　表面凹凸と算術平均粗さ

第 2 章　金属AMの造形方法

Step-Up　造形時間の概算

　PBF-LB による製品製造に必要な総時間の推定において製品設計段階，工程設計段階に要する時間の推定が難しい。特に工程設計でプロセスパラメータ開発に要する時間は現状では数ヵ月に及ぶこともある。さらに，造形後の後加工や検査も含まれると製品製造の総時間の推定は経験に頼らざるを得ない。そして，時間単位，日単位，よりも，週単位の大雑把なものになる。

　しかし，製造段階の造形に要する時間はある程度予測ができる。造形時間 (T^0) は次の(1)～(5)の工程により支給される。

(1)　$T^{(1)}$：ベースプレート予備加熱
(2)　$T^{(2)}$：酸素濃度の低下時間
(3)　$T^{(3)}$：実造形時間
　　(3L)$T^{(3L)}$：レーザ照射時間
　　(3P)$T^{(3P)}$：パウダーベッド形成時間×積層数 N
(4)　$T^{(4)}$：冷却時間
(5)　$T^{(5)}$：ワーク取出しとサポート除去作業
　(1)(2)はレーザ照射の前工程，(4)(5)はレーザ照射の後工程である。

(1)ベースプレート予備加熱

　ベースプレートの予備加熱時間は造形機の機種，目標温度，ベースプレート厚さにより異なる。一般的な造形機はベースプレート温度を造形テーブルの中央部に設置した熱電対で測定しており，ベースプレート表面の温度と表示されたベースプレート温度は厳密には異なる。特に目標温度を 200℃と高く設定した際には気を付けなければならない。そのため，予備加熱ではベースプレート温度の表示値が目標温度になった後もしばらく待ったほうが良い。ベースプレート上の初層の"喰い付き"，"縫込み"といわれる密着度が多少は向上する。しかし，初層のレーザ照射を数回繰り返す"2度焼き"，"3度焼き"すれば，あまり気にすることはない。造形機の機種にもよるが中型機（ベースプレート寸法が $250 \times 250\,\mathrm{mm}^2$）で 30 分から 1 時間程度で表示値もベースプレートの表面温度も目標温度に到達する。

(2)酸素濃度の低下時間

　酸素濃度は酸素濃度計の表示で 0.00 % 以下にならないと造形が開始できない機種が多い。通常，小数点以下2桁のパーセント表示なので，正確な値は不明だが，100 ppm 以下である。酸素濃度を 0.00 % 以下にする時間は，造形チャンバの密閉度，雰囲気ガスの循環方法，酸素除去フィルタの有無などで機種差があり，不十分なメンテナンスの状態，造形機の経年劣化により長くなる。さらに，投入した粉体に酸素が吸着していると長くなる。造形機の機種にもよるが中型機（ベースプレート寸法が $250 \times 250\,\mathrm{mm}^2$）では 1 時間程度で造形開始できる酸素濃度になる。

　ベースプレート予備加熱を開始してから造形チャンバを閉じて雰囲気ガスを循環し酸素濃度の低下も同時に図ると双方が重複して造形前の時間短縮になる。

(3)実造形時間

　$T^{(3)}$ [h] の最も簡単な推定方法は造形装置に記載されている造形速度 R [cm³/h] を用いることである。ワーク体積 V [cm³] では

$$T^{(3)} = V/R \tag{S1}$$

となる。また，多くのパス生成ソフトは実造形時間の予測値を示しているので，これを用いることが手っ取り早い。しかしながら，ワークの形状やパスの複雑さによって必ずしも仕様値とは造形速度が一致しないので，ボトムアップ式の概算も必要となる。

　一層当たりのレーザ照射時間の平均値 t^L，積層数 N から

54

$$T^{(3L)} = N t^L \tag{S2}$$

一層当たりの積層面のレーザ照射面積の平均 A，レーザ走査速度 v，ハッチ幅 h として，次のようになる。

$$t^L = A/(v \cdot h) \tag{S3}$$

$$A = V/(N \cdot z) \tag{S4}$$

$$T^{(3L)} = N \cdot \frac{V}{N \cdot z} \cdot \frac{1}{v \cdot h} = \frac{V}{vhz} \tag{S5}$$

ただし，レーザのスキャンストラテジーやレーザ走査方向での折り返し時間等は含まれないので，短めの概算である。
　例えば，ワークの寸法が長さ $100 \times$ 幅 $100 \times$ 高さ $200\,\mathrm{mm}^3$ で体積 V が $2,000,000\,\mathrm{mm}^3$（$2,000\,\mathrm{cm}^3$）を造形する。造形テーブルの寸法が $280 \times 280\,\mathrm{mm}^2$ の中型機を用いて，本例では，次のように算出できる。

$$T^{(3L)} = \frac{2.0 \times 10^6\,\mathrm{mm}^3}{700\,\mathrm{mm/s} \times 0.1\,\mathrm{mm} \times 0.05\,\mathrm{mm}} = 571,428\,s$$
$$= 158.7\,\mathrm{h}\ \mathrm{or}\ 6.6\,\mathrm{days} \tag{S6}$$

パウダーベッド形成時間は造形装置の機種ごとに異なる。一般にリコータの移動速度は $3,000 \sim 12,000\,\mathrm{mm/min}$ なので，中型機でバッチ型では次のようになる。

$$t^{(3P)} = \frac{\{300\,\mathrm{mm} \times (2\sim3)\}}{10000\,\mathrm{mm/min}} = 5.4\,s \tag{S7}$$

連続供給式ならば

$$t^{(3P)} = \frac{\{300\,\mathrm{mm} \times (1.5\sim2)\}}{10000\,\mathrm{mm/min}} = 2.7\sim3.6\,s \tag{S8}$$

ワーク高さが $200\,\mathrm{mm}$ で積層厚さが $0.05\,\mathrm{mm}$ の時には積層数は N=4000 となる。パウダーベッド形成時間は次のように見積ることができる。

$$T^{(3P)} = 10.8 \sim 14.4\mathrm{ks} = 3 \sim 4\,\mathrm{h} \tag{S9}$$

結局，実造形時間はレーザ照射時間が支配的となる。

$$T^{(3)} = T^{(3L)} + T^{(3P)} \approx 163\mathrm{h} = 6.8\mathrm{days} \tag{S10}$$

⑷冷却時間

　ベースプレート・造形チャンバ冷却時間は存外時間がかかるもので，半日から 1 日かかることがある。造形のワークは粉体に埋まっており，粉体は金属といえどもほぼ断熱材と考えていいので，冷却速度は遅い。ワークを高温で取り出すと大気で急冷されるので予想外の熱変形や亀裂，サポートの断裂が起こることがある。ワークが均一に室温に下がるまで十分な時間をとることが望ましい。また，造形チャンバを開けて取り出し作業を開始する温度は，安全上，室温が推奨されている。「火傷しない程度なら」「直接触らないなら」という気のゆるんだ考えは戒めるべきである。

⑸ワーク取出しとサポート除去作業

　ワークを取り出した後，サポートを除去する。サポート構造は，通常，切削加工機を用いない程度の強度に設計するので，サポートの除去は手作業である。もとより，ジェットタガネやディスクグラインダ，ルーター等の電動工具も用いるが，大抵は平タガネではつる。ペンチでつかんで引き取ることでサポートを除去し，微細な部分は彫金タガネで彫る。やすりで磨くこともする。そのため，要求される表面仕上げによりサポート除去作業に要する時間は大きく変化する。中型の大きさのワークであれば数時間から数日である。
　以上から，中型の造形であれば⑶実造形時間と⑸ワーク取出しサポート除去作業の割合が大きくなる。そのため，造形時間は 1 週間 〜 10 日かかる。

2.3 DED（デポジション）方式

DED（指向性エネルギー堆積法，Directed Energy Deposition）はレーザビーム，電子ビーム，アーク等で原材料の金属粉末，金属ワイヤを溶融して基材に堆積する造形技術である。造形方法は熱源と原材料によって分類され，レーザビームと金属粉末を用いる DED-LB/Powder，レーザビームと金属ワイヤの DED-LB/Wire，電子ビームと金属ワイヤの DED-EB/Wire，アークと金属ワイヤの DED-Arc/Wire がある。DED には多くの別名があり，DED-LB/Powder は LMD（Laser Metal Deposition）とも DLD（Direct Laser Deposition）とも呼ばれる。DED-LB/Wire は w-LMD（Wire Laser Metal Deposition），DED-EB/Wire は WEBAM（Wire feed Electron Beam Additive Manufacturing）とも表記される。また，DED-Arc/Wire は WAAM（Wire Arc Additive Manufacturing）という呼称が一般的となっている。

本節では造形原理を説明し，それを実現する装置の構成，プロセス条件と造形物の内部欠陥を説明し，最後に後工程について述べる。

2.3.1 造形原理

DED の造形原理は空間的に円柱状もしくは円錐状のエネルギー発生部に原材料の金属粉末や金属ワイヤを挿入して溶融し基材に堆積させる。

(a) DED-LB/Powder

DED-LB/Powder は図 2.3.1-1 に示すように熱源にレーザビーム，原材料に金属粉末を用いる。DED-LB/Powder では，レーザビームは基材に向けて照射する。粉末はこのレーザビームに向けて噴射する。

粉末は気体と混合して噴射する。粉末だけでは流動性が低く粉末同士が凝着しやすいため，粉末供給用のノズルを詰まらせる。気体との混合比が適度な粉末は流体と同様に流動性が高い。気体は酸化を防止するために不活性ガス（N_2, Ar）を用いる。気体混合粉末はノズル形状を工夫することで，粉末をレーザビームで溶融させたものを吹き付けることや，基材上の照射点あるいは溶融池に吹き付けて堆積させるができる。

上記の粉末供給方式と関連し，金属粉末が加熱され溶融し堆積するプロセスは，次の3つに大別できる。まず，基材表面がレーザビームで加熱されて溶融した領域を形成する。これを溶融池（Melt pool）と呼ぶ。溶融池に金属粉末が飛び込み溶融し，溶融池の液相金属と融合し，冷却・凝固して堆積されるプロセス。次に，照射途中のレーザビームに飛び込んだ金属粉末が液滴になり基材表面で凝固して堆積するプロセス。そして，その双方の折衷となるプロセスがある。

図 2.3.1-2 に金属粉末が加熱溶融し堆積するプロセスを図示する。まず，レーザの加熱により基材に溶融池が形成される。そこに，トーチから吹き付けられた金属粉末が飛び込んで融合し，溶融池が大きくなることで堆積が進行する。飛行している金属粉末はレーザビー

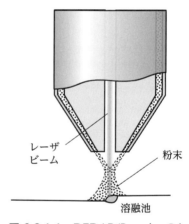

図 2.3.1-1　DED-LB/Powder のトーチ

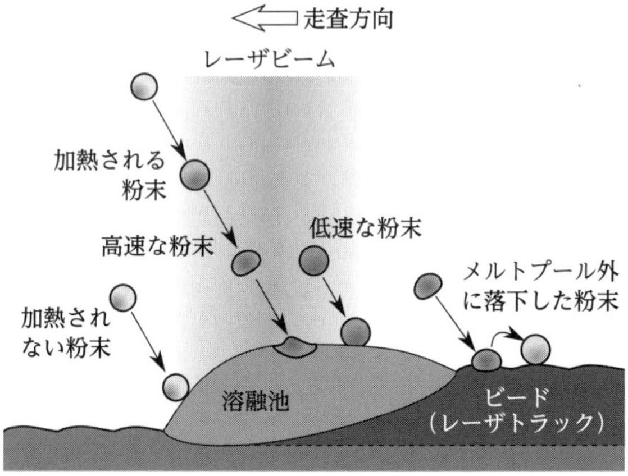

図 2.3.1-2　DED-LB/Powder の粉末堆積プロセス

ム中を飛行して加熱され溶融する。高速で飛行する溶融した粉末は雰囲気ガスとの相互作用で少し扁平になり，溶融池に飛び込み融合する。低速の粉末は溶融池表面に付着し，融合する。溶融池以外に衝突した金属粉末は跳ね上がったり，基材表面にぬれ広がらずに凝集したりする。これらの粉末は付着する力が弱く脱離しやすい。また粉末の熱が基材に伝達されて溶融池が形成されるわけではない。レーザビームで加熱されなかった粉末は溶融池に融合せず，付着力が弱く脱離しやすい。このような様子は Ti-6Al-4V 粉末の DED-LB 過程のシンクロトロン X 線によるその場観察により報告されている[61]。また，溶融した粉末が空気抵抗により球形から扁平に形状が変化している様子も観察されいる[62]。SUS316L についても同様な透過 X 線によるその場観察の結果が示されている[63]。結局，まず，レーザビームにより基材を加熱して溶融池を形成し，レーザビームにより加熱された金属粉末が溶融池に飛び込んで溶融，融合，凝固して堆積されるのである。

このような DED-LB/Powder の堆積現象では溶融池と粉末の相互作用を考慮しなくてはならない。具体的には，溶融金属と粉末のぬれ性[脚注1]を考える必要がある。固体と液体が接触した時，液体が固体表面にわたって大きく拡がる場合，ぬれ性がよいと言われる。ぬれ性は物質同士が接触するとき，固体-液体，液体-気体，固体-気体の界面に働く界面張力の大きさに影響される。溶融金属と粉末のぬれ性が良いと，溶融金属が粉末表面を覆い，溶融池内に粉末を取り込む。また，ぬれ性が良いので溶融金属と粉末が密着して効率よく伝熱がなされ，粉末が溶融しやすくなる。

レーザビームに投入される粉末が加熱不十分のため，低温であったり，粉末表面に大きな凹凸があったりするとぬれ性が悪くなる。ぬれ性が悪いと溶融池に飛び込んだ粉末は溶融池に取り込まれない。そして，粉末は運動量を持って飛んでくるので溶融池表面で跳ね返される。また，溶融池中や表面に粉末が溶融されずに残ることもある。このような粉末は造形材の内部欠陥の原因にもなり得る。

(b) DED-LB/Wire，DED-EB/Wire

DED-LB/Wire では後述の装置構成で述べるがトーチ中心にレーザビームを射出し，横から金属ワイヤを送給する方式と，中心から送給した金属ワイヤにレーザビームを集光する方式がある。DED-EB/Wire では電子ビームに横から金属ワイヤを送給する。いずれの方式にしても，基本的には，レーザビーム，電子ビームで基材を加熱して形成した溶融池に金属ワイヤの先端を挿し込み，溶融池の熱で溶融させる。

(c) DED-Arc/Wire（WAAM）

WAAM では金属ワイヤをアーク放電の熱で溶融して造形材表面に堆積させるが，ワイヤが電極となるミグ溶接方式と，タングステン電極を用いるティグ溶接方式ならびにプラズマアーク方式とでは原理が異なる。

ミグ溶接方式では金属ワイヤと基材の間にアーク放電を発生させる。基材側はアークにより溶融しており溶融池を形成している。一方，金属ワイヤはアーク放電の電極であり，その先端が溶融し，金属の液滴として形成される。これを溶滴（Molten droplet）という。溶滴には重力や表面張力，電磁力が働いており，金属ワイヤ先端から溶融池に移動する。溶接分野ではワイヤ先端から溶融池への移動を移行という。溶滴が溶融池に移行することで，溶着金属が堆積することになる。

ここで，電極ワイヤ端で形成された溶滴が溶融池に移行する形態[64]について簡単に述べる。溶滴移行形態

脚注1）**ぬれ性**：ぬれ性（wettability）とは，固体表面に対する液体の付着しやすさを表す性質である。物質同士が接触している界面には界面張力が働いている。一般に液体と気体，固体と気体との界面は表面と呼ぶので，これらの界面張力は表面張力と呼ばれている。液体として水を例に挙げると，固体の種類によって水滴の拡がり方が異なることをよく知っている。例えば，葉っぱの上の朝露は球状でコロコロとしていて葉っぱに付着しない。一方，十分に洗浄されたガラスの上に水滴をおくと，固体ガラス表面に拡がる。その拡がりの大きさをぬれ性と呼び，図に示すように，液体と固体の間に働く界面張力（γ_{sL}），液体の表面張力（γ_L），固体の表面張力（γ_S）のつり合いで決まる。液体と固体，気体が接触する点でのつり合いはヤング（Young）の式で表される。

$$\gamma_S = \gamma_L \cdot \cos\theta + \gamma_{sL}$$

接触点での液体の接線と固体表面とのなす角度 θ を接触角（Contact angle）と呼び，ぬれ性の指標となる。

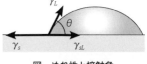

図 ぬれ性と接触角

第 2 章 金属AMの造形方法

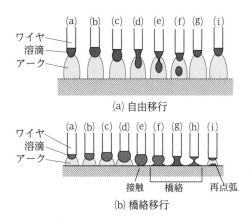

図 2.3.1-3 溶滴の移行形態

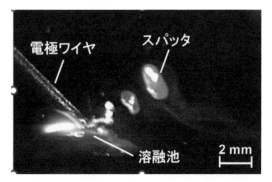

図 2.3.1-4 ミグ溶接における短絡時の電流制御がないときの状況

は図 2.3.1-3 に示すように，自由移行（Free flight transfer）と橋絡移行（Bridging transfer）に大別できる。自由移行ではアーク放電の熱で電極ワイヤが溶融し，アーク空間を通って，溶融池に移行する。一般にアーク電圧を高くすると，アーク長が長くなり，自由移行となる。一方，アーク電圧を低くすると，アーク長が短く，アーク放電中に形成されたワイヤ端の溶滴は溶融池に接触し，ワイヤ端と溶融池がつながり，橋絡移行が生じる。このとき，電流が流れていると，電気回路は短絡していることになり，短絡移行（Short-circuiting transfer）とも呼ばれる。溶接機の電源がインバータ制御となり，短絡時の電流値をコントロールできる。ミグ溶接方式を使用する WAAM では，入熱量を低減できる橋絡移行形態あるいは短絡移行形態が主に採用されている。

短絡移行形態においては，溶滴と溶融池が接触するときや溶融金属の橋絡部が破断するときに，大きな電流を流れていると，図 2.3.1-4 に示すように大量のスパッタが発生する（Step-Up 参照）。このため，図 2.3.1-5 [65]に示すように電流波形制御やワイヤ送給制御を行い，スパッタの発生がなく安定な短絡移行溶接を実現している。

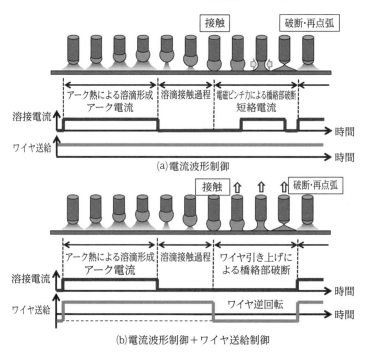

図 2.3.1-5 短絡移行プロセスの制御方式

ここで，制御方式の考え方を述べる。まず，アーク放電の熱エネルギーによって電極ワイヤを溶融させる。ワイヤ端の溶滴は時間とともに大きくなり，溶融池と接触する直前に，電流を低下させる。このことで電磁力による溶滴の変形やスパッタの発生を抑制する。次に，ワイヤ端と溶融池の橋絡部（ブリッジ）を破断させ，アークを再発生（再点弧と呼ぶ）させるまでの期間に，溶滴をスムーズに溶融池に移行させる。このための制御方式として，図(a)に示す電流波形制御によるものと，さらにワイヤ送給制御を加えた図(b)の方式がある。図(a)では溶融金属のブリッジが破断するまでの時間を短くするために，短絡電流を供給し，電磁力を利用する。ただし，短絡電流を流し続けると，再点弧時にスパッタが発生するので，破断寸前には電流値を下げる。一方，図(b)では短絡時の電流は低くしたまま，ワイヤを引き上げて，ブリッジを破断させる。つまり，ワイヤの送給方向を逆転させて，スムーズな溶滴移行を促進する。この方式はFronius社により開発され，CMT（Cold Metal Transfer）と呼ばれている。

ティグ溶接方式，プラズマアーク溶接方式ではまず，電極と基材の間にアークを生じさせ溶融池を形成する。溶融池に金属ワイヤを挿入し，溶融池の熱で金属ワイヤを溶融する。

(d) 造形条件

DEDの造形条件の選定には入熱，ワイヤ送給速度，トーチ移動速度，基材温度，レイヤー間温度が考慮される。

入熱は堆積金属の金属マクロ組織（溶込み形状），ミクロ組織の両方に影響するとともに，機械的強度にも影響する。入熱は電流，電圧，ワイヤ送給速度，トーチ移動速度を含めたパラメータである。WAAMでは積層される溶着金属量が電流とトーチ移動速度に支配されるので，留意する必要がある[66]。

DED-EB/Wireでも入熱の代わりに電流を用いる。電子ビームの単位時間当りの入熱量は加速電圧とビーム電流の積で与えられるが，加速電圧は電子銃の仕様で固定とするからである。

レイヤー間温度（Interlayer temperature）とは1レイヤー造形後に次のレイヤーを造形するまでに暫く時間を置いて冷却した堆積金属の温度である。次のレイヤーの造形開始時の堆積金属の温度でもある。レイヤー間温度が十分低くなっていると溶融池の形成と凝固のプロセスが安定化する。また，造形面も滑らかになる。逆に，レイヤー間温度が高いと堆積金属の冷却速度が遅くなり，結晶粒の大きな粗い金属組織になる[67]。そして，機械的強度の低下やじん性値も低下するおそれがある[68]。レイヤー間温度はアーク溶接におけるパス間温度に対応するものである。アーク溶接ではパス間温度は材質ごとに推奨温度が知られているが，データや実績が少ないWAAMに適用できるかは検討の必要がある。

基材温度（Substrate temperature）もレイヤー間温度と同様に考慮する必要がある。狭義の基材温度とは金属を堆積する直前のワークの温度である。レイヤー間温度がレイヤー全体の温度であることと比較して局所的な温度である。しかし，局所的かつ瞬間的な温度なので測定が難しい。そのため，ベースプレートを用いる造形ではベースプレート温度で基材温度を代替することもある。

ビード間隔はレイヤーに面を作るときの隣接するビードの間隔である。PBFのハッチピッチに相当するものである。

2.3.2 装置の構成

DED方式の装置は制御器，トーチ，原材料供給器，トーチの保持機，造形テーブル，熱源（電源）で構成される（図2.3.2-1）。

トーチは指向性エネルギーを発するとともに原材料を供給する機能も備えた複合的なコンポーネントである。DEDの方式により，それぞれ，特徴的なトーチの仕組みとなっている。

トーチの保持機はCNC加工機（Computerized Numerical Control Machine）やMC機（Machining Center）のコラムやロボット加工機のロボットアームにあたるものである。トーチを造形物に近づけ，適度な姿勢で堆積ができるようにするコンポーネントである。CNC加工機やMC機のコラムと同様に立型，横型，

第 2 章 金属AMの造形方法

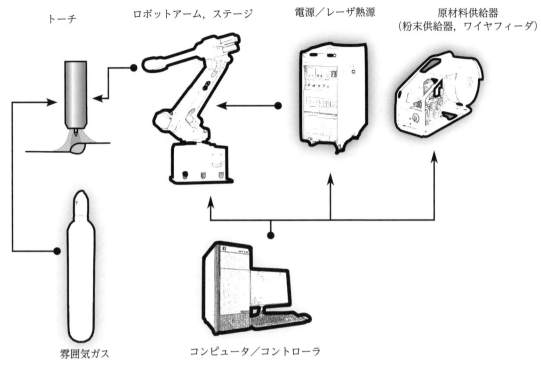

図 2.3.2-1　DED 方式の装置の構成

門型がある。

　ステージはベースプレートを保持する器具で，多軸制御で造形材の姿勢制御をできるものもある。

　トーチ保持機とステージで最低限3自由度，通常は5自由度以上の制御ができるような構成になっている。自由度とは物体を動かすことができる方向の数である。図 2.3.2-2 に示すように，X 軸，Y 軸，Z 軸の位置と X 軸回り，Y 軸回り，Z 軸回りの回転角度の6自由度がある。工作機械では X 軸回り，Y 軸回り，Z 軸回りの回転を A 軸，B 軸，C 軸としている。3自由度の DED 造形機ではトーチを Z 軸下向きに設置し，ステージで X 軸，Y 軸を動かす。図 2.3.2-3 に示すように，5自由度では，例えば，コラムに下向きに取り付けたトーチを X 軸，Y 軸，Z 軸に動かし，スイブル回転ステージを用いて A 軸，C 軸を動かす。また，トーチを6自由度のロボットアームの先端に取り付ける造形機もある。

　DED 造形機は CNC 加工機，MC 機のスピンドル（Spindle，主軸ともいう）をトーチに替えたものと考えれば良い。また，溶接ロボットのトーチを DED 用トーチに替えたものと考えても良い。スピンドル，コラム，ステージの構成が DED 造形機と類似しているので，

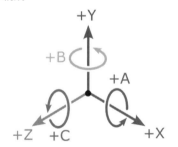

図 2.3.2-2　6自由度と軸の呼称

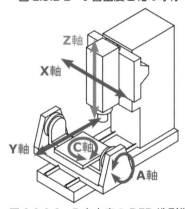

図 2.3.2-3　5自由度の DED 造形機

CNC 加工機や MC 機にトーチと原材料供給器を追加した複合機も市販されている。現在の複合機ではトーチはツールマガジンに交換ツールとして搭載されている

機種や，また，スピンドルとは別の軸として追加されている機種ある。なお，CNC加工機やMC機でワークを据え付けるパレットをDED造形機ではベースプレートと呼ぶ。

DED造形機で最も特徴的なコンポーネントはトーチである。トーチはDEDの方式により異なる機構となっている。

(a) DED-LB/Powder

DED-LB/Powderのトーチは3種類に大別される。レーザビームをトーチ中心部から射出し，粉末を一方向から供給する方式。同様に中心部のレーザビームに多方向から，あるいは，円錐状に粉末を供給，収束する方式。粉末をトーチ中心部から噴射し，レーザを周囲から当てる方式である[69]。

(b) DED-LB/Wire

DED-LB/Wireではレーザビームに横から金属ワイヤを供給する方式と，金属ワイヤに対して円錐状にレーザビームが集光する同軸照射方式（co-axial laser）がある[70]。

(c) DED-EB/Wire

DED-EB/Wireは電子ビームに対して横から金属ワイヤを供給する方式である[71]。

(d) DED-Arc（WAAM）

ミグ溶接方式，ティグ溶接方式，プラズマアーク溶接方式がある。第2.1.2項の熱源を参照。

2.3.3 造形条件と欠陥

DEDでの造形欠陥は主に残留応力，ポロシティ，亀裂とはく離である。

(a) 残留応力

PBF造形材と同様，DED造形材の内部には残留応力が存在している。DED造形物の残留応力は比較的大きな溶融池の凝固収縮と多数の積層による熱収縮が原因である[72]。

金属は温度が高くなると軟化し，塑性変形する。DEDプロセスでは溶着部が高温に加熱され熱膨張する。一方，冷却時には溶着部はすでに積層された下部のレイヤーに拘束されているため，軟化温度以上に加熱されたところでは塑性変形が生じ，残留応力となる。具体的にはビードを1層ずつ積層した壁のような造形材では最終ビード内部では引張応力となり，下部のレイヤー内部では圧縮応力となる[73]。

(b) ポロシティ

ポロシティは堆積金属に生じる欠陥であり，ブローホールやピットといった形態をとる。ブローホールは堆積金属中に生じる球に近い形状の空隙である。ピットは堆積金属の内部から表面に達した芋虫状の空隙である。いずれの形態のポロシティも気泡を取り込んだ溶融池が凝固して生じる。気泡の気体の発生源はワイヤ表面の汚染層と吸着層に加えて，シールドガスの巻込みなどがある。ワイヤ表面の汚染層は油分等，吸着層は水分，酸化被膜などである。

ポロシティは造形材の機械的強度のなかでも特に疲労性能を低下させる。ポロシティを抑制するためにはワイヤ表面の汚染層や吸着層を除去し，水分が吸着しないように保管する必要がある。

(c) 亀裂と層間はく離

DED造形材内部には亀裂がしばしば生じる。亀裂には凝固割れ（Solidification crack）や再熱割れ（Reheat crack）をはじめ，溶接部の割れと同様な割れが生じる[74]。対策も溶接部の割れと同じで，凝固割れに対しては原材料の成分を調整する材料開発が有用である[75, 76]。

2.3.4 後工程

現状のDED造形物はビードが数mm幅と大きいため，造形物の寸法精度が悪く，表面粗さが大きい。そのため，切削により所定の寸法，形状に加工し，表面粗さを低減する。

DED造形物は残留応力が生じているためベースプレートから取り外し後，変形する。しかし，応力除去焼なましにより残留応力はほぼなくなる[77]。

Step-Up 電磁力

(1) 軸対称の電磁力

図 S1 に示すように，半径 a [m] の円柱状の銅線に電流 I [A] が流れているとき，アンペールの法則により磁界が発生し，その磁束密度 B [T] は次式で示される。

$$B = \mu_0 \frac{Ir}{2\pi a^2} \quad (r \leqq a) \tag{S1}$$

$$B = \mu_0 \frac{I}{2\pi r} \quad (r > a) \tag{S2}$$

ここで，μ_0：真空の透磁率（$4\pi \times 10^{-7}$ H/m）である。銅線内（$r \leqq a$）では電流が流れ，同時に磁界が発生しているので，図 S2 に示すフレミングの左手の法則に従う電磁力（ローレンツ力）f_{em} [N/m³] が発生する。電磁力は次式で与えられる。

$$f_{em} = JB \tag{S3}$$

式(S1)を電流密度 $J\left(=\frac{I}{\pi a^2}\right)$ で表すと，電磁力は次式で与えられる。

$$f_{em} = \frac{\mu_0 J^2 r}{2} \tag{S4}$$

円柱状の導体の場合，図 S2 に示すように電磁力は導体の中心に向かって働くので，導体を絞り込む力という意味で電磁ピンチ力と呼ばれる。式(S3)から電磁力は銅線の中心部ではゼロ，表面で最大となる。したがって，電流が流れている電線には固体内で電磁力が働いていることになる。ここで，円柱導体がプラズマや液体金属のような導電性流体の場合を考えてみよう。図 S2 のように働く電磁力は液体や気体の場合，圧縮するように働くので中心部の圧力が高くなる。これを電磁圧力と呼ぶ。いま，液体が静止しているとすると，液体や気体ではこれらの内向きに働く。この圧力は電流密度 J の二乗に比例するため，導電性流体の直径が小さくなると，より高くなる。したがって，流体内に電流密度が高い箇所と低い箇所が生じると，圧力が高い（電流密度が高い）ところから，低いところ（電流密度が低い）に向かって流れが生じる。

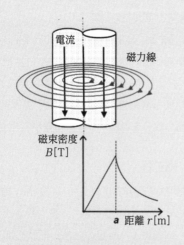

図 S1　円柱状導体（軸対称）に電流が流れるときに発生する磁界（磁束密度分布）

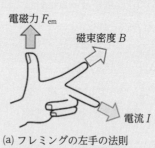

(a) フレミングの左手の法則

(b) 円柱状導体内に発生する電磁力

図 S2　電磁力の発生

(2) 非対称の電磁力

本文の図 2.3.1-4 に示したように，電極ワイヤ先端の溶滴が溶融池と接触することで，電気回路が短絡し，電流が流れるときに生じる現象を考えてみよう。図 S3 に示すように固体部のワイヤでは直径が一定であるので電流は均一に流れるが，溶滴を含む液体の溶融金属では，外形が時々刻々変化し，場所によって電流密度分布が異なる。導体の電流要素（長さ dl [m]，断面積 dS [m^2]）に電流密度 J [A/m^2] の電流が流れているとき，距離 r [m] 離れた P 点に生じる磁界 dH [A/m] は，ビオ・サバールの法則によって，電流が流れる方向との角度 θ [rad] を用いて，次式で表される。

$$dH = \frac{1}{4\pi}\frac{JdS\cdot dl\cdot\sin\theta}{r^2} \tag{S5}$$

P 点に働く磁界 H [A/m] は通電時の全電流要素から受ける磁界の総和になるので，次式で与えられる。

$$H = \iint \frac{J\sin\theta}{4\pi r^2}dl\cdot dS \tag{S6}$$

式(S6)は導体が円柱状（図 S1）や円環状の場合には解析解を得ることができるが，図 S3 に示すような電流経路の場合，数値計算をする必要がある。

ここで，P 点と Q 点の電界強度を定性的に考える。コイルに電流が流れているとき，コイル径が小さいほど，コイル内部に生じる磁界強度が大きくなることから，磁界は電流の近くで強くなることを知っている。この場合，P 点と導体との距離は相対的に Q 点と導体との距離よりも短いため，P 点のほうが Q 点よりも磁界強度は大きくなる。すなわち，$H_\mathrm{P}>H_\mathrm{Q}$ であり，磁束密度は $B=\mu_0 H$ から，式(S1)を用いて P 点と Q 点の電磁力はそれぞれ次式となる。

$$F_{\mathrm{emP}} = I\mu_0 H_\mathrm{P} l \tag{S7}$$

$$F_{\mathrm{emQ}} = I\mu_0 H_\mathrm{Q} l \tag{S8}$$

したがって，電極ワイヤが傾いた状態で，溶滴を介して溶融池と橋絡しているときに，電流が流れると，P 点で右側に向いて働く電磁力 F_{emP} [N] は，Q 点で左側に向いて働く F_{emQ} [N] よりも大きくなり，電流が大きい場合には液体ブリッジが右側に凸となる弓のように変形し，さらに破断に至ることになる。このとき，スパッタをともなって破断するため，短絡電流の電流波形制御やワイヤ送給制御が行われる。

なお，電極ワイヤが溶融池に対して，垂直の方向に送給されていても，溶融池は盛り上がっており，水平でないこと，また，溶融金属が揺動・振動していることから，電磁力は軸対称の形にならないため，プロセスを安定化するため，様々な制御が行われている。

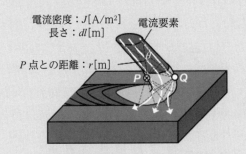
(a) 電流経路ならびに P 点・Q 点の磁束密度

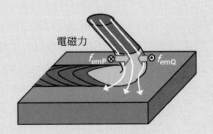
(b) P 点・Q 点の電磁力

図 S3　電極ワイヤが溶融池に対して傾いているときの電流経路と電磁力

2.4 AM材料

2.4.1 AM粉末

近年,金属3D積層造形(以下,AM)が金属粉末を用いる新しい造形技術として,脚光を浴びてきた[78-80]。鉄系はじめ多くの合金系がAMでは使用されており,その種類も非常に多くなってきている。ところでAMはデジタル技術を駆使した最新技術であり,特にプリンタ装置の性能に関心がもたれているのは当然であるが,優れた造形物を作製するためには使用される金属粉末も同様に非常に重要であることはいうまでもない。本項では,AM用金属粉末として多く使用されているガスアトマイズ粉末[81]を主として記述する。他にも水アトマイズ法,回転円板法,プラズマ回転電極法により作製された粉末がAMには使用されており,さらにプラズマ溶融法[82]などAMで今後使用される可能性の高い粉末作製技術がある。

(a) 粉末製造方法

PBF-LB(レーザ粉末溶融床方式)には主としてガスアトマイズ粉末が使用されている。図2.4.1-1にガスアトマイズ方式による粉末作製の概略を示す。るつぼ(炉)の中に狙いの合金組成の原料を装入し,誘導加熱により溶解する。ガスアトマイザーの溶解雰囲気は,溶解する材料の種類により異なり,真空,大気あるいは窒素ガス,アルゴンガスなどの不活性ガスが使用されている。アトマイズで使用する噴霧ガスには通常,窒素ガスまたはアルゴンガスなどの不活性ガスが使われている。合金の種類,組成によって異なるが溶解温度は融点以上約100℃~250℃過熱し溶解させることが多く,この高温状態では溶融金属の粘性が下がり,流動性がよくなり,直径数mmの溶湯ノズルから溶融金属をノズル詰まりすることなく流出させることができる。作製される粉末の粒子サイズは溶融状態の物性値などに関係し[83],それぞれの合金は最適温度でアトマイズされる。高温の溶融金属は溶湯ノズル直下で高圧ガスと衝突し,霧吹きのような状態になる。この噴霧時に溶湯流は小さな液滴となると同時に表面張力および粘性により,溶融

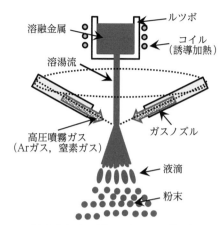

図2.4.1-1 ガスアトマイズ概略図

金属(液滴)は瞬時に球状になり,高圧のアトマイズガスにより急速に冷却され,凝固し微粒子となる。作製したガスアトマイズ粉末は目的の粒度の規格に合わせて,篩(ふるい)により分級(篩分け)される。ガスアトマイズのガスの代わりに水で噴霧する水アトマイズ法があり[84],ガスアトマイズ法より微細な粉末を作製するのに有利な方法である。なお,アルミニウム合金,チタン合金のアトマイズについては,粉末化という物理現象は鉄系,銅系などと基本的には同じであるものの,溶解方法,噴霧方法,安全性対策など生産技術面では大きく異なり,注意が必要である。

(b) 粉末特性

(1) 粒子サイズ

ガスアトマイズで作製した粉末は,狙いの粒子サイズに分級される。PBF-LB用,DED(指向性エネルギー堆積法)用としてそれぞれの最適な粒子サイズに分級された粉末が使用される。図2.4.1-2に,Fe-Al-Si合

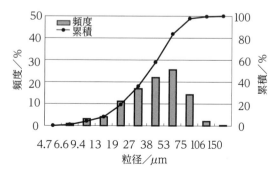

図2.4.1-2 Fe-Al-Si合金のガスアトマイズ粉末の粒度分布の一例

金のアトマイズした粉末を 150μm の篩で分級した粉末の粒度分布の一例を示す。一般にガスアトマイズ法で作製された粉末の粒子サイズは対数分布でほぼ正規分布に従う。

PBF-LB では 10～45μm という表記が多いが，造形時のスキージング[脚注1]，ヒューム[脚注2] の発生，造形物の特性，表面粗度など使用する粉末粒子サイズが影響する。DED においては，一例として 53～150μm などの表示があり，PBF-LB より大きな粉末粒子が使用されている。DED においては，粒子サイズはノズルからの流動性や溶融状態に影響する。いずれも使用する粉末材料においてはコストダウンの面から粒度範囲が大きく影響するので，十分に検討したうえで最適な粒子サイズの粉末を使用すべきである。

(2) 粒子形状

図 2.4.1-3 に，SUS316L 合金のガスアトマイズ粉末の外観写真を示す。ガスアトマイズ中に大きな液滴に微細な液滴が衝突合体し，粉末表面にサテライトと呼ばれる粒子の発生を生じることがある。

このサテライトは粉末の流動性悪化の原因の 1 つとなる。これに関してはアトマイズ時のガス流を改善し，液滴同士の衝突の頻度を低くすることのほかに，粉末作製後に高速の気流中で粉末同士を衝突させて，流動性悪化の原因であるサテライトを除去して流動性を改善させることも行われている[85]。溶融状態でのアトマイズガスの液滴中への巻込みに起因して，ガスポアと呼ばれる粉末粒子内の気孔をともなう場合があり，大きな粉末粒子の方が小さな粉末粒子よりも生じやすいとされており，ある頻度で認められるが粉末メーカーは発生を極小化して粉末を製造している。

(3) 凝固組織

ガスアトマイズ，水アトマイズは高温の溶融状態から直接微小粒子を作製するものであり，粒子 1 つ 1 つがるつぼ内での溶融時の合金組成と同一組成になっている。これは凝固偏析をともなう大きなインゴットから粉砕工程を経て得られる粉砕粉と比較して，粉末の粒子レベルでの組成均一性に優れているという大きな特徴の 1 つである。

図 2.4.1-4 に，Fe-Si-Al 合金のガスアトマイズ粉末の断面の凝固組織を示す。直径が数十 μm サイズの粉末の内部組織は，数 μm レベルの非常に微細な組織を形成している。ガスアトマイズ法においては，その二次デンドライトアームスペーシング[脚注3] から凝固速度は，10^4～10^5 K/s と報告されており[86] 急速凝固による微

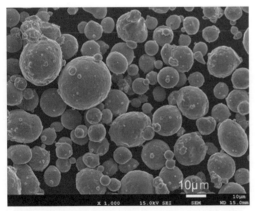

図 2.4.1-3 SUS316L 合金のガスアトマイズ粉末の外観形状

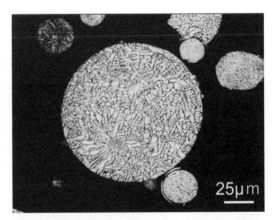

図 2.4.1-4 Fe-Al-Si 合金のガスアトマイズ粉末の凝固組織

脚注1) スキージング (squeezing)：リコーティング (recoating) ともいう。3D プリンタ装置の中で粉体をブレードで押し延べて薄い粉体の層を形成すること。

脚注2) ヒューム (fume)：溶接などで発生する 1μm 以下の浮遊しやすい微粒子のこと。

脚注3) 二次デンドライトアームスペーシング (secondary dendrite arm spacing)：金属組織の樹枝状晶二次枝間隔をいい，この間隔から金属組織の冷却速度を知ることができる。

小粒子が作製される。

(4) 流動性

PBF-LB, DED においては，流動性のいい粉末が求められてきたが，3D プリンター装置はメーカー・機種により粉末供給方式は異なるので，必ずしも一律に高い流動性が必要というわけではない。流動性のいい粉末の流動性試験は JIS Z 2502 に規定されており，オリフィスを通して流出する所要時間で評価される。ガスアトマイズ粉末は前述のように球状が特徴の1つであり，流動性に優れているためこの試験方法で測定される。

(5) 酸素量

粉末粒子の酸素量は比表面積に依存し，粒子サイズが小さくなるほど，つまり比表面積が大きくなるほど酸素量は高くなる傾向がある。鋼種，合金系によるがガスアトマイズ粉末の酸素量は数 100 ～ 1,000ppm 以下のレベルであり，一般に水アトマイズ粉末より酸素量は低い。

(c) 鋼種・合金

ガスアトマイズ粉末は，工業的に生産性が高く，溶射・肉盛溶接，ろう材，射出成型（MIM: Metal Injection Molding），その他粉末を固化成形して使用するいわゆる粉末成形品としても，古くからいろんな用途に使用されている。構造材料だけでなく，高機能の電子材料にも使用され，磁気ヘッド材やスパッタリングターゲット材については，金属粉末を熱間押出法や HIP（熱間等方圧プレス）法により成形して，粉末工法特有の微細均一な組織を活用して，従来の鋳造法から置き換わった実績があり[87]，素材としてのポテンシャルは非常に高いといえる。水アトマイズ粉末はガスアトマイズ粉末と比較して微細な粉末を作製でき，射出成型において従来から使用され，AM ではバインダージェットに使用されている。

AM 用粉末には，ステンレス鋼，マルエージング鋼，工具鋼，炭素鋼などの鉄鋼材料，Ni 基超合金，CoCrMo など Co 基合金がある。そのほか銅系では純銅および AM 用としてレーザ吸収率を向上させ造形性を改善さ

せた銅合金[88, 89]，純 Ti および Ti- 6Al- 4V で代表される Ti 合金および AlSiMg 合金などがある。近年，プリンタ装置メーカー，金属粉末メーカーはそれぞれ多くの金属粉末材料を新たに開発し，品揃えしてきている。最近では金属粉末メーカーからは，熱伝導性を改善し新たに開発した AM 用の新合金なども報告されている。またアモルファス合金の AM 事例[90] も報告されているので，それぞれ最新の情報をもとに，使用する最適粉末を選定すべきである。カタログやホームーページなどに掲載されていない合金組成でも，また AM 用でない合金組成を AM 用として使用できるものも当然ある。AM 用として求める材料特性，合金組成を金属粉末メーカーは対応してくれる場合もある。

PBF-LB，粉末方式の DED ではほとんどガスアトマイズ粉末が使用されてきて，水アトマイズ粉末はバインダージェット方式に使用されてきた。しかし，最近では水アトマイズ粉末を PBF-LB で造形した事例も報告されており，今後ガスアトマイズ粉末より安価な水アトマイズ粉末が PBF-LB でも多く使用されていく可能性も考えられる。さらにアトマイズ法以外のプラズマ溶融法による金属セラミックス複合粉末も AM での活用が検討されている。PBF-EB での実用は限定的であり主として Ti 系材料が使用されている。

(d) リサイクル

PBF-LB においては，造形物の周囲にはレーザによる溶融がなく，元の状態の粉末が多量に残り，場合によっては造形中に発生したスプラッシュ[脚注4] が混ざっていることがある。造形機内の粉末を回収し，必要に応じて分級し再利用されている。さらに PBF-LB においては造形体を支えるサポートと呼ばれる部材が発生する。最近では銅合金や高価なスカンジウムを含有するアルミニウム合金において，造形で発生したサポート材をアトマイズ原料として再利用することがすでに試みられており，今後さらに資源の有効活用が進められていくと考えられる。

脚注4）スプラッシュ（splash）：溶融した金属の飛沫が凝固した粒子。

2.4.2 安全衛生

これまで金属粉末を取り扱うのは，粉末製造メーカーや粉末冶金メーカーなどに限定されていたところもあり，様々な金属粉末とその特性，危険性を熟知している方々がほとんどであった。しかし最近では，金属AMの普及により，金属粉末の取り扱い経験が少ない方々や，金属粉末の危険性に対する知見の少ない方々が取り扱う機会が増えてきている。金属粉末は取り扱い方によっては燃焼や，最悪の場合，粉じん爆発を発生させる危険を有する物質であるので，何の知識もなく取り扱うことは重大な災害に繋がることになる。本項では，これからAMに携わる方々を対象に，その危険性や取り扱いに関する注意点について紹介する。

(a) 金属粉末の危険性について

金属が燃えるのか？と思う方も案外いるかもしれない。金属材料には活性な物質が多くある。すなわち，条件が整うと燃焼をはじめとする化学反応を起こし，なかには非常に激しい反応を示す物質もある。これらの金属のほとんどは，粉末状態になることで比表面積が大きくなり，さらに反応性が高くなる。AMでは原料としてこれら金属粉末を取り扱うことになるので，まずは，金属粉末は危険であると認識してほしい。

Ti系の粉末を例に説明する。Tiは錆びにくく酸などとも反応しにくいと言われる金属なので，安定しており安全なのでは？と勘違いされることがあるが，実は非常に活性な金属である。粉末の粒度によっては消防法上でも可燃性固体として危険物に分類される。当然ながら，粉末のサイズが細かくなるほどにその危険性は増すことになり，多くのAMで使用される粉末のサイズでは，危険物に該当する材料に分類される。これを知らずに，取り扱いを誤ると燃焼による火災に加えて，最悪の場合，粉じん爆発を起こす。部品やインゴットなど金属の塊の状態では，まず燃焼することはないのでイメージしにくいところがあるが，粉末の状態になることで危険性が高くなる。

Tiを例に挙げたが，他の金属でも可燃性の材料も同様の危険性を持っている。材料により性質が異なるので，まず初めに，対象とする材料の粉末としての安全データシートを確認し，粉末メーカーなどからその危険性や取り扱いなどについての説明を受ける必要がある。そして，その材料について理解した上で，安全上の必要な対策を十分にとってから，実際に取り扱うことになる。

材料のデータシートを確認する際に注意すべき点がある。図2.4.2-1は消防法上の危険物の分類を示す。対象とする材料を図に照し合せたところ，消防法上では危険物とならない場合でも，普通に取り扱っても大丈夫

消防法上の危険物分類と指定数量（第2条第7項別表第一）

	種別	性質	品名	種別	指定数量
製造所及び設備など法令の基準に従う　貯蔵・取扱い・運搬・危険物取扱者・	第2類	可燃性個体	1. 硫化リン 2. 赤リン 3. 硫黄 4. 鉄粉		100kg 500kg
			5. 金属粉 6. マグネシウム 7. その他政令で定めるもの 8. 全各号に掲げるものの何れかを含有する物	第一種 第二種	第一種 100kg 第二種 500kg
			9. 引火性個体		1000kg

危険物第2類の可燃性個体第一種，第二種および非危険物の区別は，小ガス炎着火試験により以下の判定に従う。

  (1) 第一種　：　着火時間が3秒以下の場合（易着火性）
  (2) 第二種　：　着火時間が3秒を超え10秒以下の場合（着火性）
  (3) 非危険物：　10回の試験において何れも「不燃」または有効な測定値が得られない場合（危険性なし）

図2.4.2-1　消防法上の危険物の分類

であると勘違いしないことが肝要である。消防法上の分類は，あくまでも決められた条件に従い評価を実施し，その結果を基にランク分けをしているだけである。燃える物であっても，評価結果が規定の範囲であれば非危険物と判定されることになる。危険物に相当しないことが燃えないということを保証しているわけではない。小麦粉が良い例で，普通に店頭で販売されており，一般には危険という認識がほとんどない物であるが，条件が整うと粉じん爆発を起こす。燃えやすい，燃えにくいの差はあるが，非危険物なので大丈夫と思い込まず，その材料の特徴を十分に確認する必要がある。むしろ，金属粉末は燃える物だと認識しておくのがよい。

(b) 金属粉末の取り扱いについて

危険性がある金属粉末であるので，PBFや粉末を使用するDEDでAMを行うためには，取り扱う方法を知っておくことが必須である。それではどのように取り扱えば良いのかを順を追って説明する。

図2.4.2-2は燃焼の3条件を示す。燃焼は一般的に次の3条件が揃うことで発生する。

①可燃性物質
②支燃性物質（ほとんどの場合，酸素供給源である空気や酸素）
③着火源（エネルギー）

さらに可燃性物質が粉末状態の場合は，図2.4.2-3に示すように，粉じん雲[脚注5)]の発生という条件が加わることで，粉じん爆発の発生にまで至る。粉じん爆発は燃焼以上の大きな被害をもたらすことになるので，さらに注意が必要である。

そこで，金属粉末を安全（燃やさない）に取り扱うために必要な条件を述べる。燃焼には前述の3条件（粉じん爆発の場合，加えて粉じん雲の発生）が必要となるので，これら3条件のうち1条件でも外れていれば燃焼しないということになる。全部の条件を外すことができればよいが，①の可燃性物質である粉末はAM材料であるので外すことはできない。そこで，残りの2条件である「支燃性物質（空気，酸素など）」と「着火源（エネルギー）」のうち1つでも揃わないようにすれば燃焼の発生を抑えることができる。

ここでも注意すべき点は，燃焼の条件を1つ外すことができれば問題ないが，確実に外し続けることができるかということにある。1つの条件だけを外せばよいと思い，対策を1つしか実施しないことは，ともすれば大きな危険につながる。実際の操業では何が起こるか分からないことを前提にする必要がある。安全上のリスクを低減するためには，2つの条件が揃うことがないように様々な角度から検討し，複数の対策を折り込むことが重要となる。事故は想定外のところで発生する。安全対策は

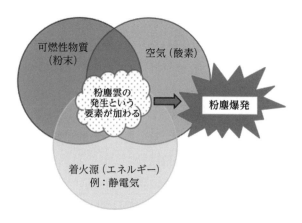

図2.4.2-2　燃焼の3条件　　　　　図2.4.2-3　粉じん爆発の条件

脚注5) 粉じん雲：微粉体が空間に分散・浮遊した状態での集まり。

幾重にも施しておく必要がある。

　ここでは一般例として②を空気，酸素としているが，支燃性物質は材料によって異なる。取り扱われる材料についての支燃性物質は何かを確認して対策を検討する必要がある。

　粉じん爆発は，可燃性物質である粉末が支燃性物質（一般的には酸素や空気）と一定の濃度で混ざり合った状態である粉じん雲の発生が条件として加わる。これに燃焼条件が揃い急激な燃焼を起こす状態になることを粉じん爆発という。急激な反応，すなわち爆発の状態になるので，被害はさらに大きなものとなる。粉じん爆発は燃焼の条件が揃わなければ発生しないので，燃焼対策を実施することに加え，粉じん雲の発生を起こさないことに留意する必要がある。装置を開放する際や粉末の除去作業，移し替え作業，分級作業，掃除機による吸引時など粉末が舞い上がった状態となる作業工程はこれらの条件が揃いやすく危険な状態となる。したがって，これらの作業は特に慎重に実施しなければならない。

(c)　安全対策について

(1)　安全対策の考え方

　まず，燃焼を前提にした対策例を挙げる。

【支燃性物質（空気など）の遮断】

　粉末取り扱い工程は不活性ガス雰囲気で行うなど，支燃性物質がない環境を整える。そして，粉末の取り扱い作業および工程の環境（雰囲気）をコントロールする。

【着火源の排除】

　着火源は数多く存在し，次のようなものが挙げられる。

　・静電気
　・モータなどのブラシの火花
　・グラインダ，溶接作業での火花
　・金属同士の接触による火花
　・電気接点での火花

　火気厳禁は当然のことであるが，特に静電気は粉末の移送工程などの思わぬところで発生するため，アースを取るなど静電気対策が重要となる。

　また，AM工程で使用するプリンタ装置本体のみに目が行きがちになるが，集じん機や粉末の処理設備などを含む付帯設備の粉末を取り扱うすべてについて対策を施しておく必要がある。

(2)　日々の管理

　可燃性物質のAM粉末は，一般的には粉末を取り扱っているプリンタ装置や後処理工程，保管場所などには注意が払われているといえる。しかし，それ以外の目を向けなければならない場所が見落とされていることがよくある。

　粉末の取扱い上で厄介なのは，集じん機などを用いても完全な捕集が難しく，舞い上がった粉じんが工場内の色々な場所に堆積し，思わぬところに危険な要因が潜んでいることにある。例として，次のような場所が挙げられる。

　・工場内の梁や装置の上
　・集じん機や装置のフィルタ
　・換気扇やエアコン内部，フィルタ
　・配管やダクト内
　・壁のすき間や天井裏

　これらの場所は見落とされがちになるが，筆者の経験から粉末の堆積がよく見受けられる場所である。可燃性物質である粉末がそこに存在する以上，他の2条件が整うと燃焼を起こす可能性がある。粉末を直接扱っている場所だけでなく工場内の様々な場所に目を向け，常日頃の清掃などにより粉末堆積を放置しないよう注意することが肝要である。

(3)　火災が起きたら

　対策をどんなに実施していても発生してしまうのが災害である。火災が発生してしまった場合の対処方法例について紹介する。

　粉末の燃焼はその材料によって対処方法が異なる。したがって，対象とする材料にあった対処方法は，粉末メーカーなどによく確認する必要がある。例としてTi粉末の場合について説明する。

ー火災発生の場合ー

○粉じん爆発を起こす恐れがあるので，2次災害を防ぐため小康状態になるまでむやみに近づかず，まず周囲への延焼を防ぐ（周囲から延焼の可能性のあるも

のを遠ざける）処置をとる。

。基本的に水や消火器は使用しない。

量や状況にもよるが，火勢を強めることや水蒸気爆発を誘発することがある。また，加熱された粉末が飛散し延焼を招く可能性がある。

。消化塩や防熱シートなどを用い窒息消火を行う。完全鎮火を確認するまでは，消火活動を継続する。

繰返しになるが，取り扱う材料により，消火対応は異なるので，各材料の特性に応じた適切な消火方法や消火剤などを準備することが必要である。誰しも火災が発生すると慌てることになる。発生させないことが第一であるが，発生しても冷静沈着に対処できるように普段から教育や訓練を実施されたい。

(4)　どのようなところに危険が潜んでいるか

参考として幾つか具体的な注意点を挙げる。

。掃除機，集じん機の使用

こぼれた粉末の処理などに掃除機，集じん機を使用することが多いと考えられるが，その選定と使用方法には十分な確認と注意が必要である。これらの機器を使用する場合，燃焼の3条件が揃いやすくなり，燃焼や粉塵爆発において最も危険な設備の1つであることを留意すべきである。安易な使用は避け，対象とする粉末材料に対し，使用可否を含めて取り扱い説明を熟読するとともに，掃除機や集じん機のメーカーに十分な確認をする必要がある。（Tiの場合はほとんどの掃除機や集じん機は使用禁止になっている。）

。造形終了後の装置開放時

造形終了後は，造形時のヒューム[脚注6]や熱が加わることによる粉末の活性度の上昇，装置内で微粉が舞い上がり粉じん雲が発生しているなど，装置内の雰囲気は危険性が高くなっている場合がある。運転中のプリンタ装置内は不活性ガス雰囲気であるが，開放時には大気が一気に流入してくるので，装置を開放する際は注意が必要である。プリンタ装置メーカー等によく確認し，手順を守って作業しなければならない。

。工場内のエアコン，換気扇

エアコン，スポットクーラーなど大気を循環するタイプの空調装置は，内部やフィルタに粉じんが堆積していることがよくある。定期的な清掃点検を実施する必要がある。部屋全体の空調などの場合，排気口などに粉末が堆積していることもある。一般にモータには回転子に電流を供給するブラシがあり，使用期間にもよるが，回転子のところで小さな火花が飛んでいる場合があり，着火源になりうる可能性が大きい。このため，火災を発生させるリスクがある。

。分級作業

篩を用いての分級では粉末がメッシュ表面を動くことで，互いに擦れあうため静電気が発生しやすくなる。また，篩を通過した粉末は粉じん雲を形成しやすくなるので特に注意が必要である。

。エアなどによる粉末を吹き飛ばす作業

製品に付着した粉末を除去するために，エアブローなどを行う場合も注意が必要である。静電気で発火することや，飛ばされた粉末が衝突した際の火花などにより発火する恐れがある。

。工場内での工事

工場内で工事（グラインダや溶接など火花が飛ぶ恐れのある作業）を実施する場合は堆積粉末の除去や養生などを含め，工事担当者と十分な確認の上実施されたい。

(d)　粉末取り扱い上の衛生問題

一般的な衛生上の粉じん吸引などによるじん肺などについては，ナノレベルサイズの粉末を指すことがほとんどである。通常AMの原料となる粉末の粒度はそれらに対しかなり大きいので，原料の粉末は比較的安全とはいえるが，原料粉末に微粉がまったく含有されていないと言い切れない。また，造形の作業は材料が溶解されるため，溶接作業と同様にヒュームが発生していることもありうる。したがって，粉末の取り扱いやAM作業においては粉じんマスクの着用が必須である。

マスクについては，JIS規格に準拠した粉じんマスクを使用するとともに，使用期限などの管理をしなければならない。

脚注6）ヒューム：化学反応，燃焼，焙焼，蒸留，昇華などの過程で発生する蒸気の凝縮などによって生成する微粒子をヒュームといい，一般に，固体粒子で粒径が$1\,\mu m$以下の場合をいう。

その他，手袋など肌への接触対策用の保護具については，各材料の安全データシートに基づき適正な物を使用するように努めるべきである。

(e) まとめ

粉末の危険性や取り扱いについて述べてきた。危険性を強調したため，取り扱うのが怖いと感じた読者がいるかもしれない。しかしながら，AM の活用も広がっているなか，粉末メーカーは量産しており，安全な取り扱いと作業を行っている。確実に安全対策を取り，それを実行していれば事故に至ることはないので，過度に恐れる必要はない。ただし，常に危険なものを扱っているという認識をもつことが重要である。何度も繰り返すことになるが，災害発生は作業者やその周りの方々，様々な装置，会社に多大な損害を与えることになる。取り扱う粉末の特性をよく理解することで，安全な取り扱いを徹底し，決して災害を起こさないようにしたい。

2.4.3 AM ワイヤ

AM の造形原理は 2.2 節および 2.3 節に示された通りであるが，ここでは 2.3 節の DED 方式のなかで，ワイヤ法に用いられる AM ワイヤについて述べる。本書発刊時点において，AM 専用のワイヤ規格は日本国内において整備されておらず，ワイヤを用いた AM に対して，現実的には溶接用のワイヤが流用されるケースが多い。そこで，ここではまず AM に多用される材料種に対応する溶接ワイヤ規格，特に DED-ARC（WAAMと呼ばれることが多い）と同様の加熱プロセスが適用される，アーク溶接用のワイヤ規格についてまとめる。

AM には鉄鋼材料（耐熱鋼やステンレス鋼を含む），アルミニウム，ニッケル，チタンなどの金属やその合金が適用される例が多く見られる。各材料種に対応するアーク溶接用ワイヤの日本産業規格（JIS）を以下に記し，代表的な種類において規定される化学成分を表2.4.3-1 に示す。

JIS Z 3312:2009 軟鋼，高張力鋼及び低温用鋼用

表 2.4.3-1 代表的アーク溶接用ワイヤの化学成分 [mass%]

規格番号	種類	H	Be	C	N	O	Mg	Al	Si	P	S
JIS Z 3312	YGW11	-	-	0.02-0.15	-	-	-	-	0.55-1.10	≤0.030	≤0.030
JIS Z 3312	YGW12	-	-	0.02-0.15	-	-	-	-	0.50-1.00	≤0.030	≤0.030
JIS Z 3312	YGW15	-	-	0.02-0.15	-	-	-	-	0.40-1.00	≤0.030	≤0.030
JIS Z 3317	G 62A-2C1M3	-	-	≤0.12	-	-	-	-	0.30-0.90	≤0.025	≤0.025
JIS Z 3321	YS308	-	-	≤0.03	-	-	-	-	0.30-0.65	≤0.03	≤0.03
JIS Z 3321	YS310S	-	-	≤0.08	-	-	-	-	≤0.65	≤0.03	≤0.03
JIS Z 3232	A-5356WY	-	≤0.0003	-	-	-	4.5-5.5	残部	≤0.25	-	-
JIS Z 3334	S Ni6625	-	-	≤0.12	-	-	-	≤0.4	≤0.5	≤0.020	≤0.015
JIS Z 3331	S Ti 6400	≤0.015	-	≤0.05	≤0.030	0.12-0.20	-	5.5-6.7	-	-	-
規格番号	種類	Ti	V	Cr	Mn	Fe	Ni	Cu	Zn	Nb	Mo
JIS Z 3312	YGW11	0.02-0.30[*1]	-	-	1.40-1.90	残部	-	≤0.50	-	-	-
JIS Z 3312	YGW12	-	-	-	1.25-2.00	残部	-	≤0.50	-	-	-
JIS Z 3312	YGW15	0.02-0.15[*1]	-	-	1.00-1.60	残部	-	≤0.50	-	-	-
JIS Z 3317	G 62A-2C1M3	-	-	2.10-2.70	0.75-1.50	残部	-	≤0.40	-	-	0.90-1.20
JIS Z 3321	YS308	-	-	19.5-22.0	1.0-2.5	残部	9.0-11.0	≤0.75	-	-	≤0.75
JIS Z 3321	YS310S	-	-	25.0-28.0	1.0-2.5	残部	20.0-22.5	≤0.75	-	-	≤0.75
JIS Z 3232	A-5356WY	0.06-0.20	-	0.05-0.20	0.05-0.20	≤0.40	-	≤0.10	≤0.10	-	-
JIS Z 3334	S Ni6625	≤0.4	-	20.0-23.0	≤0.5	≤5.0	≥58.0	≤0.50	-	3.0-4.2	8.0-10.0
JIS Z 3331	S Ti 6400	残部	3.5-4.5	-	-	≤0.22	-	-	-	-	-

*1) Ti+Zr として規定される

のマグ溶接及びミグ溶接ソリッドワイヤ

JIS Z 3317:2011　モリブデン鋼及びクロムモリブデン鋼用ガスシールドアーク溶接溶加棒及びソリッドワイヤ

JIS Z 3321:2021　溶接用ステンレス鋼溶加棒，ソリッドワイヤ及び鋼帯

JIS Z 3232:2009　アルミニウム及びアルミニウム合金の溶加棒及び溶接ワイヤ

JIS Z 3334:2017　ニッケル及びニッケル合金溶接用溶加棒，ソリッドワイヤ及び帯

JIS Z 3331:2011　チタン及びチタン合金溶接用の溶加棒及びソリッドワイヤ

なお，規格中の「溶加棒」や「鋼帯」，「帯」といった用語は手動のティグ溶接や帯状電極を用いた肉盛溶接に用いられる材料を指し，本書の読者の興味とは異なるところと考える。

アーク溶接におけるワイヤの材料設計の考え方は接合を行う母材に対して，溶接金属が継手の破壊箇所となるのを防ぐため，高強度とすること（オーバマッチングと呼ばれる）が基本である。この設計思想の下で，ワイヤの化学組成に対するシールドガスの種類が定められている。シールドガス中の酸化性成分量の大小によって，ワイヤ中の合金が酸化しスラグ[脚注7]として排出されて金属組成が変化し，強度およびその他特性の変化をもたらすためである。加えて，アーク溶接用ワイヤでは規格に定められた代表的な継手を作製する試験における強度が規定されている。アーク溶接としては特殊な，低入熱や高入熱といった条件においては，溶接金属の冷却速度が設計から乖離し，溶接部の性能が規定を満足しない可能性がある。AM技術の重要なポイントはニアネットシェイプであることはもちろん，中空構造など様々な形状の造形物を作製することが期待されるので，細いビード[脚注8]を様々な方向や姿勢[脚注9]で積層することがある。これには溶融金属の垂れ落ちを防ぐため，きわめて低入熱の施工が必要となる。また，例えば突起の先端部の造形や，反対に厚肉部の造形など施工箇所によって熱伝導の状況が変化する上，連続造形時間やパス間時間，造形体の冷却方法などによっ

表 2.4.3-2　アーク溶接用ワイヤから得られる機械的特性と市販ワイヤ径

規格番号	種類	シールドガス[*1]	引張強さ[MPa]	衝撃試験温度[°C]	吸収エネルギー[J]	代表的な市販ワイヤ径[mm]
JIS Z 3312	YGW11	C	490-670	0	≧47	1.0, 1.2, 1.4, 1.6
JIS Z 3312	YGW11	C	490-670	0	≧27	0.9, 1.0, 1.2
JIS Z 3312	YGW15	M	490-670	-20	≧47	0.9, 1.0, 1.2, 1.4, 1.6
JIS Z 3317	G 62A-2C1M3	A	≧620	-	-	1.2, 1.6
JIS Z 3321	YS308	A[*2]	600[*2]	0	110[*2]	0.8, 0.9, 1.0, 1.2, 1.6
JIS Z 3321	YS310S	A[*2]	571[*2]	-	-	0.9, 1.0, 1.2, 1.6
JIS Z 3232	A-5356WY	Ar[*2]	285[*2]	-	-	0.8, 1.0, 1.2, 1.4, 1.6
JIS Z 3334	S Ni6625	Ar(GTAW)[*2]	770[*2]	-	-	0.9, 1.2, 1.6
JIS Z 3331	S Ti 6400	Ar[*2]	1086[*2]	-	-	1.0, 1.2

*1) C:100%CO_2, M:Ar-(20～25%)CO_2, A:Ar-(1～3%)O_2, Ar:100%Ar　*2) 試験値の一例

脚注7）スラグ：溶接部に生じる非金属物質。一般に，SiO_2，TiO_2，Al_2O_3，などの酸化物が主体である。スラグを形成する成分を積極的に添加したワイヤ種においては，溶融金属の大気からの保護や溶融金属形状の改善などの目的を有する。

脚注8）ビード：1回の溶接操作によって作られる溶接金属の筋。

脚注9）姿勢：溶接姿勢のこと。溶接姿勢とは溶接部に対する溶接トーチの姿勢である。右図に示す姿勢の区分がある。

(a)下向　(b)立向　(a)横向　(a)上向

て施工部の冷却速度が大きく変化し，材料特性の局所的変化を招く。造形性の制御にはシールドガスの調整も有効となる可能性があり，特性変化に注意を払う必要がある。

以上に示した通り，AM ワイヤを選定する際には，まずは材料種からアーク溶接用ワイヤを選定することが近道である。表 2.4.3-2 には各材料のアーク溶接材料規格上の機械的性質の規定もしくは試験値の一例と市販される代表的ワイヤ径を示すが，得られる造形物の特性は材料選定によって保証されるものではなく，使用者による確認が必要となる。

アーク溶接用ワイヤには金属外皮中に粉末状のフラックスを内包する「フラックスコアードワイヤ（FCW）」と呼ばれる製品群があり，特に，鉄鋼材料とニッケルおよびニッケル合金材料で豊富にラインナップされている。FCW のフラックスには金属粉や各種鉱物（酸化物，フッ化物など）が適用される。フラックスの組成として金属粉が主体のものをメタル系 FCW，酸化物などの鉱物を比較的多く含むものをスラグ系 FCW と呼ぶ。

次に，FCW の構造について簡単に触れる。FCW には図 2.4.3-1 に示すようないくつかの断面形状が知られている。断面形状の選択肢に加えて，外皮とフラックスの含有比率を製造可能な範囲で自由に選択することができる。またフラックスとして任意の合金を添加することが可能であるため，化学成分調整の自由度が高いという特徴がある。ワイヤに通電を行う場合には，電流の大半は外皮内部を流れ，接触電気抵抗の大きいフラックスにはあまり流れない。そのためワイヤの電気抵抗が通常のワイヤ（ソリッドワイヤ）と比較して高くなって加熱されやすく，溶着量が向上する効果がある。

FCW を AM に適用する場合に影響が考えられる重要な特性を以下に記す。まず，粉体を内包するその構造から，ワイヤの保有する酸素量が高くなる。これは，スラグの発生量が増加することと，表面張力の低下，

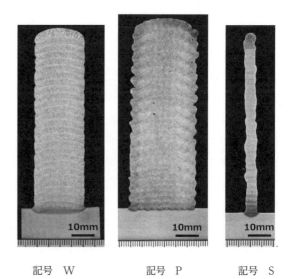

(a) YGW12 の造形体

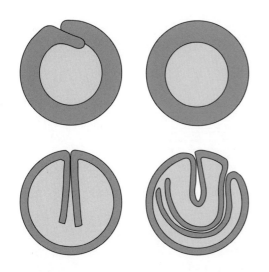

図 2.4.3-1 フラックス入りワイヤの断面形状の例

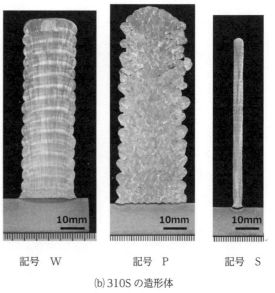

(b) 310S の造形体

図 2.4.3-2 材料種と運棒方法による造形性の変化

つまり溶融金属の垂れ落ちやすさにつながるので注意が必要である。メタル系FCWは内部のフラックスも溶着金属を形成するため，溶着量が上昇するメリットを最大限享受できる。そのため中実部分の大溶着造形などに有効である可能性がある。スラグ系FCWは美麗なビードが得られ，溶接金属が垂れ落ち難い特徴があり有効であるケースが考えられる。一方，スラグを積極的に発生させるワイヤ設計であるため，パス間，層間の手入れが必須となると考えられる。

ガスメタルアーク溶接（GMAW）プロセスを金属積層の熱源として使用する場合，金属蒸気が凝縮して微粒子となって飛散するヒュームが作業環境上の問題となる。GMAWではワイヤ先端に溶滴が形成されるが，そのとき溶滴はアークによって過熱され，局所的に沸点に達する場合がある。そのため，多量の金属蒸気が生じ，さらにアークプラズマ中には高速の気流が生じるので，蒸気が大気中に飛散してしまう。金属蒸気圧は十分に上昇せず，多量のヒューム発生につながるのである。一般的にソリッドワイヤと比較してFCWのヒューム発生量が多くなる。

材料種の変化は造形性（ここでは形状の再現性の意味）にも大きく影響を及ぼすことが知られている。これは，融点，密度，粘性，電気抵抗といった物性がプロセスに変化をもたらせることから当然の帰結であるといえるが，その現象は複雑で予測が難しい。

以下に材料種をJIS Z 3312 YGW12（以下，YGW12）とJIS Z 3321 YS310S（以下，310S）とに変化させた比較試験の例[91]について示す。

図2.4.3-2はYGW12と310Sの造形性を比較した例である。記号WおよびPは同様の厚みのある目標造形体に対して運棒（溶接トーチ移動のパターン）を図2.4.3-3に示すように90°変化させたものである。記号Wでは溶接トーチを幅方向に短く往復することで層を成し，Pでは長手方向に往復することで層を成している。1層の造形が完了すると，層厚さ分トーチを上昇させて継続する。さらに，記号Sは同一層内で溶接トーチを往復させない薄い壁状の造形を行った例である。図を見て明らかなように，YGW12の造形体では記号WとPにおいて310Sに対して造形性が良好（比較的，直方体に近い造形物が得られている）であるのに対して，記号Sにおいて壁面の凹凸がみられる。310Sの造形体では特に記号Pにおいて造形性に問題があるが，記号Sにおいてはきわめて美麗に造形ができている。引用文献によると，このような造形性の差異は，シールドガス種の違いによるアーク圧力の変化と表面張力のバランス，およびSUS310Sにおける強固な酸化被膜の形成等の因子が複雑に影響し合って生じるものと考察されている。さらに，積層造形物の機械的特性には異方性が認められ，その性質も運棒方法によって変化することが示されており，実用時には十分な注意を要することが指摘されている。

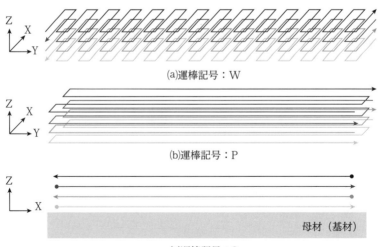

図2.4.3-3　運棒の種類

2.5 造形設計

2.5.1 はじめに

AMは最新技術と見なされることが多いが，かつてはラピットプロトタイピングなどと呼ばれ，古くから試作品の造形に利用されてきた。そのなかでAM関連のハードウェアが改良され続けたことはもちろん，AM装置を適切に利用するためのソフトウェアも進化し続けてきた。こうした背景から，AMは3Dデータから誰でも簡単に部品を作製できるといわれることが多い。

しかしながら，AMを生産現場で有効に活用するためには，積層造形プロセスの特徴を理解することはもちろん，3Dデータの取得から造形経路を生成するまで，ソフトウェアに関わるプロセスも理解する必要がある。特に金属AMは，工作機械メーカーによって開発された装置も多いので，少なからず工作機械用の数値制御（NC：Numerical Control）装置に関する知識も求められる。

本節では，こうしたAMに関連するソフトウェア面の知識について，3Dデータの取得から造形プログラムの生成までのプロセスで，広く利用されているシステムやソフトウェアを例に挙げ解説する。表2.5.1-1に，本節で紹介するソフトウェアや関連サービスを列挙する。

2.5.2 AMのためのソフトウェア

AMには7種類の方式が存在するが，いずれも積層造形方式である。図2.5.2-1のとおり，積層造形は，3D形状データをコンピュータ上でスライス処理し，各スライスデータを下層から順番に造形して積み上げるプロセスである。自由曲面や中空構造などの複雑形状は3次元で直接作製することが難しいが，2次元のスライスデータであれば複雑形状であっても容易に作製することができる。AMはこうした2次元形状の作製に適したプロセスともいえる。

また，AMのその他の特徴として，造形エリアが1点に集約されていることが挙げられる。金属AMについて，複数のレーザを同時に照射するような特殊装置を除けば，図2.5.2-2のように材料の溶融・凝固による変形は，

表2.5.1-1 代表的なソフトウェアと関連サービス

	名称	開発元
CAD	SolidWorks	SOLIDWORKS
	Autodesk Inventor	Autodesk
	Fusion 360	Autodesk
	Solid Edge	SIEMENS
	iCAD	富士通
	FreeCAD	−
CAM・CAE	NX Additive Manufacturing	SIEMENS
	CAM-TOOL AM	C&Gシステムズ
	Inspire Print 3D	Altair
	3DXpert	3D Systems
	Ansys Additive Suite	Ansys
その他	UltiMaker Thingiverse	MarkerBot Industries
	cgtrader	CGTrader
	3d CAD DATA.com	Hanza Studio
	3D-FABs	オリックス・レンテック

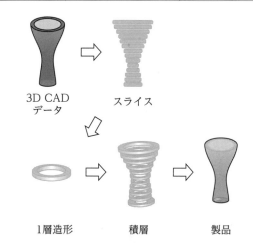

図2.5.2-1 積層造形方式の手順

造形点近傍の限られた領域のみで進行する。したがって，AMによって部品を造形するためには，造形空間中で造形点を動かす経路を計算しNCプログラム化することが求められる。この一連のプロセスにおいて，必要なソフトウェアはおおむね以下のとおりである。

- 3Dデータを準備するためのソフトウェア
- 造形経路を計算するソフトウェア
- 造形物の品質を予測するソフトウェア

図2.5.2-3に，AMによる造形プロセスを実行するまでに必要な仕組みについて示す。

第2章 金属AMの造形方法

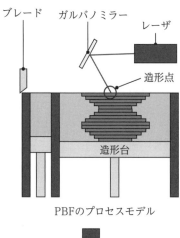

PBFのプロセスモデル

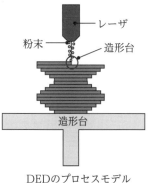

DEDのプロセスモデル

図2.5.2-2 金属AMプロセスモデルの例

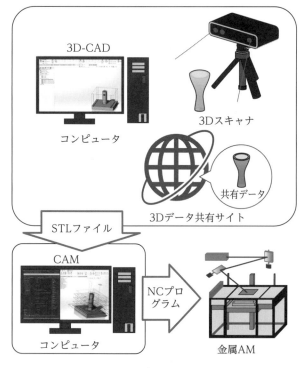

図2.5.2-3 造形プロセス実行の流れ

まず，3Dデータを用意する方法としては，3D-CAD（CAD：Computer Aided Design）による設計，3Dスキャナによる測定，3Dデータ共有サイトからのダウンロードが挙げられる。いずれの取得方法でも，3DデータはSTL（Stereolithography）ファイルと呼ばれるフォーマットに変換される。STLファイルは3次元座標で三角要素を羅列したフォーマットであり，造形対象の表面に位置する点座標を大量に保存することで，3D形状を表現する。

その後，STLファイルをもとに，CAM（Computer Aided Manufacturing）と呼ばれるソフトウェアによって造形経路の軌跡が計算される。一般的にCAMは，切削加工を行う工作機械において工具の移動軌跡を計算して工具回転数や送り速度などの加工条件を含めた指令を，Gコードと呼ばれるNC装置用プログラミング言語で出力するソフトウェアである。幾何学的に数式による表現が難しい複雑形状でも，CAMによって容易に精度よく工具経路を生成できる。しかし，加工物の体積が減少し続ける切削加工などと異なり，AMは加工物の体積が増え続けるプロセスであるため，切削用CAMをそのままAMに転用することはできない。金属AMにおいて同様の仕組みを実現するためには，専用のCAMを用意する必要がある。

そして，造形物の品質予測を行うソフトウェアも，金属AMでは必須といえる。生産現場で品質管理・予測に利用されるシミュレーションソフトはCAE（Computer Aided Engineering）と呼ばれる。CAEは，製品の利用状況を想定した応力や温度差による変形などを計算することで製品品質を予測できるため，デザインの改良にも利用できる。金属AMでは，熱変形が大きく，造形時の冷却速度の違いによって品質がばらつくなど，従来の加工プロセスと比べると，製品品質に影響を与えるパラメータが多い。金属AMにおける造形プロセスを正確に予測するシミュレーションは現在も世界中で研究されており，開発が急がれている。

なお，市販されているCAMソフトでは，CAEの機能も合わせて実装されていることが多い。したがって本節では，3Dデータの準備，造形経路の設計の2点に大別して，関連するソフトウェアについて説明する。

2.5.3 3Dデータの準備

AMが3Dプリンターという商品名で市場に出回るようになってから，AMにも利用しやすいCADソフトが発達し，3Dデータを共有するコミュニティも発展してきたことから，初心者でも3Dデータを容易に得られるようになった。ここでは，金属AMによって造形を行うことを想定して，3Dデータの準備方法について解説する。

(a) 3D-CADによる作成

CADは設計支援ソフトとして，設計図の作成などの手作業で行われてきた仕事を，コンピュータ上で行えるようにしたソフトウェアである。平面図を描くことに特化したCADは，2次元CAD，2D-CADなどと呼び，3Dモデルの作成を主機能として立体形状を編集するCADは，3次元CAD，3D-CADと呼ぶ。3D-CADは，立体形状を2次元平面に投影させて三面図などに変換する機能を持っているため，2次元の設計図を編集する目的でも広く利用されるようになったが，2D-CADも，断面図の描画により対象物の設計が広範囲に視認しやすく，軽微な修正を簡単にできるなどの利点から，おもに建造物など寸法サイズが大きな製品対象の業種

Step-Up　STLファイルとCADファイル

本節では，CADからCAMに3Dデータを送る際にSTLファイルにする旨を説明した。CAM機能を持ったCADソフトではSTLファイルへの変換が不要な場合も多いが，どのCADソフトでも，基本的にCADファイルをSTLファイルへ変換する機能を備えている。

以上からもわかるとおり，STLファイルは様々なCAD，CAMソフト間で共通して利用されるフォーマットである。STLファイルの内容はきわめてシンプルであり，図S1のように，3D形状を表現する三角要素の法線方向と3頂点の座標を列挙しているだけである。

一方で，CADファイルは円やスプライン曲線といった三角要素では表現が困難な図形や立体形状の幾何学的な情報も含んだ3Dデータを保存している。CADファイルには，様々なCAD，CAMソフト間でデータをやり取りできるようISOなどで規格化されたSTEPファイルや，同様に広く利用されているIGESファイルといった中間ファイルフォーマットと呼ばれるものがある。また，各CADソフトの特有の機能を利用して作成した3Dデータは，そのCADソフト特有のファイルフォーマットで保存することになる。例えば，部品の3Dデータを作成・編集する際は自社で使用しているCADソフト特有のファイルフォーマットで保存，完成した3Dデータを顧客へ送る際には中間ファイルフォーマットに変換するというような使い分けが考えられる。

AM用のCAMソフトは現在もまだ開発途上であり，AM装置メーカーが独自にCAMソフトを開発している場合も多い。この開発過程において，断面プロファイル抽出や造形経路設計の計算アルゴリズムを最も簡単に実装できるSTLファイルフォーマットが好まれたと考えられる。以上から本節ではCADからCAMにSTLファイルが送られると説明したが，AM用CAMソフトの開発が進めば，STEPファイルやIGESファイルなどの中間ファイルフォーマットで3Dデータを直接やり取りできるCAMソフトも利用されると考えられる。

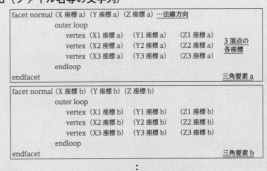

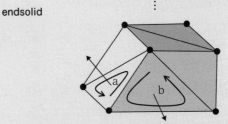

図S1　STLファイルの内容とイメージ

において活用されている。

　CADは，機械CAD，建築CAD，回路設計CADなど，目的別に多様なソフトウェアが存在する。これらの中でも機械CADは早い時期から3D化が進んでおり，3Dの部品データを組み立てるアセンブル機能によって部品同士の干渉チェックを行うなど，生産現場の需要に応えてきた。また，ISOやJISといった国際標準や産業規格に対応した機能も充実しており，ねじ山などの複雑な3D形状であっても加工領域を指定するだけで簡単に3Dデータを作成できる。金属AMで利用することを考慮すると，編集した立体形状をそのままSTLファイルとして出力できる3D-CADが適しており，機械CADを用いることが望ましい。

　製造業において広く利用されている代表的な機械CADや，無償で利用可能な3D-CADについて，ここでは具体的なソフト名を挙げ，それぞれの特徴を簡単に説明する。

• **SolidWorks**

　SOLIDWORKS社がリリースしている汎用3D-CADソフトである。1995年にSolidWorks 95の販売を開始してから，生産現場の需要に応えて改良され続け，日本国内の製造業においても最も古くから利用され続けているCADソフトの1つである。日本国内ではソリッドワークスジャパン株式会社が販売代理店となっており，国内向けの技術サポートも充実している。近年では，クラウド接続型のCADシステムも提案しており，webブラウザ上でも実行可能なツールによって様々なデバイス上において作業を共有できる開発環境を実現している。また，CAMやシミュレーションに関する機能も拡張しており，設計の評価まで含めた広範なソリューションの提供に力を入れている。

• **Autodesk Inventor**

　Autodesk社が販売する汎用3D-CADソフトウェアであり，1999年に初版がリリースされている。もともとAutodesk社は2D-CADの市場で圧倒的なシェアを誇っていた企業であったため，3D-CADへの市場参入がやや遅れたが，今日では同社の主力製品として，

Autodesk Inventorの機能性拡大にも注力している。特に製造シミュレーションツールなどの機械設計向けの機能を充実させ，製品パフォーマンスの向上や繰り返し作業の低減など，製造業が求める需要へ正確に応えるプロフェッショナル向けの3D-CADとして人気を集めている。

• **Fusion 360**

　Autodesk社が開発している3D-CADソフトである。同社は3D-CADソフトとしてInventorも販売しているが，Fusion 360はCAM，CAEなどの機能も利用可能であり，同社が開発している様々なソフトウェアのプラットフォームという位置づけで開発されている。Fusion 360は，学生・教員・教育機関向けには無償ライセンスを提供していることで急激に利用者が増加した。また，個人用途であっても非商用目的であれば機能を限定したライセンスを無償提供しているため，3D-CADを試用するうえでは適したソフトウェアといえる。

• **Solid Edge**

　SIEMENS社が開発を進めている汎用3D-CADソフトである。1996年にMicroSoft社のオペレーティングシステムであるWindowsに準拠した初めての機械CADとしてリリースされて，Windowsの人気に同調して広範に利用されるようになった。初版はIntergraph社によって開発されたが，現在はSIEMENS PLM Software社がその開発を継続している。独自のモデリング方法が利用されており，設計操作の安定性が高い。またAM向けのデザイン設計支援システムの構築にも力を入れており，応力解析やトポロジー最適化などのシミュレーション機能も充実させている。

• **iCAD**

　富士通株式会社がリリースしている汎用3D-CADソフトである。iCADは大きく分けると，iCAD-SXとiCAD-MXの2種類があり，それぞれ違った特性を持っている。iCAD-SXは直感的な操作による大規模アセンブリに特化されており，iCAD-MXは2D-CADと3

D-CAD を連動して同期表示させる機能など，両者の利点を生かした設計支援機能が実装されている。同社は，2D-CAD を 1980 年から開発し始め，1990 年代後半には 3D-CAD の開発にも力を入れ始めた。国内企業によって開発が進められていることもあり，製造業の需要を正確に吸い上げて，有用な新機能を次々に開発している。

・FreeCAD

2002 年から世界中の有志によって開発が進められている 3D-CAD ソフトであり，完全にオープンソース化されている。したがって，商用利用も認められており，ソースコードや実行ファイルを再配布することもできるなど，利用上の制約はほとんどない。しいて言えば，FreeCAD をベースとしたソフトを開発する場合には，著作権表示や実行ファイルの開示について定められたルールがあるが，使用のみが目的ならばこの制約は問題にならない。無償でありながら，3D-CAD として 3D モデルの作成，平面図化，有限要素解析など，多くの機能が実装されている。注意点としては，当然ながらソフトウェア自体が無保証であり，日本語化されていない情報を収集する必要があるなど，CAD ソフトに触れたことがない初心者が利用するにはやや難易度が高いことが挙げられる。

なお，近年では AM 技術を模型作りや芸術活動に利用できるよう，建築 CAD やコンピュータ CG 作品のためのデザイナー用 CAD でも STL ファイルを出力できるソフトウェアもある。特にデザイナー用 CAD は正確な寸法記入を求めず，視覚的かつ感覚的に形状を調整できるため，生物や装飾品の 3D データなど寸法記入が難しい複雑形状を表現する上では適している。

一般的に販売されている CAD ソフトは，一定期間利用可能なライセンスを購入することで利用するものが多い。通常は，年次ごとのライセンス更新費用として数十万円かかるものが多いが，教育目的や非商用目的であれば，ライセンスを無償化したり，大幅にディスカウントしたりなど，各ソフトメーカーの対応が近年様々に変更されている。これらの無償ライセンスの範囲内でも，3D データの作成から STL ファイルの出力までできるため，試用には十分足りるが，利用規約に反さないよう確認が必要である。

(b) 3D スキャナによる作成

3D-CAD 以外で STL ファイルを用意する手段として，造形したい対象物の実物があれば，3D スキャナを利用できる。3D スキャナは，レーザなどを利用して立体物表面上の点群の座標を取得する。一般的には，点群座標の取得時にノイズが生じることが多く，そのまま造形経路の生成に利用できない。おおむね，3D スキャナを購入すると点群データを処理するソフトウェアが付属されており，図 2.5.3-1 のように，以下の手順を通じて STL ファイルが出力される。

①ノイズ除去

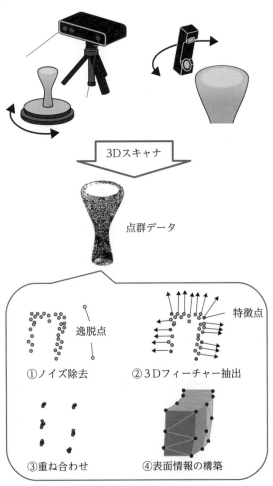

図 2.5.3-1 3D スキャナによる 3D データの取得手順

点群データから統計的に，平均から逸脱した点をノイズとして排除する。

②3D フィーチャー抽出

点群から法線ベクトルを求め，法線ベクトルが急激に変動する領域を基準に，形状の特徴（フィーチャー）を表す上で重要な座標点を抽出する。この際，特徴を表す上で十分な点だけを残し，不要な点を排除する。

③重ね合わせ

スキャンを複数回に分けて行った場合，特徴点を基準とし，複数ファイルの点群データを統合して1つの点群データにまとめる。

④表面情報の構築

点群データをポリゴンに変換する。これにより，3D-CAD 上でも編集できようになり，STL ファイルにして出力することもできる。

3D スキャナを簡単に試用したい場合は，Kinect（Microsoft 社が販売しているゲーム用機器であり，体の動きやジェスチャーを検出するデバイス）による距離画像撮影機能を3D スキャナとして代用可能とするオープンソースソフトウェアなど，比較的低価格に3D データを取得する手段もある。

より高精度に対象物の3D データを得られる3D スキャナは，数十万円から数千万円までと価格帯が広く，得られる点群の空間密度やスキャン時間，穴や溝などのスキャン可能深さなど，製品ごとに性能が大きく異なるため，作製したい対象物に応じて3D スキャナを選定すべきである。また，機械部品のネジ穴など，微細な複雑形状をもつ要素は高精度な検出が難しいため，得られた3D データを CAD 上で編集して指定し直すなど，追加で後処理が求められることも注意すべきである。

(c) 3D データ共有サイトからダウンロード

自身が作製したい対象物の詳細設計が定まっていない場合，より簡単に3D データを入手するには，STL ファイルや CAD データを共有しているウェブサイトからダウンロードする方法もある。こうしたホームページでは，プロのデザイナーや有志によって作成された様々な3D データが簡単に入手できる。ただし，3D データの利用

ルールは各ホームページにおいて明示されており，基本的にどのサイトにおいても，共有データの商用利用や二次配布など著作権の侵害にあたる行為は認めていない。個人利用の範囲内では，作製したい部品に似たデザインを金属 AM で試し造形するといった利用に留めるなど，プライバシーポリシーや利用ルールを遵守する必要がある。

AM 技術の普及にともなって，3D データの共有サイトは多数開設されているが，それらの中から以下に代表的なウェブサイトを紹介する。なお，ほとんどのサービスが無料で利用できるが，一部の3D データは有料販売となっているので，ダウンロード時には注意が必要である。

• UltiMaker Thingiverse

MarkerBot Industries 社が管理している，3D プリンター用データを無料提供しているウェブサイトであり，200 万点以上という世界最大規模の提供デザイン数を誇っている。アート系，ホビー系，動植物のモデル，学習に役立つ実験装置など，ジャンル別に多様なデータが整理されており，日用品から趣味用品まで幅広いジャンルのデータを入手できる。金属 AM で作製しやすい機械部品の3D データも多数ダウンロード可能なため，とにかく金属 AM で試し造形をしたいという場合には有用なウェブサイトと考えられる。

• cgtrader

CGTrader 社が運営している3D データの共有・販売サイトであり，3D プリンターで利用可能なデザインを 20 万点以上提供している。建造物や動植物などディティールに凝ったデザインが非常に多い。プロのデザイナーによって作成された3D データについても無料でダウンロードできるものが多く，高品質なデザインのアイディアを探すうえでも参考になるサイトである。

• 3d CAD DATA.com

Hanza Studio 社が提供する3D プリンター用 CAD データ共有ウェブサイトであり，2013 年から開設されている国内サイトである。コメント投稿も国内コミュニ

ティによって形成されるため，日本人にとって利用しやすいシステムになっている。また，基本的にすべての公開データが無料で使用できるため，3D データの取得が容易である。

以上のように，3D データから簡単に 3D 造形物を作製できる AM の特性に応じて，3D データを従来よりも簡単に入手する手段が増えたが，特に金属 AM を商用利用する際は，肖像権，知的財産権などの法律やダウンロードソフト・データの利用条件をよく確認する必要がある。

2.5.4 CAM による造形経路設計

NC 工作機械を用いて部品生産を行う際に，3D データから NC プログラムを生成するソフトウェアを CAM と呼ぶ。CAM は，工作機械の機械特性や工具情報を登録することで，3D データの形状を作製するために適切な加工条件と工具経路を計算してくれる。3D データから具体的な加工条件を計算する CAM の機能は，ソフトウェアを実際の加工現象というハードプロセスへ展開するうえで，きわめて重要な役割を担っている。

従来のものづくりシステムで利用されてきた NC 工作機械は，加工対象の体積が減少し続ける除去加工が主流であった。しかし，AM は加工中に加工対象の体積が増加し続ける付加加工であり，3D モデルの体積を減算して加工プランを構築する従来の CAM システムをそのまま適用することができない。つまり，AM 用 CAM は，従来の CAM とは異なるアルゴリズムを構築して，改めて開発される必要がある。

3D プリンターとして家庭用レベルでも広まっている樹脂 AM については，装置の開発元が造形経路の計算ソフトウェアも合わせて販売しているケースが多い。しかしながら，金属材料は融点が高いため AM プロセスが不安定化しやすく，適切な造形条件の選定や造形経路の生成が難しい。さらに DED が修理工程に応用されるときには，部品の曲面上にも造形する必要があり，造形経路の生成にはより複雑な計算が必要となる。また，熱収縮による変形の補正などのシミュレーションを実行する CAE ソフトとの併用が求められるため，金属

AM 用 CAM の開発難易度は格段に高くなる。金属AM が実用されてからまだ日が浅いこともあり，金属AM 用の CAM ソフトについて現在，多くのソフトウェアメーカーが装置メーカーと協力しながら，開発競争に参加している状態である。

したがって，主要 CAM ソフトが定まっていない現状では，基本的に金属 AM の装置メーカーが推奨するCAM ソフトを導入することが好ましいといえる。特に，PBF については 2 次元平面上の軌跡を積み重ねていく造形経路を設計すればよく，DED ほど複雑な造形経路にならないことから，金属 AM 装置メーカーが CAM機能を自社開発してしまうケースも多い。

ここでは，以下のような具体的に開発が進められているCAM ソフトウェアと，設計最適化や変形解析などのシミュレーションを行える CAE ソフトウェアを紹介する。

• NX Additive Manufacturing

SIEMENS 社が開発する，金属 AM のためのオールインワン総合ソフトウェアであり，同社が開発しているCAD 機能から CAM 機能，シミュレーションまで包括したパッケージとなっている。PBF について，造形物の最適レイアウト設計，サポート構造の設計，熱収縮による変形シミュレーションなど，高品質な造形を行うために有用な機能が充実している。DED についても，平面上，円筒面上，自由曲面上での造形経路や，複雑なチューブ形状の造形経路の設計など，DED の機能性をより良く活かせる造形経路生成システムを提供している。また，同社の切削用 CAM とも統合されているため，付加加工後に除去加工を行うハイブリッドプロセスに対応した加工プラン設計機能も実装されている。

• CAM-TOOL AM

C&G システムズ社が開発している DED 用の造形経路生成に対応した CAM ソフトウェアである。同社が開発してきた 5 軸加工機用 CAM システムをベースに，自由曲面上にも適切な造形経路を設計でき，部品の修理工程などにも応用できる。また，切削加工用 CAM のノウハウと統合し，切削加工と積層造形を組み合わせ

たハイブリッドな工程設計機能も提供している。

• **Inspire Print 3D**

Altair社が開発しているPBF用の設計最適化，シミュレーション支援シフトである。同社が開発してきたトポロジー最適化（第5章に記述）に関連する機能が充実しており，造形物やサポート材の形状最適化に加え，造形物の熱応力・熱変形シミュレーション機能も備えているため，造形結果の予測に基づく形状調整を容易に実行できる設計支援システムを実現している。

• **3DXpert**

3D Systems社がOqton社のPBF用CAMシステムの開発を引き継ぎ，リリースしているCAMソフトウェアである。造形物の最適配置やトポロジー最適化による形状補正をサポートしているほか，構造シミュレーション，熱シミュレーションなどの品質予測機能も充実している。CADデータから造形物を安定的に作製するまでの多くのプロセスをサポート可能なオールインワンの支援システムである。

• **Ansys Additive Suite**

Ansys社が提供する金属AMに関わる構造解析，熱解析に特化した造形シミュレーションソフトである。同社はもともと構造解析，熱流体解析，電磁場解析など，学術分野で広く利用され続けているシミュレーションソフト開発を手掛けており，これらの知見を金属AMに応用して開発したシミュレーターとしてAdditive Suiteを提供している。トポロジー最適化による形状補正，構造解析，熱解析などのシミュレーションを，PBFやDEDに対して実行可能な解析プラットフォームの開発を進め，現在も関連機能を拡張し続けている。

全体を通じて，PBF用ソフトでは，単純な造形経路生成だけではなく，熱応力解析やトポロジー最適化など，コンピュータの計算能力を活かした有限要素解析を実装することで差別化を図るケースが多い。また，DED用ソフトは，既存部品上に造形する需要を考慮すると，多軸制御に関するノウハウが必須であり，多軸工作機械用CAMを開発してきたソフトメーカーの市場参入が見られる。CAMに限らず，品質保証のシミュレーションまで含めると，ソフト開発に参画しているメーカーは多岐にわたるうえ，今も機能性の拡大を図って開発が進められている状況であるため，本執筆時点と比べ，各社のソフトウェアがより発展的な機能が追加されている可能性もある。

最後に，ブラウザ上で金属AM造形シミュレーションを，価格試算を含めて提供するサービスとして，以下を紹介する。

• **3D-FABs**

オリックス・レンテック株式会社が提供している，金属AM造形シミュレーションサービスである。ソフトウェアのダウンロードが不要であり，ブラウザ上で実行できる無料サービスでありながら，利用するAM装置，材料，部品の配置などの変更できるなど，AMの実用に根差した有益なシミュレーション結果を提供してくれる。視覚的にどのようなサポート構造が形成されるかを確認できるほか，自身が作製したい形状に対して納期や価格を推定できることから，金属AMの導入を検討するうえで大いに役立つサービスと考えられる。

2.5.5 おわりに

本節では，金属AMを利用して部品を造形する際に必要なソフトウェアや関連システムについて説明した。3Dデータの取得から造形経路を生成し，NCプログラムに変換してNC装置にインストールすれば，あとはプログラムを実行するだけで造形が開始される。たしかにCAD，CAMについて最低限の知識があれば金属AMを実行できるが，金属AMの関連技術はまだ発展途上であることから，より金属AMを有効活用できるシミュレーション機能を充実させたソフトウェアが，今後も次々に実装されていくと考えられる。製品性能を向上させていくためには，各社の最新動向について継続的にチェックすべきといえる。

第2章　参考文献

1) ISO/ASTM 52900:2018 (2018).

2) ISO/ASTM 52900:2021 (2021).

3) JIS B 9441:2020 (2020)

4) Ziaee M., Crane N. B.: Addit Manuf, 28, 781–801 (2019).

5) Li M., et al.: J Manuf Sci Eng, 142, 1–45 (2020).

6) Liu T.-S., et al.: International Journal of Extreme Manufacturing, 6, 022004 (2024).

7) Özel T., et al.: Journal of Manufacturing and Materials Processing, 7, 45 (2023).

8) 木寺: 溶接学会誌, 90 (2021) 1, 23-29.

9) 溶接学会・日本溶接協会: "新版改訂 溶接・接合技術入門," 産報出版株式会社, 2019.

10) Ramazani H., Kami A.: Progress in Additive Manufacturing, 7, 609–626 (2022).

11) Rane K., Strano M.: Adv Manuf, 7, 155–173 (2019).

12) Elkaseer A., et al.: Addit Manuf, 60, 103270 (2022).

13) Kyogoku H., Ikeshoji T.-T., Mechanical Engineering Reviews, 7, 19-00182-19-00182 (2020).

14) Pilipović A.: Polymers for 3D Printing: Methods, Properties, and Characteristics, 127–136 (2022).

15) Himmer T., et al.: Comput Ind, 39, 27–33 (1999).

16) Honarvar F., et al.: Ultrasonics, 108, 106227 (2020).

17) Zhao Z., et al.: J Manuf Process, 38, 396–410 (2019).

18) Zhang F., et al.: Addit Manuf, 48, 102423 (2021).

19) Kirihara S.:"Laser Micro-Nano-Manufacturing and 3D Microprinting," ed. by Hu, Anming, Springer International Publishing, Cham, 305–312 (2020).

20) Kirihara S.:Open Ceramics, 5, 100068 (2021).

21) Pascall A. J.et al.: Advanced Materials, 26, 2252-2256 (2014).

22) Jones J., et al.: Digital Fabrication 2010: NIP 26, 26th International Conference on Digital Printing Technologies, 549-553 (2010)

23) 池庄司: 溶接学会誌, 88, 489–496 (2019).

24) 前田: レーザー研究, 25, 802–810 (1997).

25) 前田: レーザー研究, 25, 894–904 (1997).

26) 前田: 菅: レーザー研究, 38, 858–863 (2010).

27) 片山: 溶接学会誌, 78, 40-54 (2009).

28) Müller A.,et al.: Laser Photon Rev, 7, 605–627 (2013).

29) 藤崎: 応用物理, 80, 1073–1077 (2011).

30) 宮田: 粉体および粉末冶金, 68, 442–449 (2021).

31) 宮田ら: "レーザー加工の最新動向," 株式会社シーエムシー出版, 東京, 331-341 (2022).

32) 吉田: "マイクロ加工の物理と応用," 裳華房, (1998).

33) J.L.Z. Li: Int. J. Automation Technology. 13, 346-353 (2019)

34) A.S. Azar : J. Therm. Anal. Calorim.,122, 1, 741-746, (2015)

35) T. T. Ikeshoji, et al.:Scientific Reports, 12, 20384 (2022)

36) 荒川: 色材, 48, 165-175 (1975)

37) K. Yuasa, et al.: Int. J. Advanced Manufacturing Tech., 115, 3919-3932 (2021)

38) D. Bourel, et al.: CIRP Annals, 66, 1, 217-220 (2017)

39) I. Bunaziv, et al.: Metals 11, 1680 (2021) https://doi.org/10.3390/met11111680, (CC BY License)

40) 小笹ら: ふぇらむ, 27, 12, 111-116 (2012)

41) K. Takenaka, et al.: J. Laser Appl. 34, 042041 (2022)

42) C. D. Boley, et al: Applied Optics, 54, 9, 2477-2482 (2015)

43) X. Li & W. Tan: Proc 27th Solid Freeform Fabrication Symposium, 219-235 (2016)

44) T. T. Ikeshoji, et al,:Proc of the 27th Solid Freeform Fabrication Symposium, 398-405 (2016)

45) E. Hagen & H. Rubens: Ann. Phys., 316, 8, 873-901 (1903)

46) J. Volpp: Measurement, 209, 15, 112524 (2023)

47) U. S. Bertoli, et al.: Materials & Design, 113, 5, 331-340 (2017)

48) 片山: 溶接学会誌, 78, 2, 124-138 (2009)

49) S. Patel & M. Vlasea: Materialia, 9,100591 (2020)

50) H. Amano, et al.: Material Transactions, 62, 8, 1225-1230 (2021)

51) M. Masoomi, et al.: Additive Manufacturing, 22, 729-745 (2018)

52) S. Chowdhury:J Materials Research and Technology, 20, 2109-2172 (2022)

53) T. T. Ikeshoji, et al.: J Advance Mechanical Design, Systems, Manufacturing, 17, 6, 23-00216 (2023)

54) 日本溶接協会溶接情報センター: https://www-it.jwes.or.jp/qa/details.jsp?pg_no=0040010120

55) H. E. Sabzi,et al.: Additive Manufacturing, 34, 101360 (2020)

56) H. V. Atkinson, et al.: Metall Mater Trans A, 31, 2981-3000 (2000)

57) H. Masuo, et al.: Int J Fatigue, 17, 163-179 (2018)

58) E. Sadeghi, et al.: Progress in Materials Science, 133, 3, 101066 (2023)

59) S. K. Balla, et al.: Procedia Structural Integrity, 56, 41-48 (2024)

60) J. Mu, et al.:Progress in Materials Science, 136,101109 (2023)

61) Wolff S., et al.: JOM, 73, 189–200 (2021).

62) Wang H., et al.: J Manuf Process, 79, 11-18 (2022).

63) Chen Y., et al.: Mater Lett, 286, 129205 (2021).

64) 溶接アーク物理研究委員会: 溶接プロセスの物理, 一般社団法人溶接学会 (1996)

65) 平田好則: ふぇらむ, 24, 97-103 (2019).

66) Dinovitzer M. et al.: Addit Manuf, 26, 138–146 (2019).

67) Knezović N., et al.: Materials, 13, 5795 (2020).

68) Fu R., et al.: Mater Des, 199, 109370 (2021).

69) 佐藤雄二, et al.: スマートプロセス学会誌, 10, 15–19 (2021).

70) Stehmar C., et al.: Applied Sciences, 12, 2701 (2022).

71) Osipovich K., et al.: Metals (Basel), 13, 279 (2023).

72) Kenel C., et al.: Sci Rep, 7, 16358 (2017).

73) Wu A. S., et al.: Metallurgical and Materials Transactions A, 45, 6260–6270 (2014).

74) Wei Q., et al.: Chinese Journal of Mechanical Engineering: Additive Manufacturing Frontiers, 1, 100055 (2022).

75) 山下正太郎, et al.:溶接学会論文集, 42, 1–11 (2024).

76) 篠崎賢二: 溶接学会誌, 71, 455–459 (2002).

77) Romanenko D., et al.: Procedia CIRP, 111, 271–276 (2022).

78) 京極秀樹, 池庄司敏孝：金属3D積層造形のきそ, 日刊工業新聞社, pp.14-20, (2017)

79) 技術研究組合次世代3D積層造形技術総合開発機構 (TRAFAM)：金属積層造形技術入門, pp.6-12, (2016)

80) 柳谷彰彦：Sanyo Technical Report, 23, ⑴, p.18, (2016)

81) 柳谷彰彦：学位論文, 東北大学 (1995)

82) 新美　律：ひょうごメタルベルトコンソーシアム技術セミナー資料 (2022) :https://uh-sangaku.jp/wp-content/uploads/2022/07/consortium20220826.pdf

83) H. Lubanska: "Correlation of Spray Ring Data for Gas Atomization of Liquid Metals", J.Metals, 22, pp.45-49, (1970)

84) エプソンアトミックス㈱：https://www.atmix.co.jp/

85) 久世哲嗣：Sanyo Technical Report, 27⑴, pp.33-39, (2020)

86) R. M. German：Powder Metallurgy Science, 1⑴, p.91, (1984)

87) 柳谷彰彦, 村上雅英, 柳本　勝, 田中義和, 日本金属学会会報, 30⑹, pp.551-553, (1991)

88) 久世 哲嗣, 前田 壮一郎, 永富 裕一, 柳谷 彰彦：Sanyo Technical Report, 26, ⑴, pp.28-32, (2019)

89) 小笹良輔, 柳谷彰彦, 山﨑　徹, 中野貴由:ふぇらむ, 27 (12), pp.929-935, (2022)

90) 山﨑　徹, 柳谷彰彦, 伊東和重：工業材料, 70⑹, pp101-107, (2022)

91) 日本溶接協会 溶接材料部会：JWES-WM-2201　溶接の研究, No.61, p24 (2022)

第3章
AM造形現象

3.1 溶融池と温度分布

金属AMプロセスにおいて，金属材料は熱源より熱量を受け取ることによって温度が上昇し，熱源が通過したのち温度が下降する。金属AMプロセスによって作製される造形物のミクロ組織や熱変形，残留応力などはプロセス中の溶融凝固現象を含む材料内の温度の時間的変化に強く依存する。

とりわけ金属AMプロセスにおいては，繰り返し熱量が投入されるため，造形物における熱サイクルは複雑なものとなる。また，溶融した金属においては流動が生じ，溶融池形状に影響を及ぼすとともに，熱源との相互作用によっては，平滑な表面が得られない，空孔が残存するなどの欠陥が生じ，造形物の性能に強く影響を及ぼし得る。

そこで，本節においては，材料に熱が投入されたときに生じる温度分布とともに，温度が融点を超えたときに溶融池が形成される現象について述べることにする。

3.1.1 温度と溶融現象

まず，単位体積当たりの保有熱量と温度の関係は，次のようにあらわされる。

$$Q = \rho c T \quad (1)$$

ここで，Q：単位体積当たりの保有熱量 [J/m³]，ρ：密度 [kg/m³]，c：比熱 [J/kgK]，T：温度 [K] を表している。なお，ここでは，密度および比熱は温度が変化しても一定の値であるとしている。この関係からわかるように，同一の体積の材料に対して，同一の熱量を与えた場合，密度や比熱が小さい材料においては温度の上昇が大きくなる。

材料の温度が上昇していくと材料は融点に達し溶融

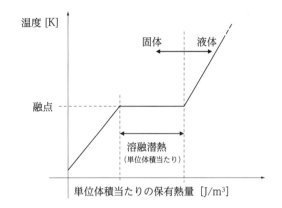

図 3.1.1-1 保有熱量と温度

する。また，過度に熱量を与えた場合においては，蒸発が生じることもある。この溶融・蒸発などのような固体から液体，液体から気体へと相変化をともなう際，材料は潜熱として熱量を消費する。材料の保有する熱量と温度の関係性を模式的に描いたものが図3.1.1-1である。材料が融点に達すると，熱量は温度上昇ではなく相変化に必要なエネルギーとして消費されるため，一時的に温度上昇が滞るようになる。融点に達したのち溶融潜熱に相当する熱量を得ることによって材料は溶融する。

3.1.2 熱流束とパワー密度

エネルギーの移動には熱伝導，対流，放射の形態がある。物質中では熱伝導と対流による移動が支配的となる。熱伝導は固体，液体，気体の三態において生じ，ミクロ的には原子や分子の運動を介して熱が移動する。対流は流体（液体と気体）において生じる現象であり，物質の流れによって熱が運ばれる。

さて，材料に与えられた熱量（エネルギー）は熱伝導によって，温度が高いところから低いところに向かっ

て材料内部を移動する。熱量の移動量を表す尺度として、単位時間当たり・単位断面積当たりの熱移動量であるq：熱流束 [W/m²] を用いることが多い。熱伝導による熱流束は次のフーリエの法則に従う。

$$q_c = -\kappa \nabla T \quad (2)$$

ここで、q_c：熱伝導による熱流束 [W/m²]、κ：熱伝導率 [W/mK]、∇T [脚注1]：温度勾配 [K/m] を表している。熱流束は温度勾配（単位長さ当たりの温度差）が大きいほど、熱伝導率が高いほど大きくなる。なお、熱伝導率は熱伝導の生じやすさを表す材料特性である。ここで、細い線材を考えると、熱は長さ方向だけに移動するので、長さ方向を x 座標で表すと、温度勾配は $\varDelta T$（温度差）/$\varDelta x$（単位長さ）となる。いま、$x=0$ m で 400 K、$x=0.1$ m で 300 K のとき、温度勾配は (300-400) / (0.1-0) = -1000 K/m となる。熱は温度が高いところから低いところに移動することから、熱流束が x 座標のプラスの方向であることを表現するために、(2) 式の右辺にマイナスの記号がついている。このほかにも、材料が溶融し流動が生じる場合には、流れが熱を運ぶ対流による熱流束、材料の表面が高温になる場合には放射による熱流束、材料表面が流体にさらされている場合には熱伝達による熱流束などが生じる。

熱源から材料へと与えられる熱流束のことをパワー密度と呼ぶこともあるが、この用語を使用する場合、注意が必要である。図 3.1.2-1 に模式的に示すが、パワー密度は、熱源から材料表面に投入されるエネルギーとそのエネルギーが照射される面積で決まる。熱源がレーザの場合、材料表面で光のエネルギーが材料内部へ熱エネルギーとして吸収される割合が光の波長や材料の種類によって異なる。このため、熱源から投入されたパワー密度と材料表面での熱流束とは一致しないので、一般には熱効率[脚注2]や吸収率という用語を用いて、実際に熱エネルギーとして材料内部に入熱される割合を示す。このことは電子ビームやアーク熱源にもあてはまる。

パワー密度という用語はレーザや電子ビームでは材料表面の照射面で、それぞれビーム直径などを変化させることができることから広く使用されている。具体的には、レーザを熱源として使用する場合、レンズやミラーなどの光学系を用いて、レーザビームを集束させることやパワー密度分布を制御することができる。電子ビームの場合、電磁界レンズや偏向レンズを用いて電子流を制御することができる。例えば、焦点位置でビームを細く絞ると、照射面積が小さくなり、パワー密度が大きくなるが、焦点位置から外れると照射面積が大きくなり、パワー密度は小さくなる。

以上のように、熱源から材料に与えられるパワー密度は材料の空間的な温度分布や時間的な温度変化、そして溶融凝固などの現象に大きく影響を及ぼす。これらの現象は、金属 AM プロセスによって作製される造形物の熱変形やミクロ組織、強度などの機械的特性にも影響を及ぼすことにもなる。このため、造形物の要求仕様を満足できる高度なプロセスを確立するためには、プロセス中の熱輸送現象を適切に評価することがきわめて重要となる。

3.1.3 エネルギーの保存

材料における熱輸送現象を評価するにあたり、材料の保有熱量と熱の出入りのバランスを取り扱うことが必要である。これらのバランスを考えるにあたり、エネルギーの保存を考慮することが必要である。図 3.1.3-1 に

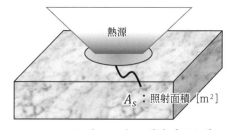

Q_s：熱源のエネルギー [W]
熱源
A_s：照射面積 [m²]
$q_s = Q_s/A_s$：パワー密度 [W/m²]

図 3.1.2-1　パワー密度

脚注1) ∇T：単位長さ当たりの温度差、すなわち温度勾配を微分演算子 ∇（ナブラ）を用いて表記したもの。例えば、x 方向の温度勾配は $\frac{\partial T}{\partial x}$ と展開して書くことができる。

脚注2) **熱効率**：熱源から材料に投入するエネルギーに対して、入熱量として、材料に熱となって投入された割合。

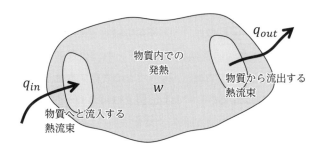

物質の保有熱量の増減
＝（流入する熱量）－（流出する熱量）＋（物質内での発熱量）

図 3.1.3-1　エネルギーの保存

模式的に示しているが，ある物質における保有熱量の変化量は，物質に対する熱量の流入出ならびに物質内における発熱量のバランスによって決まる。例えば，熱の流入量と発熱量が流出量よりも大きくなっていれば，物質の保有熱量は増加することとなり，温度は上昇する方向へと進む。

ここで，物質に対する熱の流入出は，熱伝導や対流による熱流束，熱源からの入熱などによるものである。一方で，物質内における発熱としては，例えば，電流が流れている場合においては抵抗発熱（ジュール発熱）などが挙げられる。熱輸送現象を評価するためには，対象となるプロセスにおいて，いかなる物理現象によって熱の流入出あるいは発熱が生じるかを把握することが重要である。

3.1.4　熱伝導方程式

エネルギーの保存に基づいて，熱流束の形態として熱伝導のみを考慮した場合，式(2)を用いて，微小時間における温度変化を考え整理すると，材料内部における熱輸送現象を記述する熱伝導方程式(3)を導くことができる。ここで，温度 T は，時間 t および位置 (x,y,z) の関数として与えられるものとしている（Step-Up：熱伝導方程式の導出を参照）。

$$\frac{\rho c \partial T}{\partial t} = \frac{\partial}{\partial x}\left(\kappa \frac{\partial T}{\partial x}\right) + \frac{\partial}{\partial y}\left(\kappa \frac{\partial T}{\partial y}\right) + \frac{\partial}{\partial z}\left(\kappa \frac{\partial T}{\partial z}\right) + w \quad (3)$$

ここで，金属の物性値である密度，比熱，熱伝導率が温度によらず一定であり，材料内部における発熱がな いものとすると，次式のように書ける。

$$\frac{\partial T}{\partial t} = k\left(\frac{\partial^2 T}{\partial x^2} + \frac{\partial^2 T}{\partial y^2} + \frac{\partial^2 T}{\partial z^2}\right) \quad (4)$$

$$k = \frac{\kappa}{\rho c} \quad (5)$$

ここで，k は熱拡散率 [m²/s] と呼ばれ，物質中での熱の拡がりやすさを表す定数である。このように，熱伝導方程式は，偏微分方程式として与えられる。一般的に熱伝導方程式を解くことは難しいが，初期条件および境界条件の設定によって解析的に解を得ることができる場合もある[1]。また，複雑な系に対しては，数値解法により近似的に解を求めることができる。

3.1.5　準定常熱伝導方程式

大きな材料の表面上を熱源が一定速度で移動している場合を考える。材料表面の熱源が移動する線上の位置の温度に着目すると，熱源が近づいてくると，温度が上昇し，熱源直下で最高温度に到達する。そして，熱源が遠ざかるとともに，その位置の温度は低下する。

ここで視点を変えて，熱源を原点とし，熱源とともに移動する座標系（移動座標系）を設定する。この移動座標系から温度場を観察すると，温度分布は見かけの上では一定となる。このように，熱源の位置を基準として温度場を考えることによって，時間変化のないものとしてとらえることができる状態を，準定常状態という。前項における熱伝導方程式は，時間変化の含まれる非定常の熱伝導方程式であるが，熱源位置を基準とする移動座標系に座標変換し，準定常状態を仮定すると次式になる。

$$\frac{\partial^2 \phi}{\partial x'^2} + \frac{\partial^2 \phi}{\partial y'^2} + \frac{\partial^2 \phi}{\partial z'^2} - \left(\frac{v}{2k}\right)^2 \phi = 0 \quad (6)$$

これを準定常熱伝導方程式と呼ぶ。なお，ϕ は，次の(7)式によって変数変換がなされた温度である[2]。
（Step-Up：準定常熱伝導方程式の導出を参照）

$$T(x',y',z') = \phi(x',y',z')\exp\left(-\frac{v}{2k}x'\right) \quad (7)$$

3.1.6 ローゼンタールの式とクリステンセンによる無次元表示

前項の準定常熱伝導方程式も，偏微分方程式であり，初期条件ならびに境界条件によっては解析的に解を得ることができる。ここでは，図 3.1.6-1 に示すように，十分に大きな材料（半無限固体）上を十分に小さい熱源（点熱源）が一定速度で移動している状況を想定する。このとき，準定常熱伝導方程式を解くと，次の(8)式として，半無限固体内における温度分布を得ることができる。この式をローゼンタールの式とよぶ。(Step-up:ローゼンタールの式における境界条件を参照)

$$T = T_0 + \frac{Q}{2\pi\kappa r}\exp\left(-\frac{v}{2k}(x'+r)\right) \quad (8)$$

ローゼンタールの式によって，材料の熱輸送にかかわる物性値（熱伝導率 κ [W/mK]，熱拡散率 k [m^2/s])，および点熱源の入熱量 Q [W] と熱源の移動速度 v [m/s] というプロセスパラメータに依存する温度の空間分布を求めることができる。図 3.1.6-2 にローゼンタールの式による計算結果の一例を示す。ここでは，材料としてステンレス鋼を想定しており，物性値は温度によらず一定のものを与えている。また，プロセスパラメータとしては，点熱源の入熱量として 1,000 W，熱源の移動速度として 5 mm/s（0.005m/s）を与えている。図には，ローゼンタールの式によって求められた温度分布の等温面を示している。

熱源の移動方向において前方は等温面が密，すなわち，温度勾配が大きくなっており，一方で，後方においては温度勾配が小さくなっていることがわかる。なお，融点を大きく上回るような温度が算出されているが，これは，ローゼンタールの式の導出において熱源の大きさを無限小と仮定しており，熱源位置における温度は無限大と計算されるためである。また，計算において溶融潜熱は考慮されていない。

図 3.1.6-3 では，材料表面（$z'= 0$の面）における温度分布を示している。この図面より融点の等温線を描くことで，溶融池の幅や長さを求めることができる。また，熱源より後方（$x'< 0$）の領域は冷却過程にある温度

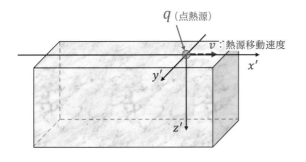

図 3.1.6-1　半無限固体上の移動点熱源

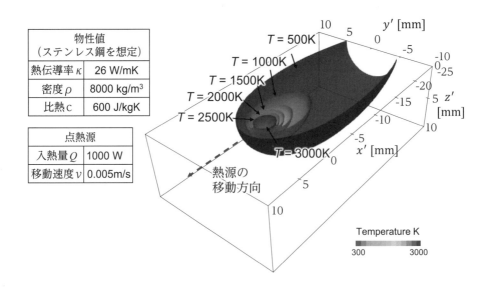

図 3.1.6-2　ローゼンタールの式による解の一例

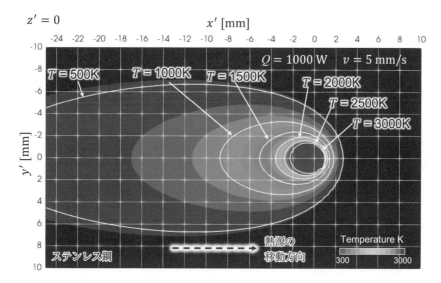

図 3.1.6-3 ローゼンタールの式による材料表面温度分布の計算例

分布を示しており，等温線間の距離と熱源の移動速度を用いることで，冷却速度を求めることができる。例えば，熱源が移動する中心 $y'=0$ では 1,500 K の位置は $x'=-5$ mm，1,000 K の位置は $x'=-8.7$ mm であるので，温度勾配は $(1500-1000)/\{-5-(-8.7)\}=135$ K/mm となる。これに移動速度 5 mm/s をかけると，冷却速度は 675 K/s と求めることができる。これらの値はプロセス後の材料特性や熱ひずみを求めるための入力条件として利用することができる。

このように，ローゼンタールの式を用いることによって，材料物性ならびにプロセスパラメータに依存した準定常状態における温度分布を求めることができる。

他方，ローゼンタールの式を無次元化することによって材料およびプロセスパラメータに依存しない温度分布の特徴を捉えることが可能となる。ローゼンタールの式に対して，以下に示すクリステンセンによる無次元表示[3]を適用することを考える。ここで，次式で示すような X, Y, Z, R：無次元長さ，θ：無次元温度，n：無次元パラメータを定義する。

$$X = \frac{v}{2k}x' \qquad (9)$$

$$Y = \frac{v}{2k}y' \qquad (10)$$

$$Z = \frac{v}{2k}z' \qquad (11)$$

$$R = \frac{v}{2k}r \qquad (12)$$

$$\theta = \frac{T - T_0}{T_m - T_0} \qquad (13)$$

$$n = \frac{Q}{2\pi\kappa}\frac{v}{2k}\frac{1}{T_m - T_0} \qquad (14)$$

ここで，T_m：融点 [K]，T_0：初期温度 [K] である。式(8)をこれらの無次元数で表現すると次の式 (15) に示す無次元化されたローゼンタールの式（クリステンセンの式）が得られる。

$$\frac{\theta}{n} = \frac{\exp(-(X+R))}{R} \qquad (15)$$

ここで，θ/n をパラメータとして材料表面($Z=0$の面)における無次元化した温度分布を図示したものが図 3.1.6-4 である。熱伝導率などの物性値，点熱源の熱量や移動速度といったプロセスパラメータに依存せず，材料表面における温度分布は図 3.1.6-4 のような特徴を有しており，図 3.1.6-3 に示した温度分布も図 3.1.6-4 に含まれることとなり，無次元化されたクリステンセンの式から，具体的な溶融池形状を推算することができる。

ここで，クリステンセンの図から溶融池表面形状を求

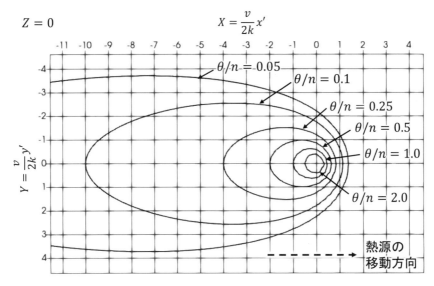

図 3.1.6-4 材料表面温度分布の無次元化（クリステンセンの図）

める手法について説明しておく。ここでは，材料としてステンレス鋼を対象とする。熱伝導率などの物性値は，図 3.1.6-2 に示している通りであり，融点を 1,700 K，初期温度は 300 K であるとする。プロセスパラメータとしては，点熱源の入熱量を 1,000 W，移動速度を 5 mm/s とする（図 3.1.6-2 および 3.1.6-3 に示したものと同様）。この条件において，各無次元数を求めていく。まず，無次元化温度に関して，溶融池表面形状は温度が融点となる等温線形状と捉えられることから，無次元温度は，次式となる。

$$\theta = 1 \tag{16}$$

一方で，式（14）の無次元パラメータに各値を代入し計算すると，n 値は次のようになる。

$$n \approx 2 \tag{17}$$

これらから，θ/n は式（18）のようになる。

$$\frac{\theta}{n} \approx 0.5 \tag{18}$$

すなわち，この条件下における溶融池表面形状は，クリステンセンの図における $\theta/n=0.5$ の等高線で表されていることになる。図 3.1.6-4 を見ると，溶融池表面における長さおよび幅は，

$$X \approx 2.7 \tag{19}$$
$$Y \approx 2.0 \tag{20}$$

であると読み取ることができる。これらの無次元長さより，

$$x' \approx 5.8 \text{ mm} \tag{21}$$
$$y' \approx 4.3 \text{ mm} \tag{22}$$

と具体的な溶融池形状を求めることができる。もとより，図 3.1.6-3 はこの条件で計算した溶融池形状であるので，同じ結果が得られる。このように，クリステンセンの図を用いることによって，具体的な材料およびプロセスパラメータを用いた場合の温度分布の概略を掴むことができる。

3.1.7　金属 AM プロセスにおける熱輸送現象

ローゼンタールの式やクリステンセンの図を用いることで，準定常状態における材料の温度分布を計算することが可能である。しかしながら，これらの式を求める過程には，熱源は大きさが無限小の点状であること，材料は半無限固体であること，材料物性は温度に依存せず一定であることなどといった多くの仮定が含まれている。一方で，実際の金属 AM プロセスにおいては，パワー密度には分布があり，部材は様々な形状を有するため，解析解に基づいた温度分布をあてはめることはできない。このような場合には，数値解法を用いて，近似解を求めることが有効である。（Step-up：熱伝導方程式の数値解法を参照）

また，PBF プロセスのように粉末床に対してエネルギーを投入する場合，粉末床は金属粉末と気体の混合体と考えることができ，バルク材と比較してマクロな熱伝導率は小さくなる。これは粉末の形状や充てん率に依存する。粉末床に対してレーザを照射する場合においては，粉末表面における多重反射を通じて粉末にエネルギーが投入されることとなり，レーザのパワー密度分布と粉末床に投入されるパワー密度分布は必ずしも一致しない。このように実際の金属 AM プロセスにおける熱輸送現象は複雑なものとなる。

3.1.8 溶融池の対流現象

材料が溶融し液体となると流動が生じる。金属 AM プロセスにおいて，所望の造形物を作製するためには，原料の粉末やワイヤを適切な位置で溶融凝固させる必要がある。流動現象をコントロールできない場合，表面凹凸の発生や溶融金属粒（スパッタ）の飛散，層間の融合不良，造形物内部における空孔の残存などの欠陥が生じる。また，流動によって熱を運ぶ対流が生じ，溶融部の形状や熱サイクルに影響を及ぼす。このため，溶融池の流動現象は AM プロセスにおける物質・熱輸送現象，ひいてはプロセスの品質に直結する現象となる。

溶融池の流動は，溶融金属を流動させる駆動力（対流駆動力）が働くことによって生じる。溶融池の対流駆動力は様々存在するが，ここでは，表面張力について説明する。朝露のように，球状の水滴がコロコロ動いているのを見ることがあるが，表面張力は表面エネルギーを最小にするように液体表面に作用する力である。した

がって，溶融金属を含む液体の表面には互いに引張りあうような力が働いている。

表面張力は温度によって，その大きさが変化する。したがって，液体表面に温度分布が存在する場合，表面張力が大きい部分と小さい部分が存在することになる。その結果，表面張力が大きい部分に表面張力の小さい部分が引っ張られる。これをマランゴニ効果と呼ぶ。金属を含めて液体の表面張力は，液体の温度や含まれる微量元素の種類や量によって大きく変化する。図 3.1.8-1 に表面張力の温度依存性の違いによって，溶融池対流の現象がどのように変化するのかを模式的に示す。ここでは，溶融池の中心部が周辺部よりも高温となっている場合を想定している。図 3.1.8-1 (a) に示すように表面張力の温度依存性が負である，つまり高温になるほど表面張力が低下する場合，マランゴニ効果による対流は溶融池中心部から周辺部へと生じ，溶融池の深さは浅くなる傾向にある。なお，一般的に純金属材料は，この例のように高温になるほど表面張力が低下する。これに対して，図 3.1.8-1 (c) に示すように，高温になるほど表面張力が大きくなる場合，マランゴニ効果による対流は溶融池の周辺部から中心部に向かう。この場合，溶融池の深さは大きくなる傾向にある。ステンレス鋼に硫黄や酸素などの表面活性元素が多く含まれている場合には，このように表面張力の温度係数が正となる場合がある。最後に，図 3.1.8-1 (b) に示すようにこれらの中間の場合である低温域では高温になるほど表面張力が大きくなり，高温域では高温になるほど表面張力が小さくなる場合においては，マランゴニ効果による対流

全温域で $\partial\gamma/\partial T < 0$	高温域で $\partial\gamma/\partial T < 0$ 低温域で $\partial\gamma/\partial T > 0$	全温域で $\partial\gamma/\partial T > 0$
➡ 表面張力 ⇢ 溶融池対流	➡ 表面張力 ⇢ 溶融池対流	➡ 表面張力 ⇢ 溶融池対流
(a) 温度係数：負	(b) 温度係数：正および負	(c) 温度係数：正

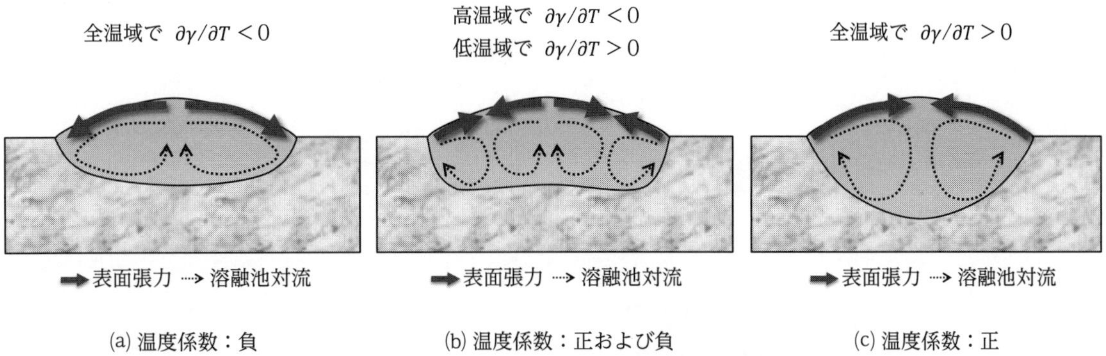

図 3.1.8-1　マランゴニ効果による溶融池流動現象

は，表面張力の温度係数が切り替わる温度領域に向かうこととなる。この時の溶融池深さは前述のものの中間的なものとなる傾向がある。

このように溶融池の対流現象は物質・熱輸送現象に強く影響を及ぼす。実際に溶融池においては，表面張力のみでなく熱源自身が有する対流駆動力が作用することがある。アーク放電を熱源として利用する場合には，アークプラズマから溶融池に電流が流れ込み，溶融池内を流れる電流によって発生するローレンツ力[脚注3]（電磁力）やプラズマ気流[脚注4]，アーク圧力[脚注5]などが働く。レーザではパワー密度を高くすると，レーザ照射部の急激な蒸発にともなう反跳圧力[脚注6]などが作用し，キーホールが生じる。溶融池の対流現象は，溶融池に作用する複合的な対流駆動力のバランスによって決定づけられることとなる。

3.1.9 溶融池現象の数値シミュレーション技術

近年では，溶融池における対流現象も含めた数値シミュレーションモデルによって，金属AMプロセスの現象を解析しようとする取り組みが多くなされている。ここでは，その一例[4]について示す。

図3.1.9-1に示しているのは，溶融池の数値シミュレーションモデルを用いて計算されたWAAM（DED-Arc）プロセスにおける温度分布とビード外観である。ここでは，計算対象を炭素鋼としている。これらの図から造形を行う材料の板幅が小さくなると，造形後の材料の温度は高温となることがわかる。また，材料の板幅が極端に小さくなると，正常なビードを形成することができなくなることもわかる。これは，板幅が小さくなることによって材料内部における熱の輸送経路が狭くなり蓄熱しやすくなる結果であり，極端に板幅が小さい場合においては，蓄熱の影響により材料の過度な溶融が生じることで

(a) 板幅：無限

(b) 板幅：10mm

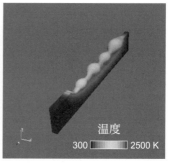
(b) 板幅：2mm

図3.1.9-1 板幅が温度分布に与える影響（シミュレーション）

脚注3) ローレンツ力（電磁力）：導電体内部に電流が流れるとき，右ねじの法則に従って磁場が誘起される。これらの電流と磁場の相互作用により，フレミングの左手の法則に従ってローレンツ力が生じる。この時，ローレンツ力は導電体の中心に向かって生じ，電流経路を絞るように働く（電磁ピンチ効果）。

脚注4) プラズマ気流：ローレンツ力によって生じた圧力（電磁圧力）差によって流動が生じる。電磁圧力の大きさは電流密度の大きさ（電流経路の狭さ）に依存する。一般的なアークプラズマを用いたプロセスにおいては，電極から溶融池に向かってプラズマ気流が吹き付ける。

脚注5) アーク圧力：プラズマ気流が材料表面にぶつかり，よどみ点が生じることで，材料表面における圧力が上昇する。アークプラズマにおけるプラズマ気流に起因して上昇した圧力のことをアーク圧力と呼ぶ。

脚注6) 反跳圧力：材料の局所的な蒸発の反動によって，材料表面における圧力が上昇する。なお，脚注3)～6)に記述した対流駆動力を右図に模式的に示す。

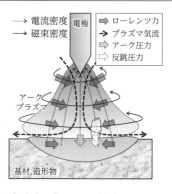

溶融池に作用する対流駆動力

正常なビードを形成できなくなることを示している。

図 3.1.9-2 に示すのは，熱源の作用する材料表面より 1mm の位置における熱サイクルに対して板幅が及ぼす影響を示すものである。板幅によって最高到達温度や冷却速度に変化が生じていることがわかる。

図 3.1.9-3 に示しているのは，円筒形状の造形を対象として造形時のトーチの移動方向が造形物形状に及ぼす影響についてシミュレートしたものである。ここではそれぞれ造形開始より 10 パス目の結果を示しており，図 3.1.9-3 (a) はトーチ移動方向が各パス同一方向である場合，(b) はトーチ移動方向がパスごとに交互方向である場合を示している。この図からわかるように，特にスタート位置において造形物の形状が大きく異なっており，パスごとにトーチ移動方向を交互方向とした場合において，造形物形状の凹凸が抑えられていることがわかる。このように，造形時のトーチ移動方向は造形物の形状に影響を及ぼすことが可視化されている。

以上のように，数値シミュレーションモデルを用いることによって，造形時の溶融池の状態や温度分布，プロセスパラメータが造形結果に及ぼす影響について可視化することが可能となる。このことから，さらに詳細な検討を加えることによって，造形プロセスにおいて生じる現象のメカニズムを解明するとともに，造形精度や造形品質，生産性が高い革新的な造形プロセス開発にもつながるものと期待される。

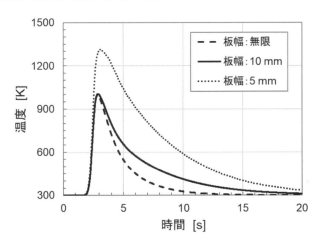

図 3.1.9-2　板幅が熱サイクルに及ぼす影響

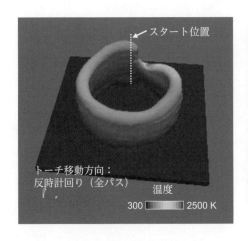

(a) 同一方向に造形した場合　　(b) 交互方向に造形した場合

図 3.1.9-3　溶融池モデルによる円筒造形シミュレーション

Step-Up 熱伝導方程式の導出

図 S1 に示すように物質内部に直交座標を定義し，微小空間をとりだし，この空間外部との熱伝導による熱の流入出および空間内部における発熱を考えることとする．x 方向の表面における熱伝導による熱流束は次式で表される．

$$q_x = \left(-\kappa \frac{\partial T}{\partial x}\right)_x \tag{S1}$$

$$q_{x+\Delta x} = \left(-\kappa \frac{\partial T}{\partial x}\right)_{x_{x+\Delta x}} \tag{S2}$$

ここで，テイラー展開を利用すれば，

$$q_{x+\Delta x} = \left(-\kappa \frac{\partial T}{\partial x}\right)_x + \frac{\partial}{\partial x}\left(-\kappa \frac{\partial T}{\partial x}\right)_x \Delta x \tag{S3}$$

と書くことができる．これらを用いて，Δt 秒の間に生じる x 方向の熱伝導による微小空間の保有熱量の変化量 ΔQ_x は，

$$\Delta Q_x = (q_x - q_{x+\Delta x})\Delta y \Delta z \Delta t = \frac{\partial}{\partial x}\left(\kappa \frac{\partial T}{\partial x}\right)_x \Delta x \Delta y \Delta z \Delta t \tag{S4}$$

y 方向，z 方向も同様に考えることによって，

$$\Delta Q_y = \frac{\partial}{\partial y}\left(\kappa \frac{\partial T}{\partial y}\right)_y \Delta x \Delta y \Delta z \Delta t \tag{S5}$$

$$\Delta Q_z = \frac{\partial}{\partial z}\left(\kappa \frac{\partial T}{\partial z}\right)_z \Delta x \Delta y \Delta z \Delta t \tag{S6}$$

と書くことができる．次に，空間内部における発熱による微小空間の保有熱量の変化量 ΔQ_w は次の式（S7）となる．

$$\Delta Q_w = w \Delta x \Delta y \Delta z \Delta t \tag{S7}$$

これらの保有熱量の変化により，微小空間の温度が ΔT だけ上昇したとし，その温度上昇に必要な保有熱量の変化量を ΔQ とすれば，

$$\Delta Q = \rho c \Delta T \Delta x \Delta y \Delta z \tag{S8}$$

である．ここで，エネルギーの保存を考えると，

$$\Delta Q = \Delta Q_x + \Delta Q_y + \Delta Q_z + \Delta Q_w \tag{S9}$$

となる．以上をまとめると，

$$\frac{\rho c \Delta T}{\Delta t} = \frac{\partial}{\partial x}\left(\kappa \frac{\partial T}{\partial x}\right) + \frac{\partial}{\partial y}\left(\kappa \frac{\partial T}{\partial y}\right) + \frac{\partial}{\partial z}\left(\kappa \frac{\partial T}{\partial z}\right) + w \tag{S10}$$

となる．微小時間における温度変化を考え整理すると，

$$\frac{\rho c \partial T}{\partial t} = \frac{\partial}{\partial x}\left(\kappa \frac{\partial T}{\partial x}\right) + \frac{\partial}{\partial y}\left(\kappa \frac{\partial T}{\partial y}\right) + \frac{\partial}{\partial z}\left(\kappa \frac{\partial T}{\partial z}\right) + w \tag{S11}$$

となり，熱伝導方程式（式(3)）が得られる．

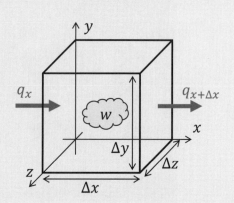

図 S1 微小空間におけるエネルギー流入出（x 方向のみ表示）

Step-Up 準定常熱伝導方程式の導出

一定速度で移動する熱源に対して，図S1に示すように熱源位置を基準とする移動座標系に座標変換することを考える。熱源の移動方向が x 座標方向と一致しているものとするとき，移動座標系における熱伝導方程式は次式で表すことができる。

$$\frac{\partial T}{\partial t'} - v\frac{\partial T}{\partial x'} = k\left(\frac{\partial^2 T}{\partial x'^2} + \frac{\partial^2 T}{\partial y'^2} + \frac{\partial^2 T}{\partial z'^2}\right) \qquad (S1)$$

ここで，準定常状態（左辺第1項が0となる場合）とすることで，次式となる。

$$\frac{\partial^2 T}{\partial x'^2} + \frac{\partial^2 T}{\partial y'^2} + \frac{\partial^2 T}{\partial z'^2} + \frac{v}{k}\frac{\partial T}{\partial x'} = 0 \qquad (S2)$$

ここで，ローゼンタールによる解を用いた変数変換（本文中の式(7)）を式(S3)とする。

$$T(x', y', z') = \phi(x', y', z')\exp\left(-\frac{v}{2k}x'\right) \qquad (S3)$$

式(S3)を式(S-13)に代入すると，次の式(S-15)が得られる。

$$\frac{\partial^2 \phi}{\partial x'^2} + \frac{\partial^2 \phi}{\partial y'^2} + \frac{\partial^2 \phi}{\partial z'^2} - \left(\frac{v}{2k}\right)^2 \phi = 0 \qquad (S4)$$

このようにして準定常熱伝導方程式（式(6)）が得られる。

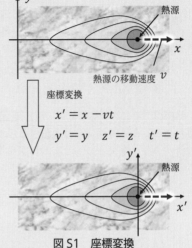

図S1 座標変換

Step-Up ローゼンタールの式における境界条件

三次元半無限固体上を大きさが無視できる点熱源が一定速度で移動しており，準定常状態となっている状況を想定する。準定常熱伝導方程式に対して，初期温度 $T=T_0$ とし，境界条件を次のように設定する。

$x' \to \pm\infty$ において，

$$T = T_0, \ \frac{\partial T}{\partial x'} = 0 \qquad (S1)$$

$y' \to \pm\infty$ において，

$$T = T_0, \ \frac{\partial T}{\partial y'} = 0 \qquad (S2)$$

$z' \to \infty$ において，

$$T = T_0, \ \frac{\partial T}{\partial z'} = 0 \qquad (S3)$$

$r = 0$ において，

$$-\kappa\frac{\partial T}{\partial r}2\pi r^2 = q \quad \left(r = \sqrt{x'^2 + y'^2 + z'^2}\right) \qquad (S4)$$

ここで，q：点熱源の入熱量 [W]，r：熱源からの距離 [m] である。これらを用いて，準定常熱伝導方程式を解くと，

$$T = T_0 + \frac{q}{2\pi\kappa r}\exp\left(-\frac{v}{2k}(x'+r)\right) \qquad (S5)$$

となり，ローゼンタールの式（本文の式(8)）を得ることができる。

Step-Up　熱伝導方程式の数値解法

　数値解法を用いる場合，空間および時間を有限に離散化して取り扱う必要がある。図S1に空間的に離散化された温度分布を示す。数値解法においては，離散化された点における物理量のみを保有しながら計算を進めるため，これらの間にある値は適切に補間する必要がある。離散点が多いほど，より細かい情報を得ることができるため，計算の精度は向上するといえるが，その分計算点が多くなるために，計算に要する時間などのコストは大きくなる。数値解法を用いる場合には，必要な精度に応じて，適切に時空間を離散化する必要がある。

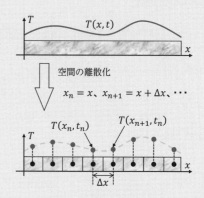

図 S1　空間の離散化

　熱伝導方程式を数値解法にて解く場合，微分方程式を離散化する必要がある。微分方程式を離散化する手法は様々あるが，ここでは差分法により，本文中の(4)を離散化することを考える。ここでは，簡単のため x 方向のみを考慮した場合について説明する。まず x 方向のみについて考慮した熱伝導方程式は，

$$\frac{\partial T}{\partial t} = k \frac{\partial^2 T}{\partial x^2} \tag{S1}$$

である。この式の左辺をテイラー展開により，1次精度で前進差分すると，次のようになる。

$$\frac{\partial T(x,t)}{\partial t} = \frac{T(x, t+\Delta t) - T(x,t)}{\Delta t} \tag{S2}$$

ここで，Δt：離散化した時間の刻み幅[s]である。また，右辺に関して2次精度の中心差分を用いると，

$$k \frac{\partial^2 T(x,t)}{\partial x^2} = \frac{T(x+\Delta x, t) - 2T(x,t) + T(x-\Delta x, t)}{\Delta x^2} \tag{S3}$$

となる。ここで，Δx：離散化した空間の刻み幅[m]である。このようにして，熱伝導方程式を時空間的に離散化することができる。これらの式により，時刻 $t+\Delta t$ における位置 x の温度 $T(x, t+\Delta t)$ は，時刻 t における温度分布を用いて，

$$T(x, t+\Delta t) = \left(1 - \frac{2k\Delta t}{\Delta x^2}\right) T(x,t) + \frac{k\Delta t}{\Delta x^2} \bigl(T(x+\Delta x, t) + T(x-\Delta x, t)\bigr) \tag{S4}$$

と書くことができる。このように，時刻 $t+\Delta t$ における温度は，時刻 t における温度の重み付き平均値として求めることができる。これを模式的にあらわしたものが図S2である。数値解法においては，注目点の近傍における情報のみを参照して未知の温度を求めるため，時空間の刻み幅 Δt は Δx の大きさに依存して制限されることとなる。

　以上について，温度を求めたい位置，時間においてすべて計算することによって，温度場の時空間的な情報を求めることができる。

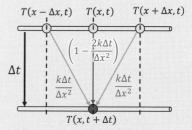

図 S2　温度の更新

3.2 凝固組織

3.2.1 AM部の組織形態とその形成過程

金属AM過程では、レーザや電子ビーム、アークなどの熱源を用いた局所加熱によって、金属粉末やワイヤを溶融させて造形する。そのため、急速な加熱・冷却を経るため、圧延材などとは異なったAMプロセス特有の異方性の高いミクロ組織を形成しやすい。図3.2.1-1にPBF-LBにより作製したNi基718合金の積層造形材の積層方向に鉛直（表面）、レーザ走査方向に鉛直（横断面）、レーザ走査方向に平行（縦断面）におけるミクロ組織形態（EBSD[脚注7]により導出したIPFマップ[脚注8]）を示す。なお、黒い点線は各パスでの溶融境界を示す。表面では、溶融境界を越えて結晶粒が存在しており、溶融境界付近の結晶粒よりも微細な結晶粒が多数認められる。横断面では、積層方向に対して複数の溶融境界を越えて長く伸長した結晶粒を

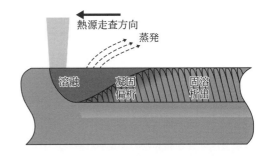

図3.2.1-2 AMプロセス過程で生じる変態現象

呈する。縦断面組織では、結晶粒が溶融境界、つまり層を超えて伸長した形態となり、その径は横断面と比較して大きい。したがって、積層やレーザ走査方向に対する各面の組織形態は大きく異なり、この特異な異方性の高い組織形態を活用し、高強度化、高機能化された造形体が得られることも期待されている。

機械的特性や耐食性など各種特性は、ミクロ組織形態と密接な関係にある。そのため、様々な特性の制御や向上には、AM造形条件—ミクロ組織特性の相関を理解する必要がある。AM部のミクロ組織は、レーザやアークなどの局所的な移動熱源によって、原材料とバルク部が溶融した後に、凝固や固相変態[脚注9]、偏析[脚注10]、析出[脚注11]などをともない室温に至る（図3.2.1-2）。そのため、AM過程特有のプロセス条件に応じた変態・物理現象、その支配要因の解明、すなわち凝固からはじまる組織形成過程の理解、凝固にともなう欠陥発生の防止などが求められている。

3.2.2 金属の凝固現象

平衡状態図を用いた金属の凝固をはじめとした組織形成過程を考える。図3.2.2-1に示すA-B二元系合金状態図において、組成C_0である合金の場合、液相が液相線温度に達すると、液状態の合金は、液相線との交点である温度T_L（液相線温度）で凝固を開始する。この時、固相の溶質濃度（B原子の濃度）はC_{S0}、液相

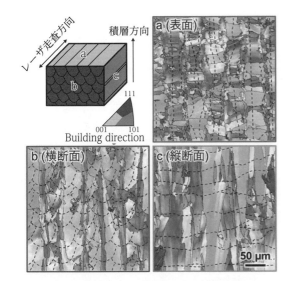

図3.2.1-1 PBF-LBにより造形したNi基718合金のミクロ組織形態

脚注7) EBSD：EBSDとは後方散乱電子回折（Electron Back Scatter Diffraction）の略称である。回折した電子により得られるパターンからミクロな結晶方位の情報を取得する。EBSD測定をSEM内で電子線を連続的に移動させながら行うことで、試験片表面の結晶方位やその分布を計測、分析する。

脚注8) IPFマップ：逆極点図結晶方位マップの略称であり、EBSDで得られる逆極点図から、結晶方位（結晶面の面指数）の分布をカラーで表された図。

脚注9) 固相変態：固相の状態で温度の上昇または低下にともない、ある結晶構造のものが他の結晶構造のものに変化する現象。

脚注10) 偏析：凝固などの変態の際に、溶質元素濃度が不均質になり、分布に偏りが生じること。

脚注11) 析出：固相から新たに別の固相が生成すること。

の濃度は C_0 となる。その後，温度低下にともない液相と固相の濃度は，それぞれ液相線，固相線に沿って矢印の方向に変化する。そして温度が T_S（固相線温度）に到達すると完全に凝固が終了し，固相の濃度は C_0 になる。なお，各温度における液相濃度 C_L と固相濃度 C_S の比 $C_S／C_L$ を平衡分配係数 k_0 という。凝固の間は，系の溶質量は保存されるため，固相と液相の分率と濃度は，てこの法則に従って変化する。例えば，温度 T_1 では固相：液相 $=(C_{L1}-C_0):(C_0-C_{S1})$ となる。てこの法則が成立するためには，固相の濃度が均一，すなわち平衡状態での凝固となる必要がある。平衡状態での変態現象は，非常にゆっくりと相変態し，溶質原子が充分に拡散することによって各相中で溶質原子の濃度勾配がないことが条件となる。しかし，実際の非平衡での凝固現象では平衡凝固時のような固相や液相内で均一な溶質元素の分布とはなり得ず，濃度勾配が生じる。特に AM 過程では，高速な移動熱源による局所溶融のため，一連の現象が一瞬で完了する。そのため，冷却速度の大きな熱力学的に非平衡な凝固形態を呈し，平衡状態図通りの組織変化は生じない。

凝固過程では，界面の形態が凝固速度によって変化し，等温面と一致した平滑界面，凹凸形状のセル状界面，横方向（成長方向の 90°方向）にも固相の枝が成長するデンドライト形態に変化する。これらの形態は化学組成や凝固速度，温度勾配に依存する。

凝固形態に及ぼす化学組成の影響を考える。図 3.2.2-1 示したような合金（分配係数 $k_0<1$）が凝固する際，溶質元素 B は凝固前方の液相中に排出され濃化，すなわち凝固偏析が生じる。この液相中の B の濃度分布と，この濃度に対応した平衡状態図から求められる液相線温度を図 3.2.2-2 に示す。実際の液相中での温度勾配が $G_1～G_3$ とすると，G_2 や G_3 では過冷却[脚注12]状態になる。これは，溶質の凝固偏析に起因するため組成的過冷却と呼ばれ，図 3.2.2-3 に示すように，

過冷却の大きさが凝固形態に影響を与える。温度勾配が大きな G_1 の場合，組成的過冷却は生じず，偏析した溶質元素は凝固界面前方に移動し，図 3.2.2-3(a)に示すような平滑な界面形態を呈する。この時界面の成長は，立方晶系の場合 <100> が優先成長方向[脚注13]であり，図中の矢印の方向に成長する。一方，温度勾配 G_2 の場合，組成的過冷却が少し生じる。これにより，

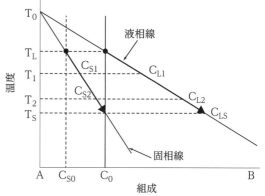

図 3.2.2-1　A-B 二元系状態図での固相線と液相線の関係（$k_0<1$）

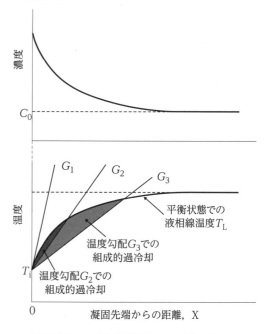

図 3.2.2-2　凝固界面前方での濃度分布と平衡液相線温度および組成的過冷

脚注12）**過冷却**：物質の変態において，変態温度よりも低い温度でも変態せずにいる状態。
脚注13）**優先成長方位**：凝固時に固相が優先的に成長する方向であり，結晶構造によって決まる。体心立方構造や面心立方構造などの立方晶系では <100> となる。結晶は，原子で面に並んだ結晶面が平行かつ等間隔で並ぶことで作られる。この並び方によって結晶構造が決まり，並び方の方向を結晶方位という。
［参考］G.Burns（寺内暉，中村輝太郎訳）：結晶としての固体，東海大学出版（1993）など

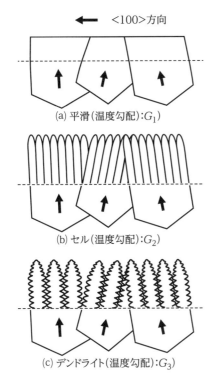

図3.2.2-3 界面形態の模式図

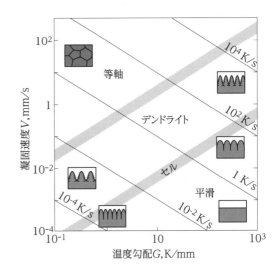

図3.2.2-4 凝固界面形態に対する温度勾配と凝固速度の関係

凝固界面前方の液相が不安定になり，組成のゆらぎ[脚注14]に起因して小さな突起が生じ，図3.2.2-3(b)のようなセル状の形態となる。G_3のように温度勾配がさらに小さくなると，組成的過冷却が増大し，図3.2.2-3(c)のように凝固界面はより不安定になる。過冷却が大きいほど凝固速度も大きくなることから，組成のゆらぎに伴う濃度差が大きいほど，界面は不安定になり，2次や3次の分枝を有するデンドライト状の界面を呈する。さらに温度勾配が小さくなると，広い範囲で組成的過冷却が生じ，等軸晶凝固する。

したがって，組成的過冷却の増大にともない，平滑→セル→デンドライト→等軸晶へと凝固形態が変化する。図3.2.2-2に示したように，組成的過冷却は温度勾配Gが大きいほど小さくなる。また，平衡の液相線温度の曲線は，凝固速度Vが速いほど凝固前方で急峻となるため，温度勾配が同一であっても組成的過冷却も大きくなる。このことから，GとVの関係が凝固形態に影響を及ぼすこととなる。Kurzらは，GとVの値から柱状晶から等軸晶への遷移，すなわち凝固形態を判定するマップ（図3.2.2-4）を作成している[5]。G/Vの増大にともない平滑→セル→デンドライト→等軸晶へと領域が変化する。また，$G\cdot V$すなわち冷却速度が増大すると，組織は微細となることを示している。

3.2.3 AM過程での凝固現象

AM過程の組織形成は，溶接に類似しており，最高到達温度の保持時間が短くかつ冷却速度がきわめて速い過度現象となり，熱力学的に非平衡[脚注15]な組織形成となる場合が多い。

組織形成に影響を及ぼす冷却速度や温度勾配は，AMプロセスの種類や熱源の条件，すなわち走査速度や出力に強く依存する。図3.2.3-1[6-22]にこれまでに報告されてきたレーザやアークを熱源とした各種AMプロセスにおける適正な熱源走査移動速度と出力の条件範囲を示す。比較的熱源走査速度の遅いDED-LBやDED-Arcでは，走査速度は0.1～20mm/s，出力はDED-LBが300～2,000W，DED-Arcが2,000～5,000W程度であり，参考に示したレーザ溶接の範囲と同等である。一方，PBF-LBでの熱源走査速度は300～1,500mm/s，出力はおよそ100～600Wで

脚注14）組成のゆらぎ：凝固時の固液界面前方にて溶質元素濃度が変動している状態。

脚注15）熱力学的に非平衡：温度，圧力，体積などが一定となる平衡状態に到達に達していない状態。

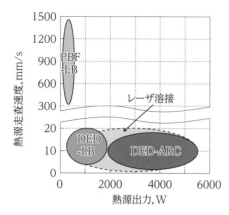

図 3.2.3-1　各 AM プロセスの適正条件範囲

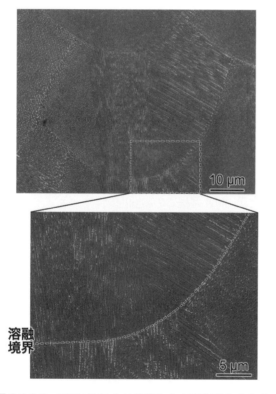

図 3.2.3-2　PBF-LB により造形した Ni 基 718 合金の SEM 像（熱源走査方向に垂直な断面）

あり，他の AM プロセスに比べて熱源の走査速度がきわめて速いことから，急峻な温度勾配と高い冷却速度となり，より非平衡な状態変化を示すと考えられる。

　AM や溶接過程では，局所加熱による溶融凝固を経るため，温度勾配が急峻となり，一般的な圧延材等とは大きく異なる組織形態を呈する。図 3.2.3-2 に PBF-LB により造形した Ni 基 718 合金の熱源走査方向に垂直な断面のミクロ組織（SEM 像）を示す。1 つの溶融

部内に数個の柱状晶（結晶粒）を形成し，内部は同一方向に成長したセルやデンドライトで構成されていることがわかる。これらの組織は，溶融部と固相の境界（溶融境界）であるバルク部（前層で生成した柱状晶）を凝固の核として生成し，熱流方向に沿ってエピタキシャル成長する。同一成分の固相を核として生成するため，凝固の開始は，核生成より成長が主体となる。この際の優先成長方向は凝固晶の結晶構造により決まり，体心立方構造や面心立方構造などの立方晶系では <100> である。溶融境界から凝固する際，凝固晶の優先成長方向と最大温度勾配方向との一致の程度が高いものほど優先的に成長する。

　また，溶融境界近傍では，柱状晶の成長が周りの柱状晶に抑制されている箇所も存在する。柱状晶の成長方向が熱流方向に平行である柱状晶と，熱流方向に対して θ 傾いた柱状晶が存在する場合，傾いた柱状晶は平行な柱状晶に比べ $1/\cos\theta$ 倍の距離を成長する必要がある。そのため，成長が遅れ，先行して成長する平行な柱状晶に阻害される，いわゆる凝固遅れが生じ，淘汰される。AM 過程では，主としてバルク材側に放熱される。そのため，図 3.2.1-1 に示したように，積層造形材の横断面や縦断面では，熱流方向となる積層方向に伸長した柱状晶を形成することとなる。加えて，複数回の積層において，積層方向へのエピタキシャル成長が連続的に生じたため，複数層にも跨る柱状晶が生成する。

　また，AM プロセスには，Ni 基合金，ステンレス鋼，低合金鋼，Al 合金など，様々な種類の材料の適用が検討されている。材料の種類によって，凝固後の固相変態をともなう場合もある。低合金鋼，Ti 合金，二相ステンレス鋼などでは，固相変態をともなうのに対し，ステンレス鋼，Ni 基合金，Al 合金は固相変態をともなわない。そのため，前者では凝固挙動が固相変態・組織形成に影響を及ぼすのに対し，後者は凝固挙動が組織形成を支配することとなる。これらの材料の内，本項で対象とする凝固現象に着目すると，オーステナイト系ステンレス鋼（Cr-Ni 系）の凝固過程は凝固速度の影響を受ける。オーステナイト系ステンレス鋼は，図 3.2.3-3[23] に示すように，凝固過程で生じる相や生成順に応じて 4

種類の凝固モードとして分類されることが知られている。
- (i) A モード：オーステナイト単相で凝固しそのまま室温まで残る
- (ii) AF モード：オーステナイトが初晶として晶出した後，凝固末期のデンドライト樹間（セル境界）でδフェライトが晶出し，2相で凝固が完了。凝固後にオーステナイトが固相変態で析出
- (iii) FA モード：δフェライトが初晶として晶出した後，オーステナイトがデンドライト樹間に晶出し，2相で凝固が完了。その後オーステナイトは，初晶で凝固したδフェライト中へ成長し，その形態や量が大きく変化しなら室温に至る
- (iv) F モード：フェライト単相で凝固が完了した後，冷却過程でオーステナイトが析出

これらは主として Cr や Ni の含有量の比（厳密には当量比 Cr_{eq}/Ni_{eq}）に依存し，$Cr_{eq}/Ni_{eq} < 1.48$ では A もしくは AF モード，$1.48 \leq Cr_{eq}/Ni_{eq} \leq 1.95$ では FA モード，$1.95 < Cr_{eq}/Ni_{eq}$ では F モードとなるとされている。加えて，凝固モードは図 3.2.3-4 [24)] に示すように，凝固速度の増加にともない A モードや F モードとなる Cr_{eq}/Ni_{eq} の範囲は拡大する。これに対し，AF や FA モードとなる Cr_{eq}/Ni_{eq} の範囲は減少し，特に高い凝固速度のプロセス条件では，これらの凝固モードは出現しなくなる。デンドライト先端温度の高い相が優先的に成長するため，凝固速度や温度勾配が増大すると，δフェライトに比してオーステナイトのデンドライト先端が高温化しやすくなるため，FA モードの生成範囲が消滅し，AF モードの範囲が高 Cr_{eq}/Ni_{eq} 側に拡大する。また，限界の凝固速度を超えると，元素分配をともなわないマッシブ凝固（液相の化学組成のまま凝固）が生じる [19)]。したがって，AM，特に PBF-LB や PBF-EB など凝固速度が大きなプロセスの際は，凝固モードの変化，これにともなう組織形態の変化に注意が必要である。

3.2.4　AM 過程での凝固現象に起因した欠陥

AM 過程では主に割れ，ポロシティ，溶込み不良の欠陥が発生し，割れは高温割れ，特に凝固割れおよび液化割れが主として発生することが知られている。ポロ

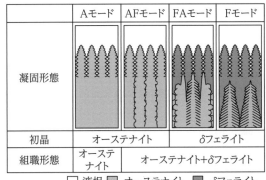

図 3.2.3-3　オーステナイト系ステンレス鋼の凝固モード模式図 [23)]

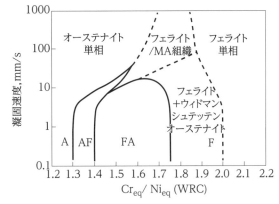

図 3.2.3-4　凝固モードに及ぼす凝固速度の影響 [24)]

シティは，粉末表面や内部の溶存ガス，雰囲気ガスが固溶限を超えると発生する穴状の欠陥である。また，溶込み不良は，熱源条件や造形条件の不適切に起因する。したがって，これらは，入熱量など造形条件を最適にすることで制御できる。

一方，高温割れは，AM 過程の加熱冷却過程で生じる変態現象によってぜい弱になった箇所に熱ひずみ（収縮など）が付与され発生する。本節の対象である凝固が関与する高温割れは凝固割れであり，溶接や鋳造過程においてしばしば発生する欠陥である。この割れは，凝固末期にデンドライトセル，柱状晶などの境界に残留した液相に対して，凝固収縮などによる熱ひずみが作用し，材料の変形能を超えると発生する。したがって，凝固形態や残留液相の形態や分布などの材料学的要因と温度変化にともなう収縮や周囲からの拘束などの力学的要因が重畳して発生する。Ni 基 718 合金の PBF-LB 材で発生した凝固割れの破面を図 3.2.4-1 に示す。

破面形態は，割れ発生時の凝固の痕跡である明瞭なデンドライト形態を呈する。

凝固割れ感受性の定量的評価には，図 3.2.4-2 に示す高温延性曲線がしばしば用いられる。この曲線は各温度における割れが発生するひずみを示し，材料の種類（化学組成）やプロセス条件に依存する。一般的に液相線温度 T_L と固相線温度 T_S の範囲，すなわち固液共存領域で割れ発生のひずみがきわめて低くなり，凝固ぜい性温度域（Brittle Temperature Range，BTR）と呼ばれる。凝固割れが BTR 内で発生し，発生の有無は，高温延性曲線とひずみ履歴から求めることができる。ひずみ履歴①では高温延性曲線と交差しており，材料の変形能が外部から付加されるひずみに耐えられずに凝固割れが発生する。②でも高温延性曲線と接しており，割れが発生する。このひずみ履歴は割れ発生の限界ひずみ値となり，この時のひずみ速度を割れ発生限界ひずみ速度（Critical strain rate for temperature drop，CST）という。これに対し，③では高温延性曲線と交わらず，割れは発生しない。そのため凝固割れ感受性は，BTR が広く，割れ発生限界ひずみ ε_{min} が小さいほど高くなる。

凝固割れ感受性を低下させる要因には，主として組織形態や凝固偏析に影響を及ぼす化学組成，温度履歴や拘束状態に影響を及ぼすプロセス条件がある。材料中に初晶となる母相に対して分配係数の小さい元素が存在すると，凝固偏析により最終の凝固完了温度（固相線温度）を低下させる，すなわち BTR が拡大することになる。例えば，ステンレス鋼や Ni 基合金中の合金元素として添加される Nb や Ti，不純物元素の S や P は，割れ感受性を低下させる。なお，AM 中の凝固過程では，PBF-LB などきわめて急峻な温度勾配と速い冷却速度を有する場合は，溶質が母相にトラップされやすく，凝固偏析が生じにくいことから，凝固割れ感受性に及ぼす凝固偏析の影響は小さくなる可能性が考えられている。また，引張ひずみが付与される方向に垂直に液相が分布する場合，すなわち熱源走査方向と拘束方向が垂直の場合は，凝固割れが発生しやすく，走査速度が速いほどのその傾向が大きい。また，バルク部の結晶粒径が大きいほど凝固割れ感受性は高くなる。

凝固割れは，凝固温度範囲や熱収縮など材料特有の物性に強く依存するため，ポロシティなどの欠陥とは異なり，プロセス条件のみで割れ発生を抑制することは困難な場合が多い。AM における凝固割れ発生に関する基礎的な知見はいまだ少なく，その評価方法も確立されていないため，発生原理や影響因子は明確になっていない。AM では図 3.2.3-1 に示したように，DED-Arc から DED-LB，PBF-LB など造形方法によって冷却速度や温度勾配も大きく異なる。凝固割れ感受性の低減には，高温延性曲線に基づき，BTR の低減，ひずみ速度の低減，割れ発生ひずみの増大が有用であり，それぞれの造形方法や適用する材料に適した策を講じる必要がある。DED-Arc や DED-LB は溶接と近しい熱源条件のため，溶接分野での知見を活用できると考

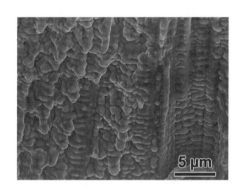

図 3.2.4-1　Ni 基 718 合金の SLM 材の凝固割れ破面

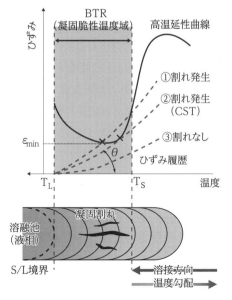

図 3.2.4-2　高温延性曲線

えられる。PBF-LBやPBF-EBでは，溶融部がきわめて小さく，冷却速度も速いため，バルク材の組織形態の影響などに注意が必要になる。

3.3 相変態とミクロ・マクロ組織制御

3.3.1 はじめに

合金の相変態やその結果形成されるミクロ・マクロ組織の理解は，合金設計やAMを含む種々の材料プロセッシングにより製品の性能を発揮させるためには不可欠である。その一助として，平衡状態図は不可欠な基本的情報といえる[25]。平衡状態図は，温度，圧力，組成において合金がどのような物質の状態としての相（気相，液相，固相，さらには組成や結晶構造など）を構成するのかといった情報を与える。"平衡状態"は，与えられた温度，圧力，組成での最小エネルギー状態を指す。複数の相が平衡状態にある場合，相の性質（各相の組成や体積率）は時間に対して不変である。

すなわち平衡状態図は，長時間安定に保持した場合，もしくはプロセッシング中において十分にゆっくりと冷却した場合に得られる状態を表している。AMプロセスでは急冷や通常の冷却状態とは異なることを特徴とすることが多く，プロセッシング後に平衡状態が達成されることは少ないが，合金組成やプロセス条件の設計に対し，平衡状態図は有益な指針を与える。

本節では，2種類の元素からなる2元系平衡状態図を用いて，平衡と非平衡の状態における相変態とミクロ・マクロ組織について概説する。さらに，実際にAMで作製した造形合金における相と組織の形成ならびに非平衡組織の力学特性への影響について具体的に紹介する。加えて，AMならではの溶融池を単位とする凝固において特異的に形成される結晶集合組織とその力学特性への寄与について述べ，AM材の組織と力学特性の特徴とその理解を図ることにする。

3.3.2 代表的な2元系平衡状態図

合金の状態図は通常，圧力を一定（1気圧）とし，横軸に組成，縦軸に温度として描かれる。組成は，原子％（atomic％もしくはmol％）と重量％（mass％もしくはweight％）の2通りで表されるが，前者は組成比が決まっている化合物などの中間層の存在を議論する際に，後者は実用上での組成決定の際に有用である。

状態図の実例として，ニッケル（Ni）とアルミニウム（Al）間での2元系平衡状態図を図3.3.2-1に示す。組成は原子％で示されている。高温ではNiとAlが混合した液相（L）であり，温度が低下すると，平衡状態では温度と組成に依存して種々の相が出現することが示されている。状態図の固相の両端に位置するfcc（Ni），fcc（Al）は，それぞれの濃度が100原子％の場合は純物質，そうでない場合は2成分が均一に混合した固溶体相[脚注16]である。ここで，fccは図3.3.4-3(a)に示す立方晶系に属する面心立方構造（face-centered cubic）である。他元素が混合しても固溶体相を維持可能な最大の量を固溶限と呼び，NiのAl添加に対する

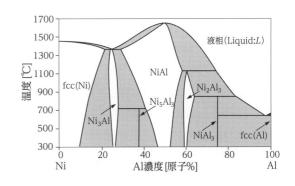

図3.3.2-1 Ni-Alの2元系平衡状態図

脚注16）**固溶体**：食塩水は水（H$_2$O）に食塩（塩化ナトリウム：NaCl）が混ざり合った水溶液であるが，固溶体とは，図3.3.2-1(b)に示すように，固体でありながらアルミニウム（Al）にニッケル（Ni）が混じり合った物質を指す。複数の化学成分から構成されている場合，混じり合う割合を混和度と呼び，無限にいかなる割合にも混じり合うものがある一方で，ある一定の割合でしか混和しないものもあ

る。ちなみに，固溶体の種類には，置換型固溶体と浸入型固溶体があり，そのイメージを次のように示す。

(a) 純金属 　(b) 置換型固溶体 　(c) 浸入型固溶体 　(d) 浸入型と置換型の複合

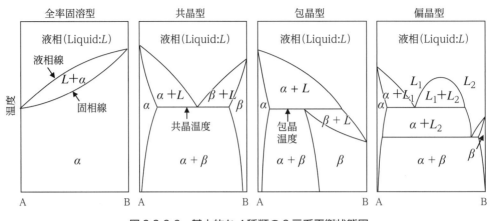

図 3.3.2-2 基本的な4種類の2元系平衡状態図

固溶限は，Al の Ni 添加に対する固溶限に比べてはるかに大きい。

Ni_3Al，Ni_5Al_3，$NiAl$，Ni_2Al_3，$NiAl_3$ は中間相としての金属間化合物（以下，化合物と記す）である。固溶体相が無秩序な原子種の配置を示すのに対し，化合物では原子種が秩序配列した規則的な配置を示す（図3.3.4-3 参照）。一般に延性に優れる固溶体に対して，化合物は異種原子間の結合が電子分布の偏りに由来し，より強固であることから硬く，多くの合金系において強化相として用いられている。

状態図中にグレーで示された領域は，複数の相が共存する領域である。こうした2元系平衡状態図は一見複雑に見えるが，純物質もしくは固溶体相と中間相，もしくは中間相同士の間の領域を見ると，そのほとんどは実際には，図 3.3.2-2 に示す4種類の基本的な平衡状態図（左から，全率固溶型，共晶型，包晶型，偏晶型）の組合せで構成されている。液相線は，冷却中において液体から固体が出現し始める温度を，固相線はすべてが固体になる温度を示す。α，β は，2つの異なる固相を示す（固相はしばしば，α，β，γ，…といったギリシャ文字で略称される）。4種類の平衡状態図は，全率固溶型では，固相においても全組成域にわたって原子が互いに無秩序に混合し固溶体を形成する。共晶型ならびに包晶型では，構成元素 A，B の固体同士の結晶構造が異なる場合などにおいて，固溶体を形成する組成域と固相が分離する組成域が存在する。偏晶型では構成元素間の相互作用が互いに強い反発傾向を示す場合に見られ，固相同士のみならず液相においても2つの相へと分離（ここでは L_1 相と L_2 相との2相分離）する。

3.3.3 液相からの冷却にともなう組織変化
　　　−平衡凝固と非平衡凝固を比較しつつ−

平衡状態図は，液相からの冷却にともなう，組織や相の変化を表す。本項では，比較的単純な系を例として，液相状態から温度を下げた場合の平衡状態図の見方を説明する。AM においてしばしば発生する急速な冷却は多くの合金系で非平衡凝固を生じることから，平衡凝固と非平衡凝固を比較しつつ組織や構成相の変化を説明する。

固相が固溶体を形成する組成範囲における，平衡凝固の場合（図 3.3.3-1 参照），非平衡凝固の場合（図 3.3.3-2 参照）の，A，B 成分からなる2元系合金における状態図の一部と固相の晶出過程を模式的に示す。示した組成は仮想的なものである。なお，平衡状態では，以下の説明は固相−固相間での相変態挙動においても成り立つが，非平衡の場合では液相での対流による原子移動速度に比べ固相内での原子移動（拡散）速度はきわめて遅いことから，固相−固相間での相変態挙動においては成り立たない。固相−固相間での非平衡での相変態については，本項の後半を参照されたい。

図 3.3.3-1 において，B 濃度 50 原子％の合金液体が相平衡の保持に十分な遅い速度で冷却（徐冷）された場合，点 b において液相線に達した瞬間に固相 α 相

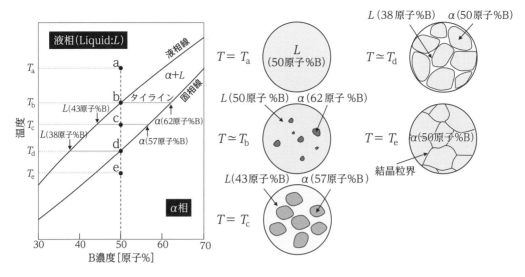

図 3.3.3-1 液相から平衡状態を維持しつつゆっくり冷却（徐冷）した場合の組織と組成の変化の模式図

が晶出し始める。この際，B濃度50原子％の液相と平衡するα相のB濃度は，点bから水平に引いた線が固相線と交差する時の組成（図3.3.3-1の場合は62原子％）となる。ここで，平衡する2相の組成同士を結ぶ直線を，タイラインと呼び，2元系状態図では必ず水平な直線（等温線）となる。純金属の場合とは異なり，合金では平衡する液相と固相の組成は一般に異なる。冷却を続けるとα相の割合が増加する。液相線と固相線の間の点cにおいては，てこの法則により，液相とα相の割合は1：1となり，その際のα晶出相のB濃度は

57原子％，液相のB濃度は43原子％となる。固相中での原子拡散に十分な冷却時間が確保されている際，固相の組成は冷却にともなって平衡組成へと遷移する。固相線（点d）に達すると液相は消失し，B濃度50原子％のα相のみとなる。消失する直前の液相のB濃度は38原子％である。さらに冷却すると粒界をともなった完全な固相組織となり，その組成は初期の液相組成と等しい。

一方，非平衡凝固が生じる場合（図3.3.3-2参照）には，点b'において液相線に達するとB濃度62原子

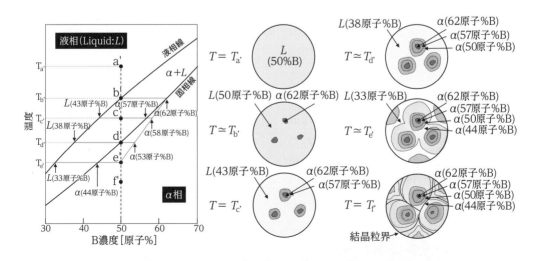

図 3.3.3-2 液相から急冷により非平衡凝固した場合の組織と組成の変化の模式図

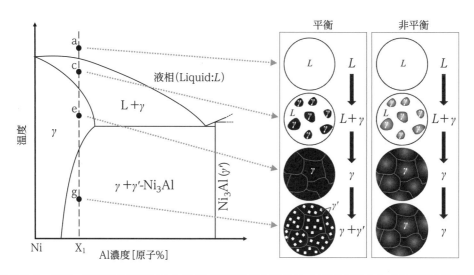

図 3.3.3-3　固相－固相間の変態をともなう状態図の例と組成 X₁ での冷却にともなう組織変化の模式図

％の固相α相が晶出し始める。点 c' まで冷却すると，液相の B 濃度は 43 原子％まで変化し，その時点で凝固したα相の B 濃度は 57 原子％となる。しかしながら，冷却速度が固相中の拡散速度よりも速いため，点 b' で生成したα相の組成は急速には変化できない。点 c' ではα相の B 濃度は中心部の 62 原子％から最表面の 57 原子％まで連続的に変化している。つまり，α相の平均 B 濃度は 62 原子％と 57 原子％の間にある。このα相の非平衡状態での濃度変化を図 3.3.3-2 中の点線で示す。すなわち，固相線は見かけ上，高 B 濃度側へとシフトするため，点 d' において，平衡凝固であれば凝固が完了するが，非平衡凝固の場合は液相が残存している。この時形成されるα相の B 濃度は 50 原子％である。点 e' にて凝固が完了し，その時のα相の B 濃度は 44 原子％となる。凝固完了後のα相の平均 B 濃度は，合金組成の 50 原子％に一致するはずである。固相線の高 B 側へのシフト量は，凝固時の冷却速度が速いほど，固相中の拡散速度が遅いほど，大きくなる。非平衡凝固では，固相中の組成は一様でない。すなわち，偏析が生じており，凝固のタイミングが遅い部分（図 3.3.3-2 では結晶粒界近傍）ほど低融点となる。こうした組成の不均一性を解消するために，通常は均質化熱処理が施される。

一方，固相－固相間の変態をともなう例として，図 3.3.2-1 の Ni 側を模した状態図と組織変化の模式図を図 3.3.3-3 に示す。点 a-e は上記と同様での変化を示すため省略する。点 g は平衡状態においてγ相とγ' 相（Ni₃Al 化合物相）の共存領域であり，γ相の一部がγ' 相へと相変態（析出）している。一方で，十分に急冷される場合にはγ' 相は析出せず，γ相単相が維持される。この際，γ相は固溶限を超える濃度の Al を含む過飽和固溶体として存在する。こうした過飽和固溶体の形成は，急冷をともなう AM プロセスにおける組織形成の特徴の 1 つである。

3.3.4　冷却速度と組織形成

AM プロセスでは，高い冷却速度により非平衡組織が形成する。図 3.3.4-1 は，代表的な AM プロセスで

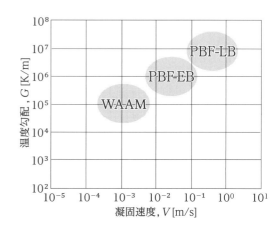

図 3.3.4-1　PBF-LB, PBF-EB, WAAM における凝固挙動

3.3 相変態とミクロ・マクロ組織制御

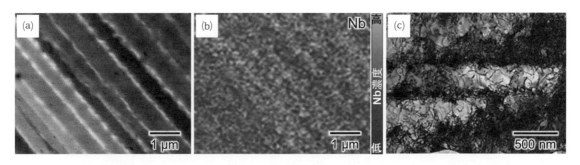

図 3.3.4-2 PBF-LB で造形した Inconel 718 の，(a) 反射電子像，(b) 偏析を示す Nb の濃度分布と，(c) 転位の分布を示す透過型電子顕微鏡（TEM）画像

ある，PBF-LB，PBF-EB，DED-Arc（WAAM）における凝固時の温度勾配 G と凝固速度 V の一般的な範囲を示す。温度勾配と凝固速度の積で冷却速度（K/s）が算出される。PBF-LB は，10^7K/s にも達する高い冷却速度を特徴とする。一方 PBF-EB は，高温での予備加熱を必要とすることから，冷却速度は一般的に PBF-LB よりも 2～3 桁小さい。WAAM における冷却速度はさらに小さい。

こうした冷却速度の違いは，種々の金属組織形成に大きく影響する。本項では，凝固時の冷却挙動に基づく凝固組織への影響，冷却時の相変態への影響に分けて，冷却速度と組織の関係について実例に基づき述べる。

(a) 凝固時の冷却挙動に基づく凝固組織への影響

Kurz-Fisher の凝固マップ上での凝固組織の変化挙動の概要については，3.2 節に記載のとおりであり，G/V 比の低下にともない，平滑界面成長，セル成長，柱状デンドライト成長，等軸デンドライト成長へと遷移する。例えば Ni 基合金においてはおおよそ，PBF-LB ではセル組織，PBF-EB ではセルから柱状デンドライト組織，WAAM では柱状デンドライト組織となる。こうした凝固組織は，図 3.3.3-2 で示したような偏析（ミクロ偏析）をともない，AM 特有の造形中での残留応力の発生に由来する転位の集積が認められる。

図 3.3.4-2 には，Inconel 718 の PBF-LB 造形体にて観察されたセル組織を示す。造形体断面を腐食後，反射電子像で観察すると，筋状に伸長する数 100nm 幅のコントラストが確認される。明るいコントラストを

示す部分がセル同士の境界であり，液相に排出された元素が濃縮し最終的に凝固する部分である。凝固のタイミングからすると，図 3.3.3-2 の結晶粒界に相当する。セル境界には Nb，Mo，Ti などが濃化されるとともに，多数の転位が存在している。この転位の存在ならびに偏析の発生により，とりわけ PBF-LB による造形体は高強度（高降伏応力）を示すことが知られている。

(b) 冷却時の相変態への影響

Inconel 718 は，代表的な析出強化型 Ni 基合金であるが，PBF-LB ではその高い冷却速度のため，3.3.3 項にて述べたように，造形ままの状態では強化相としての析出物が十分に出現しないことが多い。すなわち，急冷によって固相中での原子拡散が著しく抑制され，過飽和な固溶体として凍結される。Inconel 718 は強化相として $L1_2$ 構造を示す γ' 相（代表組成：Ni_3Al）と

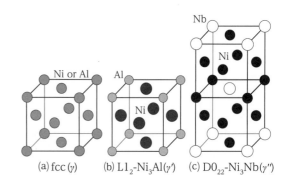

図 3.3.4-3 Ni 基合金の fcc（γ）母相（固溶体）と，強化相としての金属間化合物相である γ' 相，γ'' 相の結晶構造。これらは類似した原子配列構造を示すため，γ' 相，γ'' 相は γ 母相に対して整合関係を持ちながら析出することができる

107

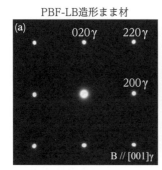
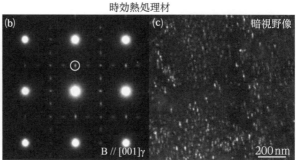

図 3.3.4-4 PBF-LB造形まま材(a)と時効熱処理材の電子線回折画像(b)，時効熱処理材の暗視野像(c)。暗視野像は，○で囲んだ規則格子反射を用いて結像した。この回折スポットはγ′，γ″両相からの反射を含むため，暗視野像で見られる粒子は両相を含む

DO_{22} 構造[脚注17]を示すγ″相（代表組成：Ni_3Nb）をもつ（図 3.3.4-3）。両相は，原子種が規則配列した結晶構造を有する化合物相であるが，図 3.3.4-4(a)に示すように PBF-LB 造形まま材の電子線回折像にはこうした析出物からの回折スポットが見られず，固溶体状態を維持している。一方で，PBF-LB 造形体に時効熱処理を施すと，γ′相，γ″相が母相と整合関係をもちながら析出し，電子線回折像には原子種の規則配列に由来する規則格子反射が出現する（図 3.3.4-4(b)）。暗視野像（図 3.3.4-4(c)）より，時効熱処理材中には多数のナノオーダーサイズの析出物の形成が認められる。

こうした冷却速度に依存した析出挙動は，連続冷却変態曲線（Continuous Cooling Transformation diagram：以下，CCT 線図と記す）を描くことで推定可能であり，CCT 線図は合金組成に基づき熱力学ソフトにて容易に計算することができる。図 3.3.4-5(a)には，Inconel 718 におけるγ′相，γ″相の CCT 曲線を示す。10^7 K/s という PBF-LB のきわめて大きな冷却速度では，いずれの相もノーズには到達せず，析出しないことが理解できる。

一方で，時効熱処理による析出挙動は，等温変態曲線（Time Temperature Transformation diagram：以下，TTT 線図と記す）により理解できる。図 3.3.4-5(b)には，γ′相，γ″相の TTT 線図を示す。TTT 線図

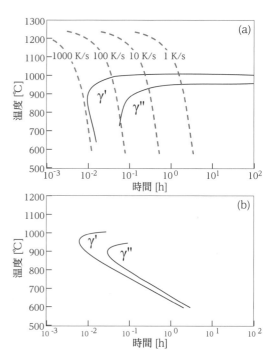

脚注 17）L1$_2$ 構造と DO$_{22}$ 構造：L1$_2$ 構造は面心立方格子（fcc）上で規則化した構造であり，A_3B 型合金での固溶体で形成される。図(a)はこの構造の単位胞を示す。L1$_2$ 型構造において，多数成分である A 原子は fcc 格子の面中心を，少数成分の B 原子は隅点を，それぞれ優先的に占める。DO$_{22}$ 構造は，面心立方を基礎とする典型的な規則構造である L1$_2$ 型構造から導き出される一連の長周期構造の1つである。すなわち，図(a)の L1$_2$ 型構造(001)面上に，例えば変位ベクトル 1/2 [110] の逆位相境界を導入すると，図(b)のような長周期構造となり，DO$_{22}$ 型構造の軸比（c/a）は約 2 となる。

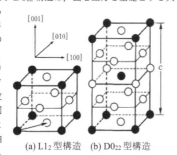

(a) L1$_2$ 型構造　(b) DO$_{22}$ 型構造

図 3.3.4-5 Ni 基合金 Inconel 718 におけるγ′相，γ″相の(a) CCT 線図と，(b) TTT 線図。熱力学ソフトウェア JMatPro を用いて計算。簡単のため，γ′，γ″相以外の相は省略している

は時効熱処理の際の温度と時間を決定するための指針となるが，AMでの組織形成に直接関与するものではないため説明は他の参考文献[25]に譲る。

こうした組織形成の結果として，PBF-LB造形まま材では約600MPa（図3.3.5-3(b)参照）[26]，時効材では1,200MPaを超える降伏応力が示されている。従来の鋳造材においては，強化相を析出させた時効材で降伏応力が650MPaであるため，PBF-LB材のきわめて優れた力学特性の発揮が理解できる。

他の例として，冷却中にβ相からα相への固相−固相変態を生じるTi-6Al-4V合金においては，変態点付近での冷却速度によって変態後の組織と力学特性が大きく変化する。図3.3.4-6に示すように，20K/s未満の比較的小さい冷却速度では高温相であるβ相から拡散変態によるα相が，20〜410K/sの範囲ではマッシブ変態による$α_m$相が，410K/s以上では無拡散マルテンサイト変態により高密度な転位を含むα'相が，それぞれ形成する[28]。ここで，マッシブ変態とは短距離での拡散をともなう変態であり，無拡散マルテンサイト変態とは拡散をともなわない変態である。すなわち，同じ合金であっても，AMの方式に依存して組織は顕著に変化し，さらに，PBF-LBの中でも冷却速度の大きな条件ではα'相が微細化し，その結果，高強度が得られる（図3.3.4-7）[28]。

3.3.5 結晶集合組織形成と力学異方性の発現

近年，AMによる金属材料への強い結晶集合組織の形成が認識され始め[29]，結晶集合組織は今や，AMの代表的な組織学的因子となっている（STEP-UP参照）。結晶集合組織は金属材料の溶融凝固現象や加工熱処理などにより形成され，ヤング率や降伏応力，耐摩耗特性といった力学特性の方位による依存性（異方性）をしばしば生じる。

結晶集合組織形成は，3.1節に記述されている溶融池の形状により決定される。比較的大きな熱エネルギーの投入により，大きく浅い，すなわち底面がフラットな溶融池を形成するWAAMやPBF-EBにおいては，鉛直下向きの熱流が支配的になることから，立方晶系金属の場合には造形方向に容易成長方位である<001>が配向化する傾向を示す。これは熱源の走査戦略（層ごとの熱源走査方向の組合せ）に依存しない[30]。一方，キーホール型と呼ばれる深い溶込みを有する溶融池形成を可能とするPBF-LBにおいては，走査戦略に依存して結晶配向方位を変化させることが可能である。

図3.3.5-1には，PBF-LBにて走査戦略XならびにXYで作製したbcc-チタン（Ti）基合金の結晶集合組織を示す。レーザ照射条件を緻密に調整することで，いずれにおいても単結晶様に強く配向化した結晶集合組織が形成される。走査戦略Xでは造形方向に<011>，走査方向に<001>が，走査戦略XYでは造形方向，走査方向ともに<001>が優先配向化する[31]。こうした走査戦略に依存した結晶配向化は，立方晶系に属するNi基[25]，鉄（Fe）基合金[32]でも類似している。

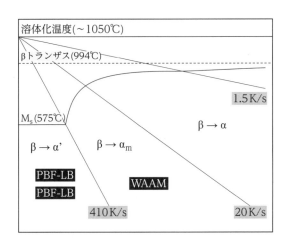

図3.3.4-6　Ti-6Al-4V合金の冷却速度に依存した相変態挙動と，PBF-LB，PBF-EB，WAAMにおける冷却速度[27]

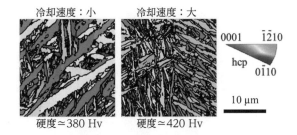

図3.3.4-7　PBF-LB/M法によって作製されたTi-6Al-4V試料のα'相微細組織の冷却速度依存性と硬度。CC BY 4.0ライセンス下でオープンアクセス出版されている文献[28]より改変引用

第 3 章 AM造形現象

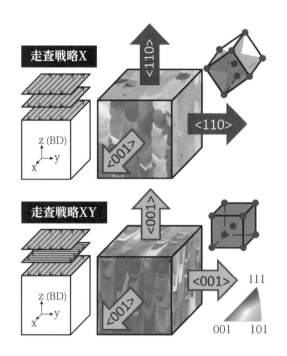

図 3.3.5-1 PBF-LB にて走査戦略 X ならびに XY で作製した bcc-Ti 基合金の結晶集合組織。BD は造形方向を示す。CC BY 4.0 ライセンス下でオープンアクセス出版されている文献[31)] より改変引用

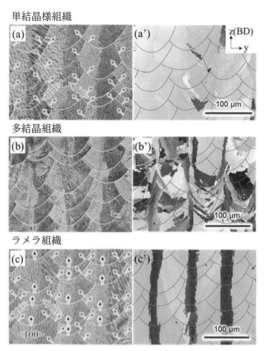

図 3.3.5-2 PBF-LB にて作製した Inconel 718 の種々の結晶集合組織。CC BY 4.0 ライセンス下でオープンアクセス出版されている文献[26)] より改変引用

結晶集合組織形成により，優先配向方位に依存したヤング率の異方性が発現し，<001> 配向方向では低ヤング率が，<110> 配向方向では高ヤング率が示される（図 3.3.5-1 の矢印）。このことは，AM 造形体内部にて，各部位での結晶方位が制御可能であり，部位によってヤング率に代表される機能性を制御可能であることを示している[33)]。

さらに，単結晶様組織のみならず，種々の結晶方位を示す結晶粒からなる多結晶や，特徴的なラメラ構造を示す結晶集合組織の形成も可能である（図 3.3.5-2）[26)]。とりわけラメラ組織については，造型方向に <110> が配向した主層と，<001> が配向した副層が交互に配置しており，その周期はレーザの走査ピッチに対応して 100μm 前後と微細な範囲で制御可能である。本ラメラ組織は他の加工技術によっては導入することができない，PBF-LB ならではの特異的な組織であり，特異界面

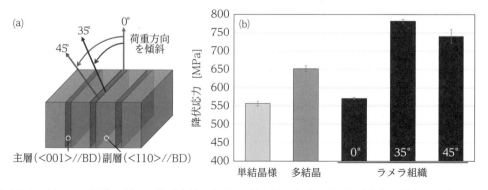

図 3.3.5-3 (a)ラメラ組織に対する荷重方位の傾斜と，(b)各結晶集合組織，荷重方位に対応した降伏応力。CC BY 4.0 ライセンス下でオープンアクセス出版されている文献[26)] より改変引用

Step-Up　AMにおける結晶配向性制御機構

　固液相界面の移動速度（V [m/s]）と温度勾配（G [K/m]）の関係を示す凝固マップは，凝固相変態時に形成される組織の形態を予測するための領域マップとして有用であり，AMによる等軸晶や柱状晶，さらには単結晶（平滑界面）などの組織形態制御を行う上での重要な指針となる。これは，AMが造形パラメータに応じて比較的高い自由度で熱拡散を制御できることに由来する。合金の凝固マップでは，それぞれの軸はVとGで表される。この際，G/Vを考慮することで平滑な固液相界面が維持されるか，あるいは組成的過冷により液相中にて固相核が発生し，平滑界面成長を乱すかを判別でき，G/Vは次式で表される。

$$\frac{G}{V} = m_\mathrm{L} C_0 \frac{k_0 - 1}{k_0} \frac{1}{D_\mathrm{L}} \tag{S1}$$

　ここで，m_Lは状態図の液相線勾配 [K·m^3/kg]，C_0は溶質の初期質量濃度 [kg/m^3]，k_0は平衡分配係数，D_Lは液相中の溶質元素の拡散係数 [m^2/s] である。G/Vが大きいほど，さらに左辺より右辺が小さいほど，組成的過冷による固液平滑界面の乱れは発生し難い。平滑界面の形成は，AMにおける単結晶様の結晶配向化組織の形成を促すことを可能とする。

　例えば，立方晶系に属する結晶では，X方向への往復を行うX走査戦略にて，X方向に沿ったテールをもつ溶融池を形成可能とし，X方向に<100>が，それに垂直なY方向とZ方向（BD: 造形方向）に<110>を結晶配列させることができる（図(a)）。これは急冷下でセル成長が固液界面の移動方向に沿って<100>を優先配向（図(b)）させるためであり，積層を繰り返すごとに，模式図に示すように会合界面上にて単結晶様の結晶配列が形成される。固液界面の移動方向（セル成長方向）は，造形方向に対して45°となるのが理想的（図(c)）であるが，会合界面のエネルギー低下を駆動力として，35°～55°程度までを許容しつつ，単結晶様組織を形成する。この場合には，100極点図（図(d)）から理解できるように，集積度のきわめて高いZ方向に<110>が優先配向した単結晶様組織が形成される。

　同様に，結晶の結晶学的対称性と結晶成長の競合，優先成長性を加味することで，立方晶系では，Z方向に<100>と<111>を優先配向させることも可能であり，結果として弾性的異方性の極値を示す<100>，<110>，<111>のすべてを選択的に造形することが可能となる。同様に他の結晶系においても，特定の結晶方位を優先配向させることが可能であり，例えば，六方晶系Mg合金においては，6回回転軸をもつ<0001>をZ方向に向けた単結晶様組織の形成が可能になる。

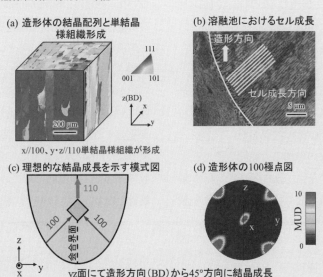

図 (a) 造形体の結晶配列と単結晶様組織形成を表す逆極点図方位マップ，(b) 溶融池におけるセル成長方向の観察像，(c) 理想的な結晶成長を示す模式図，(d) 造形体の100極点図．

の導入といえる。

3種の組織に対応する造形方向に対する降伏応力を図3.3.5-3(b)に示す[26]。ラメラ組織については，図3.3.5-3(a)に示すように荷重軸をラメラの面内にて造形方向に対して35°，45°に傾斜させた際の降伏応力を併記している。多結晶組織における高い降伏応力は，結晶粒界の効果，すなわちホール・ペッチ則に基づくものである。ここで，ホール・ペッチ則とは，結晶粒径の－1／2乗に比例して強度が上昇するという法則である。

一方で，単結晶様組織に対してラメラ材（0°）は有意に高い降伏応力を示す。荷重軸＜100＞，＜011＞におけるシュミット因子（すべり変形が起こる際の応力の伝達の容易度を示す指標）はいずれも0.408であることから，この降伏応力の差異をシュミット因子で説明することはできない。すなわち，主層と副層の界面がラメラ材での降伏応力の上昇をもたらす。

これは，ラメラ界面を転位が通過する際に，結晶方位が異なることにより，その抵抗が生じ，降伏応力に加算されることに由来する。さらに，ラメラ材に対して荷重方位を傾斜させ，主層と副層での活動する転位の組合せを変えることで，ラメラ界面の効果をさらに顕在化させることが可能となり，降伏応力が著しく上昇する。特筆すべきは，いずれの造形体においても塑性伸びが10％を超え，良好な強度－延性バランスが，PBF-LBでの結晶集合組織制御によって可能である。

3.3.6 おわりに

本節では，AMプロセスによる平衡・非平衡状態での組織制御に重要となる相変態とミクロ・マクロ組織との関係，さらにはその制御法について示した。

AMプロセスでは，従来の熱加工の範囲を超える急速な溶融，凝固，熱処理を与え，急峻な温度勾配や温度分布に基づく特有な固液界面の状態や移動現象などが現れる。こうした特殊温度場下では，平衡状態図に基づく平衡・非平衡，さらには速度論を加えることで，AMプロセスを新たな材料設計，組織制御，機能発現を行うための先端的材料プロセッシングへと発展させることを可能とする。

AMは近未来において，形状制御と同時に，相変態を通じたミクロ・マクロ組織を介した人為的材質制御を行う手法として，既知の設計概念をも覆す最先端プロセスとなることが期待される。

3.4 熱変形および残留応力

3.4.1 固有ひずみ

金属AM技術[34]は試作から実際の工業製品まで，広範囲にわたって利用されている[35]。この技術においては，DED方式はもとより，PBF方式においても金属粉末を溶融・凝固させて，所望の三次元形状を一層ずつ作製[36]するため，造形物は溶接における多層盛りとも考えることができる。この造形時においては，現状ではレーザや電子ビームなどの高パワー密度熱源を用いるのが一般的である[37]。しかしながら，このような高温の熱加工プロセスにおいては，熱変形や残留応力が問題となる可能性がある[38]。これらの問題は，製品の割れ（クラック）や反り，サポート部のはく離などの欠陥が生じる可能性があるため，積層造形技術の発展とともに，その解決策が求められている[39]。

図3.4.1-1(a)に示すように，積層造形プロセスにおける溶融金属部は，局所的な高温状態により剛性および強度が低い状態，いわゆる力学的溶融状態[脚注18]となり熱膨張するが，その膨張は周囲から拘束される。その後，図3.4.1-1(b)に示すように，冷却とともにこの溶融部は収縮するが，高温時に形成された形状よりも収縮した状態となる。この収縮が，熱変形や残留応力を引き起

脚注18）**力学的溶融温度**：力学的溶融温度とは，いわゆる溶融温度（融点）とは違い，材料強度が著しく低下する温度のことを指す。例えばSM490鋼材の溶融温度（融点）は1500℃程度であるが，力学的溶融温度は750℃から800℃といわれ，右図のように降伏応力がほぼゼロになる温度のことである。

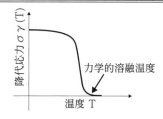

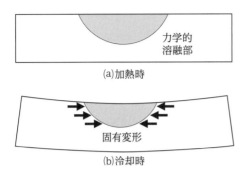

図 3.4.1-1 積層造形プロセスにおける
変形メカニズム

こす原因である「固有収縮」と呼ばれるものである。金属 AM においては，この加熱と冷却のサイクルが頻繁に繰り返されるため，熱変形の発生要因が溶接などに比べて複雑となる。

この熱変形を簡易的に予測する手法として「固有ひずみ（固有変形）を用いた弾性解析」がある。この方法は，1970 年代に上田ら[40,41]により考案され，溶接残留応力分布推定法として一般化を行い，その後，2000 年代に村川ら[42,43]が溶接変形の発生源を「固有収縮」あるいは「固有変形」として，その測定法も含めて一般化したものである。本節では，金属 AM 時の熱変形試験の概要について述べるとともに，変形予測法として「固有ひずみ（固有変形）を用いた弾性解析」について述べ，また，入熱をそれと等価な熱源としてモデル化することにより，変形のみならず応力についても予測することができる FEM 熱弾塑性解析を用いた簡略化解析[44]について，結果も含めて詳細に述べる。

3.4.2 固有ひずみ（固有変形）を用いた FEM 弾性解析による金属 AM 時の熱変形予測

近年では，「固有ひずみ（固有変形）による FEM 弾性解析」を金属 AM 分野に応用した論文が数多く存在する。ここでは，「固有ひずみ（固有変形）による FEM 弾性解析」について，その解析方法の概略について説明する。

「固有ひずみ（固有変形）による FEM 弾性解析」の積層造形への展開については，いずれの文献[45,46]においても基本的な考え方は同じであり，固有変形（固有ひずみ）を変形の発生源として捉えている。この固有変形（固有ひずみ）を積層ごとに与えることで，造形物全体の反りや収縮を計算する。FEM 弾性解析を用いた解析手順の概略を図 3.4.2-1 に示す。以下に示す(1)から(4)の手順を繰り返すことにより，積層物の変形が簡易的に予測できる。

(1) 1層あたりの積層金属部に相当する要素を発生（エレメントバース）させる。
(2) 発生させた要素に固有変形（固有ひずみ）を与える。
(3) 次の層の積層金属部に相当する要素を発生させる。
(4) 発生させた要素に固有変形（固有ひずみ）を与える。

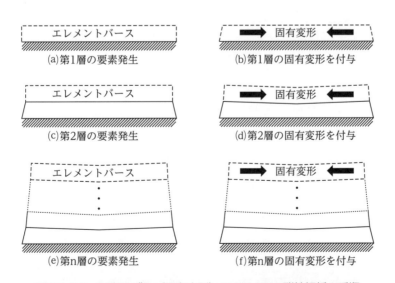

図 3.4.2-1 固有ひずみ（固有変形）による FEM 弾性解析の手順

3.4.3　金属 AM 時の熱変形試験

金属 AM 時には，造形物上の粉体に対し，レーザが照射され，それにともない溶融粉末が溶融凝固するため，積層物には溶接の場合と同様の固有ひずみが発生する。その固有ひずみが原因で熱変形や残留応力が発生する。造形時の熱変形は，造形後の寸法精度の悪化を招くだけで無く，造形不良の原因にもなるため，その原因について調べ，定量化するのは重要な課題である。そこで本項では，図 3.4.3-1 に示す AM 装置（PBF-LB）を用いて，造形後に問題になる可能性が指摘されている，サポート部切断時のスプリングバック変形について実験を実施した例について説明する。

実験に用いた各変数は表 3.4.3-1 に示す通りであり，レーザ出力 400 W，ビームスポット径は 0.1 mm である。また，移動速度は 7,000 mm/s，積層厚さは約 0.1 mm である。

造形の結果，得られた造形物の写真を図 3.4.3-2(a) に示す。また，同図(b)にはサポート部切断後，ベースプレートから 3.0 mm の高さで切断した際の変形状態の写真を示す。さらに，変形後の造形物を 3D スキャンした

(a) 積層完了時の熱変形

(b) サポート切断後の熱変形

図 3.4.3-2　サポート切断前後における造形物の熱変形

図 3.4.3-3　3D スキャナによる計測結果

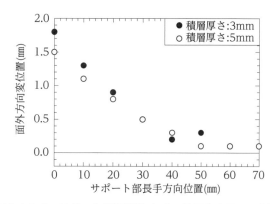

図 3.4.3-4　サポート部切断後おける積層物表面の面外形状（実験結果）

結果を図 3.4.3-3 に示す。図 3.4.3-4 は，縦軸にサポート部切断後おける積層物表面の面外方向変位量，横軸には長手方向の位置をとりサポート部切断による変形量を示す。図中の●印は，梁部の積層厚さが 3.0 mm の場合における実験結果を示し，○印は 5.0 mm の場合の実験結果を示す。同図から，金属 AM（PBF-LB）による造形物のサポート部切断後における面外変形の形状は，積層時の表面の凹凸の影響を受けばらついているが，ほぼ曲率一定の，下に凸の形状で反ることがわかる。このことから，同一面内に発生している固有ひずみ

図 3.4.3-1　実験に使用した PBF-LB 装置

表 3.4.3-1　積層条件

装置名称	独 EOS 社 EOSINT M280
熱源	レーザ：400 W
ビームスポット径	0.1 mm
積層厚さ	0.1 mm

はほぼ一様であると推察される。

3.4.4 FEM熱弾塑性解析を用いた金属AM時の熱変形予測

金属AM（PBF-LB）では，図3.4.4-1(a)に示すように，レーザが金属粉末を溶融・凝固させつつ物体表面をジグザグと往復しながら高速に移動する。このプロセスによる熱変形を数値計算により予測するためには，まず温度分布とその時間変化を明らかにする必要がある。ただし，コンピュータの容量や計算速度などによっては，膨大な計算時間がかかることがあり，実用的には熱源モデルを簡略化することがある。そこで，実際にはジグザクに移動する熱源であるが，図(b)のように，これをAM造形部の面全体に対して，等価な熱量が瞬間的に与えられるものとして考える。

図3.4.4-2に，オーバーハング部とそれを支えるサポート部を有するカンチレバーモデルの要素分割図を

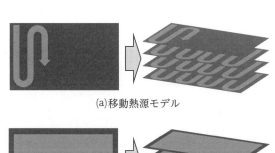

(a) 移動熱源モデル

(b) 瞬間熱源モデル

図3.4.4-1 熱源モデルの簡略化

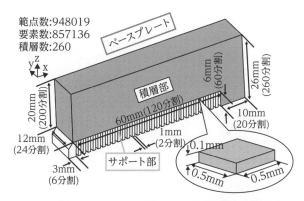

図3.4.4-2 カンチレバーモデルの要素分割図

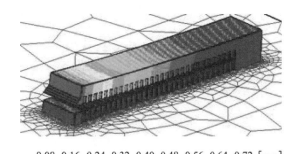

図3.4.4-3 3.0mm積層後にサポート切断した場合における面外変位分布（積層厚さ：3.0mm，積層数：30）

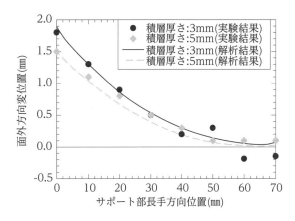

図3.4.4-4 面外形状における実験結果と解析結果の比較

示す。1要素あたりの寸法は長手方向に0.5mm，板幅方向に0.5mm，板厚方向に0.1mmの等分割モデルとした。板厚方向の分割数は，一層当たりの積層厚と一致している。つまり，一層当りの積層厚さは0.1mmである。節点数は948019，要素数は857136である。

前項で示した実際の積層と同様，サポート部から含めて260層に対し，加熱→冷却を繰り返しながら順次積層し，積層後にサポート部をベースプレートから3.0mmの高さで切断する製作工程を模擬した解析を実施した。図3.4.4-3に，参考例として，ベースプレートを除く積層厚さが3.0mm，積層数が30の場合における面外方向の変位分布を示す。同図より，梁が反るような面外変形が発生していることが確認できる。その形状を実験結果と比較する形で図3.4.4-4に示す。同図より，実験結果と解析結果はともに放物線状であり，両者は定量的によく一致していることが確認できる。

さらに，図3.4.4-5(a)においては積層厚さが1.0mm

115

第3章 AM造形現象

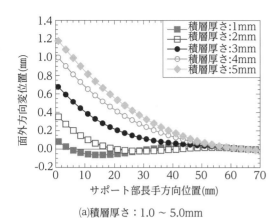

(a)積層厚さ：1.0～5.0mm

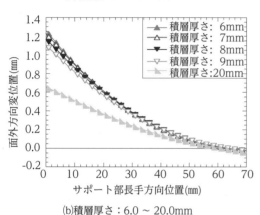

(b)積層厚さ：6.0～20.0mm

図 3.4.4-5　積層厚さがサポート切断後の面外変位分布に及ぼす影響（解析結果）

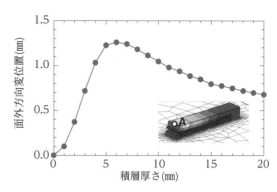

図 3.4.4-6　積層量と切断後変形量の関係（解析結果）

から5.0mmの場合，同図(b)においては積層厚さが6.0mmから20.0mmの場合における，サポート部切断よる面外変位分布（切断後形状－切断前形状）を比較して示す。同図(a)より，積層厚さが1.0mmから5.0mmまでという比較的小さい場合においては，積層厚さが大きくなるほど，面外変位量が大きくなることが確認できる。また，その変形傾向としては，積層厚さが小さい場合においては，梁の先端以外が負になる場合があることが確認できる。一方で，同図(b)に示す，積層厚さが比較的大きい6.0mm以上の場合，その値が6.0mmから9.0mmの場合においては，面外変形にはほとんど差が見られず，20.0mmの場合においては変

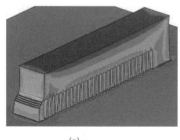
(a)σ_x

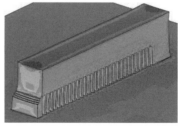
(b)σ_y

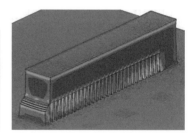
(c)σ_z

図 3.4.4-7　サポート部切断前における残留応力分布

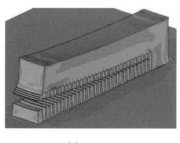
(a)σ_x

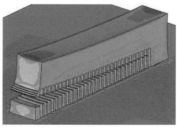
(b)σ_y

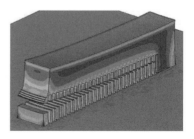
(c)σ_z

図 3.4.4-8　サポート部切断後における残留応力分布

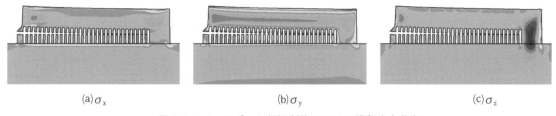

(a) σ_x (b) σ_y (c) σ_z

図 3.4.4-9　サポート部切断後における残留応力分布

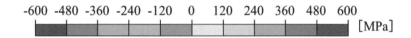

形量が小さくなっていることが確認できる。この結果を積層厚さごとにまとめたのが図 3.4.4-6 である。同図は，横軸に積層厚さをとり，縦軸にサポート部切断時における梁端部（同図 A 部）における面外変位量をとり整理したものである。同図より，積層厚さが 6.0mm 程度までは，積層厚さが大きくなるほど面外変位量は大きくなり，また，積層厚さが 6.0mm を超えるとその値が大きくなるほど面外変位量は小さくなることが確認できる。しかしながら，積層厚さが 20.0mm の場合における傾きから，積層厚さが大きい場合においても面外変形はゼロには収束しないことが推察される。

図 3.4.4-7 (a)～(c) に，サポート部切断前における残留応力分布を示す。また，図 3.4.4-8 (a)～(c) に，サポート部切断後における残留応力分布を示す。さらに，図 3.4.4-9 (a)～(c) に積層部の幅方向中央部の断面内における応力分布を示す。図 3.4.4-7 (a) より，切断前における長手方向の応力 σ_x[脚注19] は，上面部に引張り，下面部に圧縮の曲げ応力が発生していることが確認できる。それに対し，図 3.4.4-8 (a) に示すサポート部切断後の応力は，切断前とは逆に，上面部に圧縮，下面部に引張りの応力分布になることが確認できる。しかしながらその絶対値は小さくなっていることが分かる。次に，幅方向の応力 σ_y[脚注19] については，図 3.4.4-9 (b)，図 3.4.4-8 (b) に示す表面部に関する限り，切断前後での差はあまりない。また，その分布に関しては，図 3.4.4-9 (b) に示すとおり，表面部に引張り応力が発生し，内部はそれとバランスする形で圧縮応力が発生していることがわかる。この応力形態は，一般的な造形物の応力分布を表していると考えられる。さらに，図 3.4.4-7 (c)，図 3.4.4-8

(c) に示す板厚方向の応力 σ_z[脚注19] からも，左右端における表面残留応力が高いことが確認できる。このことから，造形物の残留応力は，その表面の法線方向成分以外はすべて高く，疲労強度やぜい性破壊強度の観点からは望ましくない。

ここまでの検討で，長手方向の曲げ変形については，応力の長手方向成分 σ_x および固有変形（固有ひずみ）の長手方向成分 ε_x^* の影響が大きいと推察される。そこで，長手方向応力 σ_x について，積層厚さごとの分布について調べた。その結果を図 3.4.4-10 に示す。同図の○印，△印，□印はそれぞれ積層厚さが比較的小さな 1.0mm，4.0mm および 6.0mm の場合におけるサ

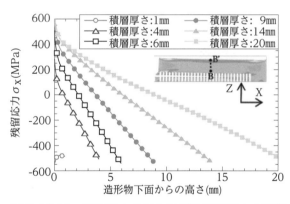

図 3.4.3-10　残留応力分布に及ぼす積層厚さの影響（解析結果）

脚注19) 座標系 x-y-z は，右図のように定義される。

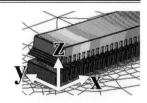

第 3 章　AM造形現象

ポート部切断前における長手方向残留応力 σ_x の積層厚さ方向分布を示し，また，●印，▲印，■印はそれぞれ積層厚さが比較的大きな 9.0mm，14.0mm および 20.0mm の場合の分布を示す。同図より，○印で示す積層厚さが 1.0mm の場合においてはサポート部の積層の影響を大きく受け，かなり小さな応力になっているが，それ以外の場合においては積層厚さが大きくなるほど，表面部の応力が大きくなることがわかる。また，裏面においては，その応力値がほぼ負の降伏応力となることが確認できる。また，表面1,2層に着目すると，その値は，積層厚さが 1.0mm の場合以外においては表面部付近で急激に大きくなっていることが確認できる。このことは，積層厚さがある程度大きいと表面部に必ず高い残留応力が発生することを示唆しており，注意が必要である。

Step-Up　固有ひずみを用いた弾性解析と熱弾塑性解析

■熱弾塑性解析

熱弾塑性解析は，熱源の移動とともに，時々刻々と変化する温度場および変位場（ひずみ場・応力場）を求める際に有効な手法である。本手法では，熱伝導パラメータ（比熱，密度，熱伝導係数，熱伝達係数など）や弾塑性パラメータ（ヤング率，降伏応力，硬化係数，線膨張係数など）の温度依存性を考慮することができる。取り扱うひずみ成分は，一般的に，以下に示す通りである。

$$\{\varepsilon\} = \{\varepsilon^e\} + \{\varepsilon^p\} + \{\varepsilon^T\}$$

$\{\varepsilon\}$ は全ひずみ，$\{\varepsilon^e\}$ は弾性ひずみ，$\{\varepsilon^p\}$ は塑性ひずみ，$\{\varepsilon^T\}$ は熱ひずみ

すなわち，熱弾塑性解析では，入熱部の溶融・凝固にともなう力学状態を，降伏応力やヤング率などの温度依存性を用いて表現できるため，溶接変形・残留応力はもちろんのこと，溶接高温割れや相変態問題など，熱源移動の際に生じる物理状態についても解析することができる。しかしながら，計算時間が膨大になるという欠点も有している。

■固有ひずみを用いた弾性解析：

固有ひずみを用いた弾性解析は，溶接のように，施工後に永久変形（例えば，塑性変形，クリープ変形など）が発生する場合，その永久変形をひずみの形で解析に入力することで，構造物全体の熱変形を簡易的に求めることができる便利な手法である。

$$\{\varepsilon\} = \{\varepsilon^e\} + \{\varepsilon^*\}$$

$\{\varepsilon\}$ は全ひずみ，$\{\varepsilon^e\}$ は弾性ひずみ，$\{\varepsilon^*\}$ は固有ひずみ

すなわち，固有ひずみを用いた弾性解析においては，溶接変形や残留応力の生成過程は無視し，最終的に板に残留する固有ひずみのみを用いて溶接変形や残留応力を解析することができる。よって，溶接継手ごとに定義される固有ひずみ量 $\{\varepsilon^*\}$ をあらかじめデータベース化しておけば，煩雑な溶接過渡計算を行う必要無く溶接変形や残留応力分布を得ることができる便利な手法である。解析手法が簡便であることから，計算時間は短くて済むため，大規模問題に対する効果は大きい。

第3章 参考文献

1) Carslaw, H. S. and Jaeger, J. C.: Conduction of Heat in Solids Second Edition, Oxford Science Publication (1946)

2) Rosenthal, D.: Mathematical Theory of Heat Distribution during Welding and Cutting. Welding Journal, 20-5 (1941), pp.220s-234s

3) Christensen, N., Davies, V. L. and Gjermundsen, K.: Distribution of temperatures in arc welding, British Welding Journal,12-2 (1965), pp.54-75

4) 荻野陽輔：GMAW溶融池モデルを活用したワイヤーアーク金属積層造形シミュレーション, 溶接学会誌, 90-2 (2021), pp.98-101

5) W. Kurz, D. J. Fisher: Fundamentals od Solidification, p.91, Trans Tech Publications (1984)

6) H. Wang, L. Chen, B. Dovgyy, W. Xu, A. Sha, X. Li, H. Tang, Y. Liu, H. Wu, M. Pham: Additive Manufacturing, Vol. 39 (2021), pp.1-14.

7) O. Gokcekaya, T. Ishimoto, S. Hibino, J. Yasutomi, T. Narushima, T. Nakano: Acta Materialia, Vol. 212 (2021), pp.1-12.

8) H. Y. Wan, Z. J. Zhou, C. P. Li, G. F. Chen, G. P. Zhang: Journal of Materials Science & Technology, Vol. 34 (2018), pp.1799-1804.

9) M. Cloots, P. J. Uggowitzer, K. Wegener: Materials and Design, Vol. 89 (2016), pp.770-784.

10) C. Qiu, H. Chen, Q. Liu, S. Yue, H. Wang: Material Characterization, Vol. 148 (2019), pp.330-344.

11) W. Zhou, G. Zhu, R. Wang, C. Yang, Y. Tian, L. Zhang, A. Dong, D. Wang, D. Shu, B. Sun: Materials Science & Engineering A, Vol. 791 (2020), pp.1-6.

12) Y. Su, B. Chen, C. Tan, X. Song, J. Feng: Journal of Materials Processing Tech., Vol. 283 (2020), pp.1-9.

13) F. Caiazzo: Optics and Laser Technology, Vol. 103 (2018), pp.193-198.

14) D. Zhang, X. Cui, G. Jin, X. Zhang: Journal of Alloy and Compounds, Vol. 887 (2021), pp.1-9.

15) G. P. Dinda, A. K. Dasgupta, J. Mazumder: Materials Science and Engineering A, vol. 509 (2009), pp.98-104.

16) Z. Sun, X. Ji, W. Zhang, L. Chang, G. Xie, H. Chang, L. Zhou: Materials and Design, Vol. 191 (2020), pp.1-13.

17) Q. Zhang, J. Yao, J. Mazumder: Journal of Iron and Steel Research International, Vol. 18 (2011), pp.73-78.

18) X. Xu, J. Ding, S. Ganguly, C. Diao, S. Williams: Journal of Materials Processing Tech., Vol. 252 (2018), pp.739-750.

19) B. Lan, Y. Wang, Y. Liu, P. Hooper, C. Hopeer, G. Zhang, X. Zhang, J. Jiang: Materials Science & Engineering A, Vol. 823 (2021), pp.1-14.

20) T. S. Senthil, S. R. Babu, M. Puvuyarasan, V. Dhinakaran: Journal of Materials Research and Technology, Vol. 15 (2021), pp.661-669.

21) U. Alonso, F. Veiga, A. Suarez, A. G. D. Val: Journal of Materials Research and Technology, Vol. 14 (2021), pp.2665-2676.

22) R. M. Kindermann, M. J. Roy, R. Morana, P. B. Prangnell: Materials and Design, Vol. 195 (2020), pp.1-16.

23) N. Suutala: Metallurgical Transactions A, Vol. 13A (1982), pp.2121-2130.

24) J. C. Lippold: Welding Journal, Vol. 73-6 (1994), pp.129s-139s.

25) 須藤一, 田村今男, 西澤泰二, 金属組織学, 丸善出版 (1972)

26) O. Gokcekaya, T. Ishimoto, S. Hibino, J. Yasutomi, T. Narushima, T. Nakano: Acta Mater., 212, 116876 (2021).

27) T. Ahmed, H.J. Rack: Mater. Sci. Eng. A, 243, 206-211 (1998).

28) H. Amano, T. Ishimoto, R. Suganuma, K. Aiba, S.-H. Sun, R. Ozasa, T. Nakano: Addit. Manuf., 48, 102444 (2021).

29) K. Hagihara, T. Nakano: JOM, 74, 1760-1773 (2022).

30) S.-H. Sun, K. Hagihara, T. Ishimoto, R. Suganuma, Y.-F. Xue, T. Nakano: Addit. Manuf., 47, 102329 (2021).

31) T. Ishimoto, K. Hagihara, K. Hisamoto, S.-H. Sun, T. Nakano: Scr. Mater., 132, 34-38 (2017).

32) Y. Tsutsumi, T. Ishimoto, T. Oishi, T. Manaka, P. Chen, M. Ashida, K. Doi, H. Katayama, T. Hanawa, T. Nakano: Addit. Manuf., 45, 102066 (2021).

33) T. Nakano, K. Hagihara: Additive Manufacturing of Medical Devices, ASM Handbook, Volume 23A, Additive Manufacturing in Biomedical Applications, (Edited by Roger J. Narayan), ASTM International, pp.416-433 (2022).

34) DebRoy, T., et al.:Additive manufacturing of metallic components - Process, structure and properties. Progress in Materials Science, 92(2018)112-224.

35) King W.E., et al.:Observation of keyhole-mode laser melting in laser powder-bed fusion additive manufacturing. Journal of Materials Processing Technology, 214(2015)12, 2915-2925.

36) Kruth, J.P., et al.: Consolidation phenomena in laser and powder-bed based layered manufacturing. CIRP Annals, 56(2007)2, 730-759.

37) Mercelis, P., & Kruth, J.P.: Residual stresses in selective laser sintering and selective laser melting. Rapid Prototyping Journal, 12(2006)5, 254-265.

38) Sames, W.J., et al.: The metallurgy and processing science of metal additive manufacturing. International Materials Reviews, 61(2016)5, 315-360.

39) Zaeh M.F. & Branner G.:Investigations on residual stresses and deformations in selective laser melting. Production Engineering, 4(2010)1, 35-45.

第 3 章　AM造形現象

40) 上田幸雄, 福田敬二, 谷川雅之：固有ひずみ論に基づく3次元残留応力測定法, 日本造船学会論文集, 145(1979),203-211

41) 上田幸雄, 金裕哲, 袁敏剛：溶接残留応力の生成源を用いた残留応力推定法 (第1報), 溶接学会論文集, 第6巻(1988), 第1号, 59-69

42) 梁偉, 曽根慎二, 芹澤久, 村川英一：逆解析による溶接固有変形の計測法に関する研究, 関西造船協会論文集,(2012)242, 89-96

43) W. Liang, H. Murakawa：An inverse analysis method to estimate inherent deformations in thin plate welded joints, Materials & Design, 40(2012), 190-198

44) 百枝良輔, 生島一樹, 三木隆生, 中本貴之, 木村貴広, 柴原正和：溶接学会春季全国大会講演概要 Vol.102(2019) , 46-47

45) L. Cheng, X. Liang, J. Bai, Q. Chen, J. Lemon, A. To：Additive Manufacturing, 27(2019), 290-304 Akihiro Takezawa, Albert C. To, Qian Chen, Xuan

46) X. Liang, F. Dugast, X. Zhang, M. Kitamura：Computer Methods in Applied Mechanics and Engineering, 370(2020), 11323

第 4 章
AM造形物の品質保証に向けて

4.1 品質保証の考え方

　工業製品の多くは，今日ではISOやJISといった国際標準産業規格や指示・要求工業規格でその特性や品質が規定されており，その規格通りに製造されたものであれば所定の性能が保証されることとなる。身近な例を挙げると，例えば，ねじや配管用パイプなどの場合，部品の詳細な形状，金属材料の化学成分と機械的特性などが規定されているため，ユーザーはその規格通りに購入すれば所定の性能が保証されることとなる。一方，溶接のようにユーザーが工程を管理し，施工する場合は，製造工程そのものが製品の品質を左右するため，製造工程の管理が必要となる。またその品質が直接計測できるものは検査工程で計測することで品質を保証することができるが，熱処理や溶接後の材料強度のように，性能が外部から直接確認できないような場合は，特殊工程と呼ばれ，プロセスや原料，検査工程など一連の製造工程に関わる人員や設備，条件等を管理，規定することが定められている。

　AMにより製造された部品の品質は，こうした溶接に要求される製造プロセスに近い特徴をもつため，特殊工程の管理と同様の手法で品質保証を行うことが国際標準ISOでは求められている。本節では，この品質保証について，具体的な事例を交え解説する。

4.1.1　AM造形物の品質保証の基本方針

　工業製品の品質保証とは，一般に製品・部品に求められる所定の性能を安定的に再現性良く得られることを確認し，保証することをさす。AMにより製造された金属部材の品質保証で要求される項目には，寸法・形状，表面粗さ，強度，耐食性，耐熱性などがある。それらの品質を左右するものとして，化学組成，寸法・形状，ミクロな結晶組織，内部の欠陥や割れ，残留応力などがある。既存の圧延材や鋳造材，鍛造材も化学組成や形状に依存して強度や特性が変化するが，AMは従来の材料メーカーではない，いわゆる材料ユーザーが製造に使用する装置や条件，原料となる粉末やワイヤ等にも依存して品質が変化する点が大きな特徴である。図4.1.1-1にこの関係を示す。このような材料の性質が加工工程や製造工程に強く依存する材料は，ほかにも繊維強化プラスチックや粉末焼結材，摩擦攪拌接合（FSW）などがあるが，AMはその中でも特に製造業

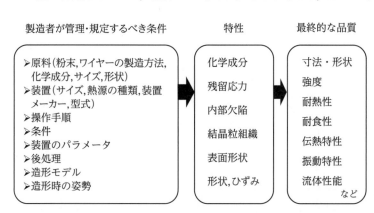

図 4.1.1-1　AM造形物の製造条件と品質の関係

者が検討すべき項目の選択肢が多いため，安定した品質を得るための品質保証方法を特別に定める必要がある。ISO／ASTM 52920 [1]では，こうした AM 特有の課題を解決するための品質保証に関する基準が定められている。以下では，この ISO／ASTM 52920 をベースとして，AM により製造された金属部材の品質保証方法の基本的な考え方について述べる。

AMにより製造された部材の品質保証の対象は，設計から製造，検査，試験などの幅広い領域に及ぶ。図 4.1.1-2 に示す品質保証で扱う対象範囲には，当該部品の製造可否を判断することや，AM 装置や材料の選定を行う事前検討の段階から，造形用のモデル作成，装置の条件設定，造形時の装置や工程の管理，後工程の手順や条件の設定など，製造に関する一連の工程をすべて網羅するような形での「工程管理」を行うことが基本的な原則である。工程管理には，4M と呼ばれる以下のような管理項目について定めることが一般的である。

Machine　　　：設備，装置の性能と管理
Man　　　　　：造形作業を行う人員の技量や知識
Method　　　 ：手順や条件，パラメーター
Material　　　：使用する材料の品質や製造方法

次項以降に各項目の管理方法や認定方法について，具体例を挙げながら触れていく。

4.1.2　設備・装置

AM の造形に使用される装置の仕様や設置環境，インフラは造形物の性能や特性を安定して再現性良く得るための重要な管理項目の一つである。また原料となる粉末やワイヤなどの管理，装置，およびその設置環境は，造形物の品質に直接的に影響を及ぼす可能性があることから，特別な管理方法を定める必要がある。以下にその概要を述べる。

(a)　環境要件

装置の設置環境と粉末の保管方法は，異物の混入を防止するとともに，水分や湿度による劣化を防ぐ目的もあり，装置メーカーなどから推奨条件が提示されていることが多い。特に品質要求の厳しい製品を製造する場合は，装置の設置環境をクリーンルーム仕様に管理し，清浄度管理を行うこともある。

(b)　材料の保管

アルミニウム合金やチタン合金などの活性金属の場合は，吸湿や酸化を防止するため，温度や湿度などの保管雰囲気の管理基準をより厳しく設定する場合もある。金属粉末についてはさらに，粉じん爆発などの災害防止や作業者の健康や安全上の観点から，保管場所や運搬・取扱に際し十分なスペースを確保することが求められる。

複数の材料を1台の装置で使用する場合や，敷地内で複数の材料を保管する場合は，保管用の容器や保管場所，粉末に直接触れる機材を材質ごとに使い分け，取違いのないよう保管場所の管理や識別を行う。特に金属粉末を再使用する際に用いられる分級装置は，異

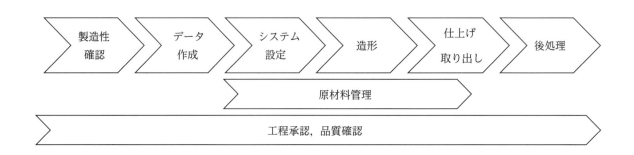

図 4.1.1-2　AM 造形物の品質保証の対象範囲

なる材質の粉末が混入すると製品に異物として混入するか，合金組成や欠陥にも直接的に影響するため，混入や取り違いの無きよう管理を徹底する必要がある。

　粉末の管理に関するもう1つの重要な点として，再使用粉末の管理がある。粉末積層造形で使用される金属粉末の多くは，一度装置に充填した粉末を取り出したのち，再度使用されることが一般的であるが，装置から取り出した粉末には不純物や異物が混入している可能性があり，これらを除去しなければならない。また使用回数の増加にともない，徐々に粉末の酸化や吸湿，破損などの劣化のリスクも高まることから，粉末の使用履歴管理とともに，その品質が一定の基準を満たすことを保証するための適切な管理方法を定めることが要求されている。再利用粉末の管理手順の例として以下のような要求がある。

- ふるい分級：ふるいのメッシュサイズ，サイズ，粉末投入量，ふるい機の振動条件，雰囲気（不活性ガス等）
- ブレンド：複数のロットや新旧の粉末を混合する場合，混合のタイミングや混合比など
- 均質化：ブレンド後の均質化を行う場合，混合器の仕様や条件

(c)　装置の選定と性能

　造形に使用する装置の選定においては，装置の大きさや機能が求める性能を満足するだけでなく，安定して再現性よく品質を担保できるようなものでなければならない。金属 AM 造形装置を導入する際には，装置の設置環境（温湿度，清浄度，床面の耐荷重，放熱性，電磁波など）を整備するとともに，装置の状態や性能評価を行いその記録を残しておくことが望ましい。装置の性能評価については，4.1.5 項にて詳細に触れる。

　また装置に使用されるジグや，ガス供給系，フィルタリング機構，温調機構などの消耗品類についても，適切な仕様のものが使用されなければならない。誤った仕様のものを使用すると，異物の混入や性能劣化等の品質上の影響だけでなく，安全上の問題も生じるため注意が必要である。

4.1.3　工程管理

　AM の品質保証の基本は，製造工程の管理にある。管理対象となる製造工程には造形モデルやデータの作成から造形，検査，後処理まで関連する工程すべてが含まれ，使用される機器や手順などが文書またはデータなどの形式で具体的に指定されており，製造時に再現できるものでなければならない。製造工程管理計画書には次のような内容が含まれる。

(a)　工程一覧表

　トラベラーや製造工程管理図などと呼ばれる一連の工程を網羅したフローチャート。

(b)　関連する手順書や指示書

　作業の詳細な手順や管理値を定めた指示書が別途ある場合は，それらの関連文書の番号や名称が上記フロー図に呼び出される。

(c)　製造条件とパラメーター

　造形装置や機器の識別子，パラメーターなどの主要な項目をフロー図に記載する。さらに詳細な条件などについては別途指示する呼び出し文書にて規定する。

(d)　試験，検査設備および条件

　性能評価試験や検査として行う破壊試験，非破壊試験設備の識別。指定可能な場合は具体的な装置の個体識別番号を指示することが望ましい。

　試験要求については，試験片の配置，形状，試験方法とその結果の判定基準を明記する。

(e)　部品モデル

　部品の3次元モデルから造形用モデル，検査モデルなどの複製モデルを作成する際に複数のソフトウェアを併用する場合は，ファイル取扱要領と作成したモデルの管理要領を定め，造形に使用するモデルが所定の品質となるよう管理する。

第 4 章　AM造形物の品質保証に向けて

図 4.1.4-1　検証試験と認定のフロー

4.1.4　妥当性検証

あらかじめ設定した条件で製造された造形物の性能を保証するため，図 4.1.4-1 に示すように部品・製品の製造開始前に全工程を洗い出し，リスクアセスメント[脚注1]を行う。リスクアセスメントの手法については種々あるが，機能分解図やフィッシュボーンチャートと呼ばれるような一般的なものも有効である。そのうえで，検証試験の手順や試験方法を定め，実際に試験を行う。妥当性検証試験は実際の部品を生産する前までに完了する必要があり，場合によっては設計者や顧客に承認を受けることが要求される場合もある。

4.1.5　認定

プロセス保証を原則とする AM による造形物の品質保証では，装置，手順，造形物のそれぞれに対する認定が行われる。認定の主体は，製造を行う事業者が独自に行う自社認定のほか，第三者認証機関が行う社外認定などがある。例えば航空宇宙業界では，PRI（Performance Review Institute）が行う特殊工程承認 Nadcap により，AM の工程管理基準などの認証を行う制度が運用されている。

具体的には，装置の能力を保証する設備認定（IQ：Installation Qualification），プロセス認定（OQ：Operational Qualification），造形されたサンプルが所定の性能を満たすことを保証する性能認定（PQ：Performance Qualification）の3つの認定試験となる。

(a)　設備認定（IQ）

装置の型式やシリアル，ソフトウェアのバージョンのほか，導入時に行う調整結果や校正の記録，付帯品やオプション機能とその性能評価の結果など，装置のパフォーマンスに関係する因子を明らかにし，評価結果をまとめた記録をもとに判定する。設備認定の記録には，少なくとも以下の項目が含まれなければならない。

- 装置の設置時に正しく機能することを確認した記録
- 校正記録
- メンテナンス計画（定期メンテナンス，清掃，修理）

(b)　プロセス認定と性能認定（OQ／PQ）

プロセス認定と性能認定では，製造工程計画書で定めたすべての工程を経て製造されたサンプルでの性能評価試験の結果とプロセスの健全性の結果をもとに判定される。図 4.1.5-1 に性能評価試験用のサンプルレイアウトの例を示す。

プロセスの健全性の判定は，統計的品質管理手法を用いた条件の安定性なども考慮される。プロセス認定のタイミングは製造工程モニタリング計画にて規定され，造形バッチやロットごとに行われる品質確認試験と，パラメーターのモニタリング結果と照合しながらプロセスの健全性を判定する仕組みとなる。判定基準には，装置内のワークゾーン内の様々な位置や姿勢での特性を考慮した値を設定する点に注意が必要である。これは，AM 造形装置のエリアにより

脚注1）リスクアセスメント：製造開始前にあらかじめ想定されるリスクを洗い出し，その影響度や発生確率などを指標として，リスクを低減するための対策を講じる手法

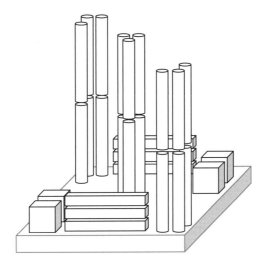

図 4.1.5-1　OQ/PQ 用試験のレイアウト例

品質に差異が生じる可能性があるためであり，エリア内でのばらつきを事前に把握することが求められる。設備の維持管理には，定期的なメンテナンスや点検計画の作成と記録も含まれ，日常点検や年次点検などの自主点検のほか，装置メーカーなどによる点検も計画に含まれる。OQ／PQ の書類に記載する項目としては，以下のようなものがある。

- 原材料の品質に関する証明書
- 原材料の取扱要領と記録
- 条件，システムの設定値と記録
- 装置の運転記録（ログ）
- 性能確認試験と同時造形試験片の仕様
- プロセス状態監視計画と記録
- 造形条件の設定値と結果
- 検査結果

4.1.6　管理要領の具体例

装置，手順，原材料等の管理方法は，装置の仕様や部品の用途により異なるが，一般的な管理要領として，次のようなものがある。

(a)　造形モデルとデータ

造形用のモデルをオリジナルの図面から作成する際は，サポート設計や造形パターンを決定するための造形モデルと造形用のスライスデータを作成し，造形装置で操作可能な最終モデルを作成する。さらに複数部品を同時に造形する場合は部品の配置や姿勢もあらかじめ設定し，要求があれば設計者や技術者の承認を受ける必要がある。特にサポート設計ではサポートの種類や形状，配置など造形モデルの設計者が設定するパラメーターが多いため，十分な事前検討のもと設定される必要がある。

(b)　原材料

粉末やワイヤなどの原材料の管理では，新品として購入する際の品質要求だけでなく，繰り返し利用した場合を含めて最終的な造形物の品質が要求を満足するような仕様とする必要がある。

また原材料の管理要求には，化学組成や粒度分布，ワイヤ系や形状などの要求値以外に，保管方法や装置への充填方法，分級などの取扱い手順，品質検査項目と要求値なども明確にしておく必要がある。特に原材料の製品品質への影響については，初期の段階で不明なこともあり得るため，品質評価を頻繁に行い，製品品質との相関把握に努めることが，その後の生産時の品質安定化に有効な知見となる。

原材料には，粉末やワイヤなどの造形用の材料のほか，造形時の基盤となる部分の材料についても材質や状態が不良では，造形時の割れや変形の要因となるため，仕様を明確化する必要がある。

(c) 造形プロセス

一連の造形プロセスには，造形前の装置の立ち上げ，清掃などの段取りから，パラメーターの入力，材料のセット，プログラムの呼び出しなどの造形作業，および造形中のモニタリング，造形後の部品取り出し，記録作成までの多くの手順がある。

こうした手順をあらかじめ設定することで品質が確保できる。装置パラメーターや部品の配置などの主要な項目は，事前に検証試験にて造形物の品質を確認し，所定の性能を満たすことが確認されれば，その後の造形においても同一条件を用いることでばらつきを抑制することができる。管理対象となるパラメーターは，溶接の工程管理と同様にエッセンシャル・バリアブル 脚注2) やキープロセスパラメーターなどと呼ばれ，数十〜数百点の管理項目を1つずつ規定することとなる場合もある。その中には装置の主要なパラメーター以外にも，原材料の購入仕様や受け入れ時の検査要領，後工程で使用するブラストの条件など，前後工程の項目も含まれ，関連する工程や人員も広範にわたるため，管理文書は関係者で共有し情報を伝達できる形でなければならない。

一方で，原料のセットや清掃，レーザなどの熱源の出力やガスの流量などの毎回の造形で変動する可能性があるものについては，清掃や校正の具体的な手順を定める必要がある。

また，実際の装置の出力や状態など，造形中に常時モニタリング可能な項目については，極力データを取得し記録することが望ましい。

(d) 取り出し

造形装置から部品を取り出す際は，粉除去や切り離しをするときに変形や粉残りが発生するリスクがあるため，使用する器具や手順を定めておくことが望ましい。

サポート除去については，設計時にサポートの除去性を考慮して部品の配置や形状を決定する必要があることから，造形モデルの作成時点からサポートの除去方法を考慮して，設計しなければならない。機械加工や特殊な機器を使用してサポートを除去する場合は，製造工程の一部としてサポート除去工程を製造工程計画に盛り込む。

PBF や DED でベースプレートと部材が結合している場合は，ワイヤカットや切断機などでの切断機材と条件をあらかじめ決めておく。また切断の前に応力除去のための熱処理を行う場合は，熱処理炉の仕様や熱処理条件（温度，時間）も工程管理の対象となる。

PBF の場合，装置に残った粉末や部品に付着した粉末を回収し，再利用するための手順と，仕上げの要求基準を定めることで，再利用粉末の品質を維持しつつ歩留まりの向上を図ることが可能となる。

(e) 後処理

部品を取り出したのち，熱処理，表面の仕上げ工程として行うブラストや研磨作業，熱処理の条件は，製品の品質に大きく影響するため機器や条件の指定が必要となる。

また，バインダージェットやメタル押出しでは，脱脂，焼結工程で使用する設備と条件を規定することが，変形やバインダーの残差を防止するために重要となる。

4.1.7　品質保証

プロセス保証を基本とする AM により製造された部品の品質を最終的に証明するためには，人員，装置，手順，材料の管理と検証が必要となる。以下にそれぞれの項目の概要を述べる。

(a) 人員

設計，製造，検査のすべてに関わる人員が AM の基本的な現象や特徴を理解し，一定の力量を有することが安定した品質を担保するためには重要である。

特に製品の製造に直接携わる AM 装置のオペレーター，非破壊検査の検査員，品質保証技術者（QMS

脚注 2) エッセンシャル・バリアブル（Essential Variables）：プロセスパラメータや条件の値が規定の範囲内に入っているかどうか について，必ず確認する必要がある項目

図 4.1.7-1　製品保証のための四大要素

の管理者を含む），AM プロセスの管理技術者，AM 装置のメンテナンス要員は，知識と技量を有することが重要である。

対象製品によっては，人員の力量について標準などで客観的に証明されることが要求されていることもある。

(b) **非破壊検査**

AM 造形品の非破壊検査は，X 線 CT や浸透探傷検査などの従来検査法が用いられることが一般的だが，クライテリア（合否などを判定する評価基準）は材質や工法に応じて AM 用にそれぞれ設定する必要がある。クライテリアの設定に際し，設計者や要求元への確認と，必要に応じて承認を受けた条件を使用する。

非破壊検査において不合格となった場合，適切な対応策を設定し，品質管理システムに記録されなければならない。また補修や要求緩和により条件付き合格とする場合には，そのことが文書にて規定されていなければならない。

(c) **製品の品質管理**

製品保証のための品質管理は基本的に試験とデータの分析により，図 4.1.7-1 の 4 つの要素からなる。

製造記録は装置から出力されるモニタリングデータだけでなく，作業前の点検や校正記録も含まれる。また同時造形試験片と非破壊検査試験は，毎バッチ造形する度に試験を行い，データを取得することができるが，製品の実体破壊試験は必ずしも毎回は行えないため，初回のみ行うケースもある。その場合，製品の量産開始前に同時造形試験片と製品本体の性能を比較し，同時造形試験片が製品の状態を再現したことを確認することで，量産時の製品の性能を保証することもある。

最終的に製品の品質を保証するのは，製品自体の形状や外観検査の結果と，装置のモニタリング記録やオペレーターの作成する点検記録や作業記録と，生産前に行った各種認定試験の記録をもとに総合的に判定される。

4.1.8　まとめ

AM により造形された製品の品質保証は，溶接で行われているようにプロセス保証によるという原則に則り，手順や設備，人員の管理が最も重要となる。AM の造形装置自体の性能は再現性も高く安定した品質であったとしても，それを操作する人間が正しい知識と技量をもち操作すること，そして，その作業工程を指示する技術者も適切な管理要求を設定できることが重要である。

また，設計者や技術者の作成する条件やモデルが，製品の品質を安定的に得られるような仕様であることも前提条件となり，設計，生産，検査，試験部門が一体となって工程設計や部品の設計を行うことが，AM による高性能・高機能な部品の特性を安定して再現性良く得られる条件となる。

4.2　造形品質の確認試験

Additive Manufacturing（以下，AM）は付加製造とも呼ばれるように，必要な部分に材料を付加していくことで所望の形状を得るプロセスであり，一般的には3次元形状データが入力データとして使用される。そのため3Dプリンターとも称され，3次元形状を造形する機能が注目されがちであるが，素材を製造するプロセスであることにも留意せねばならない。特に金属AMにおいては，造形物は合金種に応じた機械的特性を期待されることが多く，製品適用の際には素材としての品質保証が必要となってくる。

そのためにはAM適用の様々な段階で適切に品質評価を行うことが必要となる。例えば造形条件の開発段階では，プロセスパラメータごとに造形物の特性評価を行うことで，狙いの特性が安定して得られるプロセスの選定が必要となるし，製品出荷段階では，特性を評価して仕様を満たすものであることを確認しなければならない。本節では，素材製造工程として必要な品質確認試験について述べる。特に金属を造形するAMプロセスを対象とし，試験結果から品質改善のポイントを判断する一助となることを目指した。造形時の現象と試験結果の関係理解に重点を置き記述したので，詳細な試験手法については専門書[2,3]を参考にされたい。

4.2.1　断面観察

造形物の断面を観察することで，素材品質に関する多くの情報を得ることができる。観察する目的によりマクロ観察とミクロ観察とに区分されることもあり，マクロ観察では主にサンプル全体の欠陥の有無や凝固にともなう組織の不揃いなどを観察し，ミクロ観察では特定部分の組織や結晶粒の大きさを観察するものである。通常，観察の際にはサンプル表面を研磨し，目的に応じて腐食液による処理を行うことも多い。古くより光学顕微鏡による観察が行われてきたが，近年ではデジタル技術の発達により多機能な画像処理に対応した機種も利用できる。高倍率での観察には走査型電子顕微鏡（Scanning Electron Microscope: SEMとも呼ばれる）が使用され，元素分析や結晶方位の同定といった機能が付加されたものも活用されている。

(a)　マクロ組織観察

図4.2.1-1に示す欠陥は融合不良（Lack of Fusion: LoF欠陥と呼ばれることもある）と呼ばれ，材料の溶融が不十分であったため生じた空隙である。このタイプの欠陥はサイズが数百 μm 以上で端部の形状が鋭角となることが多く，機械的強度，特に疲労強度に無視できない影響を及ぼすものである。プロセス開発時においては融合不良が生じないよう，粉末・ワイヤを溶融させるエネルギーが不足しない条件を選定するべきである。また，試験材で適正な条件と判断されても実生産に移行した場合に，造形装置の状態に起因して発生することもある。例えばPBF-LB（レーザ粉末床溶融）式の造形機であれば，レンズなどの光学系がレーザエネルギーをごくわずかではあるが吸収し，熱影響を受けることから，ビーム品質が変動することがある。また，ヒューム除去機能（ガスフロー）の不調によりビーム減衰が生じる場合などである。これらの現象が確認された場合は，装置改善やメンテナンス周期の適正化など必要な処置をとる必要がある。

図4.2.1-2に示す欠陥は球状の空隙であり，原料粉末に含まれていたガスが造形物に残留したものか，あるいは造形時の金属の蒸発に起因するものである可能性が高い。

原料粉末中のガスの影響については，原料粉末を観察することである程度判断することができる。粉末を樹脂に埋め込み研磨すると，図4.2.1-3に示すようにガス

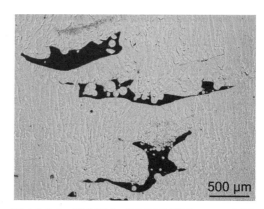

図4.2.1-1　融合不良（PBF-EB造形－In718材）

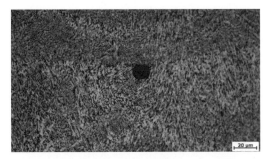

図 4.2.1-2 球状欠陥（PBF-LB 造形 – AlSi10Mg 材）

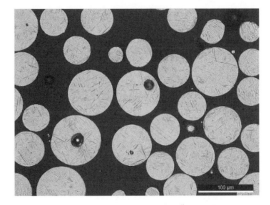

図 4.2.1-3 原料粉末のガス欠陥

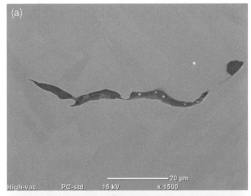

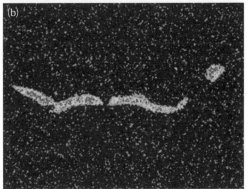

(a) SEM 像　(b) EDX[脚注3] 像（酸素）
図 4.2.1-4 酸化物欠陥（In718 材）

欠陥を含む粉末が観察されることがある。このようなガス欠陥が多数みられる場合は，粉末仕様の再検討も視野に入れる必要がある。

金属の蒸発に起因するものはキーホール欠陥とも呼ばれ，高いエネルギーのビームを金属に照射した場合，表面から蒸発した金属の反跳力によって溶融池に生じた空隙が残留したものである。キーホール欠陥が高頻度で発生しているということは，ビームエネルギーが適正値より高いことを意味し，条件の適正化により減少させることができる。とはいえ確率的な現象でもあり，完全に抑え込むことは現状では難しいようである。

AM 造形物に現れるこれらの球状欠陥は，一般的には数十〜百 μm 程度の直径であり，疲労強度に及ぼす影響は融合不良欠陥と比較すると小さい。求められる仕様に支障がない範囲で残留を許容することが現実的である。そのためには，造形条件と強度特性の相関データを蓄積し，適切な判断基準を準備しておくことが必要である。

図 4.2.1-4 に示す欠陥は原料表面に形成されていた酸化膜や，造形中に発生した酸化物が造形物中に取り込まれたものである。この酸化物欠陥も融合不良と同様に両端が鋭角となる形状をもつことが多く，疲労強度が要求される部品においては特に注意が必要である。出荷検査として疲労試験の実施は時間がかかり，コスト的な面でもバッチごとの実施は難しいので，断面観察により異常発生の有無を常にモニタリングしておくことが重要である。

図 4.2.1-5 に示す写真では，レーザ粉末床溶融法により造形されたサンプルのマクロ組織を観察しており，レーザ照射ごとに形成された溶融池の凝固線が層状に重なる様子が認められる。

PBF 法，DED 法などの溶融凝固が関係するプロセ

脚注3) EDX：物質に電子線を照射したときに発生する特性 X 線を，エネルギーの大きさにより分光することで含まれる元素を分析する手法であり，電子顕微鏡に付属する機能として提供されることが多い。

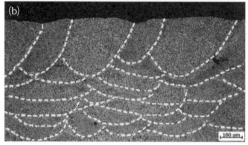

(a)強調表示なし　(b)溶融池境界を強調表示
図 4.2.1-5　断面マクロ観察（PBF-LB 造形－AlSi10Mg 材）

スでは，造形時のビーム照射点に瞬時に溶融池が形成され，ビームが去った後に急速に凝固する。積層部の底部から上部に向かって熱サイクルによってミクロ組織が変化すること，結晶粒が方向性をもって成長することでその痕跡が溶融池形状として観察することができる。溶融池の深さが積層厚さと比較して十分か，幅がビームスキャンライン間隔と比較して十分か，といった観点でプロセス条件の適否を判断することが可能である。

　プロセス条件開発の際，造形物の断面を観察して，この凝固線から溶融池形状を把握することで有用な情報が得られる。また装置の安定性という観点で，ビーム強度やスポット径などは定期的な測定・校正を行い適正に管理する必要があるが，造形物の溶融池形状の観察をすることで異常の有無を簡易的にチェックすることもできる。

(b)　ミクロ組織観察

　金属材料は同じ合金組成であっても製造過程の条件に応じて様々なミクロ組織を有する。AM プロセスにおいては，溶融金属が凝固する過程，その後に冷却される過程，すでに積層された位置に上積みされる際の再熱過程などの条件が形成される組織に大きく影響を与える。さらに，造形後に組織調整のための熱処理を行うこともある。金属の機械的特性はこのミクロ組織と密接な関係があり，所望の特性を発現させるのに適した組織となるようプロセスを最適化しなければならない。

　AM では高い凝固速度に起因して，鋳造などの従来工法と比較すると，より微細な金属組織が得られる傾向にある。このような組織は強度面で好ましい影響を与えることが多いが，クリープ強度の点ではネガティブな要因となることもある。求められる特性に応じた組織制御のため，プロセス最適化の研究が現在盛んに行われている。

　図 4.2.1-6 に PBF-LB 法により造形した AlSi10Mg 合金の断面観察写真を示す。この材料は Si を多量に含み造形しやすいものとなっているため Al 合金として AM プロセスでよく使用されるものである。造形の際，凝固開始時に Al が先行して凝固し，その後に Al と Si が同時に晶出するのであるが，凝固速度が速いほど微細な Si が分散した組織となる。この図では分散した Si が白い部分として観察され，そのサイズはサブミクロンオーダーの微細なものである。AM 独特の急冷プロセスにより得られた特徴的な金属組織であり，同等合金の鋳造材と比較して高い強度を示すものである。

　次に図 4.2.1-7 に PBF-EB 法により造形した Ti-6Al-4V 合金の断面観察写真を示す。凝固直後は高温状態で安定な β 相が晶出するが，冷却される過程で，低温で安定な α 相が板状に析出する組織が得られる。この金属組織も AM 特有の高い冷却速度の影響で微細なものが得られた例である。

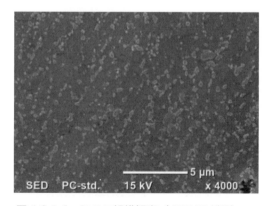

図 4.2.1-6　ミクロ組織観察（PBF-LB 造形－AlSi10Mg 材）

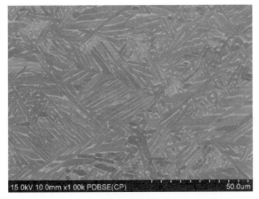

図 4.2.1-7 ミクロ組織観察（PBF-EB 造形－Ti-6Al-4V 材）

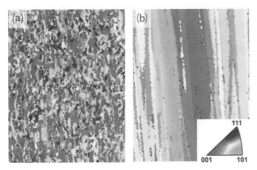

(a) 等軸晶　(b) 柱状晶

図 4.2.1-8 PBF-EB 造形 Ni 基合金の EBSD 像

最後に図 4.2.1-8 に PBF-EB 法により造形した Ni 基合金を EBSD(Electron Back Scattered Diffraction) 法により観察した結果を示す。これは走査型電子顕微鏡に搭載されている検出器により，電子回折にともなって発生した EBSD（菊池）パターンを取り込み・解析することで結晶粒ごとの方位を解析することができる観察手法である。結晶の方位がランダムに分散した組織（等軸晶）と，一方向に伸びた組織（柱状晶）を造形条件の調整によって，つくり分けることができる例である。

4.2.2 引張試験

構造部品の設計を行う際に材料強度を考慮することは必須であり，部品にかかる負荷に応じて材料を選定，あるいは選定した材料の強度特性に応じて形状を設計する必要がある。鍛造や鋳造といった従来工法で製造された素材においては，すでに多種材料の強度が規格化されており，設計者はそれらのデータを参照して部品設計を行ってきた。近年，AM 材料においても規格の

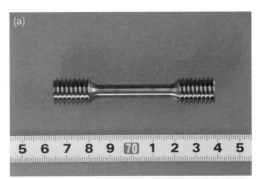

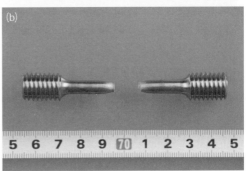

(a) 試験前　(b) 試験後

図 4.2.2-1 引張試験片

整備が進みつつあり，材料強度を規定する規格も発行されている。それら規格のなかで強度を評価する手法として，最も一般的に用いられているものが引張試験である。引張試験の手法も確立した規格が引用されているので，従来工法と同じ土俵で材料強度を設計に反映することができる。AM に関する規格の発行は欧米で先行しており，常温引張試験の手法，試験片形状については米国材料試験協会が発行する ASTM E 8E 8／M が引用されることが多い。図 4.2.2-1 に試験片の例を示す。

この試験では，所定の長さの間隔で標点をけがいた試験片に引張荷重を負荷し，荷重と伸びを記録する。得られたデータから，荷重を試験片の最初の断面積で除した公称応力，伸びを最初の標点間距離で除した公称ひずみに変換し，応力ひずみ曲線（Stress-Strain を略して S-S カーブとも呼ばれる）が得られる。応力ひずみ曲線は公称ひずみを横軸に，公称応力を縦軸にとったものである。試験初期はひずみと応力が比例関係にあり，その勾配がヤング率である。この比例関係が成立する範囲では荷重を取り除くと，それまでの変形が完全に元の状態に戻る。さらに負荷を加えるとある応力で

ひずみが急激に増加するようになる。軟鋼などの材料では図4.2.2-2(a)に示すよう上降伏点a点および下降伏点b点として区別される明瞭な降伏点が現れる。

一方，アルミ合金などのように明確な降伏点を示すことがない材料では，図4.2.2-2(b)に示すように塑性ひずみが0.2%となるp点の応力が0.2%耐力R_pとして定義される。

降伏点を超えて変形する際には加工硬化が起こり，さらなる変形のためには荷重の増加が必要になるが，c点で極大値を示す。この応力を引張強さと定義している。その後，試験片の一部に変形が集中し，その部分がくびれてくる。そして，荷重は低下してやがて試験片は破断に至る。試験終了後，中心線が一直線となるよう試験片の破断面を突き合わせ，標点間距離を測定する。これより，破断時の伸び，破断伸びが求められる。また，局部収縮を起こして破断した部分の断面積の減少を原断面積で除した値を絞りという。これらの伸びならびに絞りの値が大きいことは，破断に至るまで大きな変形があったことを示し，材料としては一般的には好ましい特性といえる。

引張試験で得られるデータは構造材料として基本的な特性を表すものだけに，AM適用における様々な局面で試験を実施する必要がある。

検討の初期段階で造形条件を選定するケースがあるが，様々なパラメータで造形したサンプルに対して引張試験を実施し，相関データを取得することが行われる。その結果を元に，強度仕様を満たし，かつばらつきの少ない造形条件を選定するのである。造形装置に標準で設定されているパラメータを使用する場合でも，同一条件内で強度のばらつきを把握しておき，最も低い値に振れた場合でも仕様範囲に収まることを確認しておく必要がある。

実生産に移行した場合には当然品質保証のための試験が行われる。ただし破壊試験であるため製品そのものに対して行うことはできない。通常，製品造形時に試験用サンプルを同時造形しておき，バッチ（同じ造形プレート上で造形された製品群）を代表するデータとして引張試験を行う。AMプロセスに限らないが，試験片の採取法によって特性は影響を受けることがある。データ取得の目的に合わせ，適切に試験片を採取することが必要である。AM材について留意すべき点を次項にて述べる。

4.2.3 試験片の採取

(a) 試験片採取方向

AM造形物は積層方向に対して強度異方性をもつことが多い。図4.2.3-1に示すようなサンプルを造形し，

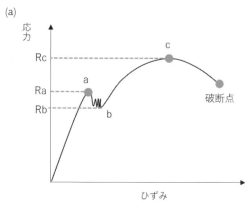

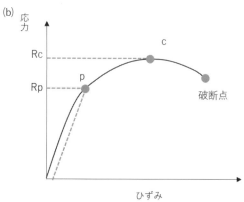

(a) 降伏点を示すもの (b) 示さないもの
図4.2.2-2 応力ひずみ線図（S-Sカーブ）

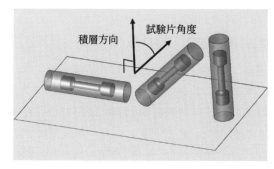

図4.2.3-1 積層方向に対する強度異方性調査のための造形例

採取した引張試験片から強度異方性を調査することがよく行われる。製品の設計時にはこの特性を考慮すべきであるし，品質検査時には傾向を把握したうえでサンプル数を省くことも行われるため，造形角度を考慮したデータの取得が必要となってくる。

(b) 試験片採取位置

造形面内の位置，造形高さによって材料特性が異なることがある。PBFプロセスの場合，ビーム品質，温度，熱の放散，ガスフローなどの面内不均一に起因することが多い。また高さ方向については，形状に起因した要因（温度や熱拡散のしやすさなど）の他に，造形開始からの経時変化に起因するものもある。ベースプレート付近のものは開始直後に造形される一方，最上部はそれまでの造形を経たのちに造形される。装置が稼働し続けることでレーザ光学系が過熱することや，ガス循環系統がヒュームにより閉塞していくことなどにより造形条件が変化し，特性に影響を与えることがある。このような装置側の要因は最新機種では改善されつつあるが，使用する装置の能力を理解して特性変動の幅を把握しておくことが必要である。また，製品造形時にこのような不均一が偶発的に発生することもある。品質確認用の同時造形試験片は図 4.2.3-2 に示すように数ヵ所に配し，異常が局所的に発生した場合でもカバーできるように考慮することが重要である。

装置起因ではなく，プロセスの特性上避けられない要因も存在する。一例として，PBF-EB 法における造形高さ依存性を挙げる。図 4.2.3-3(a)はベースプレート

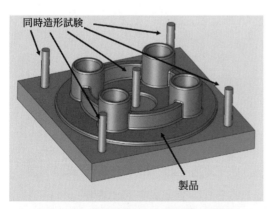

図 4.2.3-2　製品の同時造形試験片配置例

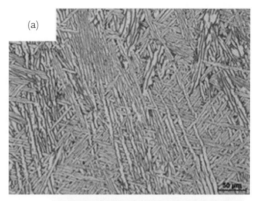

(a) ベースプレート付近　(b) 最上部

図 4.2.3-3　PBF-EB 造形－Ti-6Al-4V 材のミクロ組織

付近から採取したサンプルのミクロ組織写真であるが，(b)に示す造形最上部のものと比較すると，粗大な組織となっている。PBF-EB 法は造形時に全体を高い温度に保つことが特徴であり，組織はその温度による影響を受ける。造形直後は微細に形成された組織が長時間高温に保たれることで粗大な組織へと成長することでこのような差が生じたのである。この組織の違いは当然機械的特性にも反映され，ベースプレート側のサンプルの方が最上部と比較して引張強度は低くなる。また造形高さが高くなるほどその差は大きくなる。

以上のように，サンプル採取位置による特性の違いを理解しておくことは試験片の採取位置を適切に決定するために必要不可欠である。

(c) 部品サイズ，形状に応じた試験片サイズ

造形物のサイズ，形状により材料特性が変わることがある。積層の際にビーム照射により与えられた熱は，既に造形された部分を通して拡散するが，拡散速度は

造形物サイズや形状により異なるため熱的条件も異なってくる。そのため形成される組織も異なり材料特性にも影響を及ぼすのである。多くの造形装置で形状による熱的条件の違いを補償するようなビーム調整機能が実装されているが，現状では完全に均一となるまでには至ってないようである。

標点間の直径が6 mmの試験片を採取する場合，把持部を考慮して直径10 mm程度の円柱を造形して切削加工により試験片形状とすることが多いが，評価対象としたい部品が肉厚50 mmもあるようなバルク形状の部品であれば，この試験片では特性を代表してない可能性もある。そのような懸念がある場合は，検討段階で部品形状から切り出した試験片と10 mm円柱から切り出した試験片で特性を比較しておくことも必要である。

また，数十～数百 μm オーダーの欠陥が散在することのあるAM材では，試験片サイズが小さいと，標点間に欠陥を含む場合と含まない場合で大きく試験結果が変わることがある。評価対象となる部品形状に合わせた試験片サイズを選定するとともに，確率的な評価が必要な場合は十分な数の試験片を評価しなければならない。

(d) 試験片表面

AM造形品は一般的には切削加工品より表面粗度は粗く，PBF方式では算術平均粗さRaが数 μm ～数十 μm 程度である。面粗度の影響も含めて評価したい場合は，標点間が造形したままの表面となる形状で試験片を造形する必要がある。特に疲労試験において面粗度の影響を大きく受けるので留意すべき点であるが，影響が軽微な引張試験においては，試験片サイズより大きな造形物から切削加工で試験片形状に加工することが多い。

以上に述べた点に留意し，様々な要因をカバーして試験片を採取することで，造形バッチ内の特性ばらつきを把握することができる。なお，後述する疲労特性やクリープ特性などについても，試験片採取に際しての留意事項は共通する部分が多い。

バッチ内の特性ばらつきを把握したうえで，生産段階では代表的な試験片採取ポイントを絞り込み，最小限の数の試験で品質保証できることが理想である。そのためには同時造形物に対する破壊試験だけではなく，製品そのものの非破壊検査やインプロセスモニタリングなどの手段を併用して品質保証ロジックを構築することも検討すべきである。検査コストを最小化し，必要な品質保証を可能とすることが今後のAM技術普及のカギになるであろう。

4.2.4 疲労試験

金属材料に応力が作用するとき，その応力がかなり低く降伏応力より小さなものであっても，繰返し応力を受けると最終的に破断に至ることがある。このような現象を疲労とよんでいる。前項でも述べたように，部品設計のうえで材料が要求仕様を満たすことの確認は必須であり，繰り返し応力を受ける部品では疲労強度についても確認しなければならない。部品が疲労破壊を起こしたことで大事故につながった例は枚挙に暇がなく，それだけに重要な評価指標であるといえる。

疲労試験には，引張・圧縮（軸荷重）疲労試験，回転曲げ疲労試験，平面曲げ疲労試験などがあるが，最も一般的に行われるのが引張・圧縮疲労試験である。

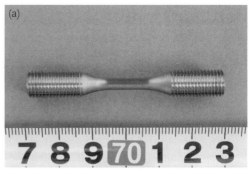

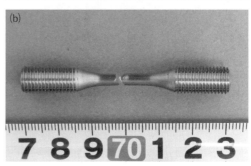

(a) 試験前　(b) 試験後
図4.2.4-1　疲労試験片

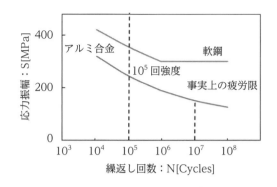

図 4.2.4-2　代表的な S-N 曲線例

図 4.2.4-1 に試験片の例を示す。

試験片には周期的に変動する応力が破断するまで加えられ，応力振幅 S（Stress amplitude）を縦軸に，破壊までの繰り返し数 N（Number of cycles）をプロットして S-N 曲線が得られる。一般に，降伏応力以下の応力が繰返し負荷され，破断繰返し数が 10^4 程度以上となる場合を高サイクル疲労，降伏応力以上の応力が繰返し負荷され，破断繰返し数が 10^4 程度以下の場合を低サイクル疲労と呼んでいる。

図 4.2.4-2 に示すように鉄鋼材料では，繰返し応力を小さくすると，疲労寿命は長くなり，ある限界以下の応力では，疲労破壊は事実上起こらなくなると判断できる場合がしばしば見られる。この限界応力を耐久限あるいは疲労限度という。しかし，鉄鋼材料以外の材料については，明確な疲労限度を示さない場合が多い。図 4.2.4-2 に示すアルミ合金の例のように，明確な疲労限度が見られない場合には破断繰返し回数が 10^7 回となる応力の値を疲労限度と見なして，設計等に用いることが多い。また，指定された回数の応力の繰返し，例えば，10^5 回に耐える応力値を 10^5 回強度または時間強度といい，$\sigma_w(10^5)$ のように表わす。

疲労破壊は，①固執すべり帯[脚注4] ②結晶粒界③欠陥 の3点が亀裂発生の起点となり，さらに亀裂が成長することにより引き起こされる。

HIP（熱間等方圧加圧）処理を行っていない AM 材で疲労試験を実施したとき，ほとんどの場合は何等かの欠陥が亀裂発生の起点となっている。そのため，欠陥の形態や大きさが疲労強度を律する要因となることが多く，亀裂発生個所の欠陥を調査することで特性の改善へと役立てることができる。

疲労試験後の破断面の観察例を図 4.2.4-3 に示す。左下から右上に向かって放射状に延びる模様が認められるが，これはラチェットマークと呼ばれ，複数の応力集中箇所から発生した亀裂面が段差を形成したものである。ラチェットマークの様相から亀裂発生個所や応力集中状況がある程度推定できるが，このサンプルでは融合不良（未溶融粉末を内包することから判断できる）付近の複数の応力集中箇所から亀裂が進展しているこ

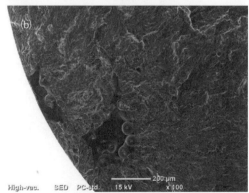

(a) 破断面全体　(b) 亀裂発生個所拡大

図 4.2.4-3　疲労試験片破断面の SEM 観察（PBF-EB 造形 - Ti-6Al-4V 材）

脚注4）固執すべり帯：材料が繰り返し応力を受ける場合，結晶のすべり方向と剪断応力方向が一致する結晶粒から優先的に変形が発生し，この箇所を固執すべり帯と呼ぶ。自由表面にある場合，図に示すような凹凸が生じ，入り込み部から亀裂が進展することがある。

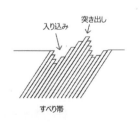

とが判断できる。

　AM材の欠陥発生を鍛造材レベルに抑えるには，まだまだ技術的な課題がある状況である。とはいえ，対象とする部品の仕様によっては問題にならない場合も多いので，AM材の実力を把握して適用可否を判断する必要がある。また，鍛造材並みの疲労強度が要求される部品には，コスト増加要因にはなるが造形後にHIP処理を行うことも選択肢となる。後処理も含めたプロセスごとの疲労強度を，規格やデータベースとして整備することで適材適所の使いこなしができる地盤が整い，AMが設計者にとって使いやすい技術となることが望まれる。

4.2.5　クリープ試験

　引張試験や疲労試験で評価できる機械的特性以外にも，高温で常に荷重を受け続ける部品ではクリープ強度が問題となることがある。クリープとは，一定の応力あるいは荷重の下で，時間とともに塑性変形が進行する現象である。特に原子の拡散が無視できない高温域でのクリープ変形は，降伏応力より小さな応力を受けた場合でも時間とともにひずみが増加し，破断に至る現象である。

　クリープ試験は一定温度および一定荷重の下で時間とともに変化するひずみを測定する試験で，応力の種類で分類すると，曲げ，ねじり，圧縮，内圧など種々の試験があるが，規格が整備されているものは引張クリープ試験であり，最もよく利用されている。試験片の例を図4.2.5-1に示す。

　クリープ試験で取得したデータから，図4.2.5-2に示すようなひずみと時間の関係を表すクリープ曲線が得られる。クリープ曲線の傾きからはひずみ速度が求められる。ひずみ速度が低下する1次クリープ域，ほぼ一定に保たれる2次クリープ域，加速する3次クリープ域が現れ，破断時間 t_r で破壊する。2次クリープ域のひずみ速度はクリープ曲線全体で最小となり，最小クリープ速度 $\dot{\varepsilon}_m$ とよぶ。

　一方，破断までの時間を測定する試験はクリープ破

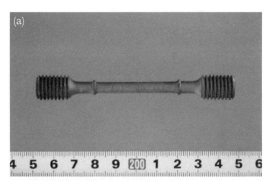

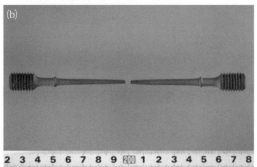

(a) 試験開始直後　(b) 試験後
図4.2.5-1　引張クリープ試験片

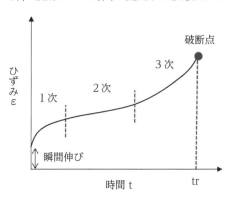

図4.2.5-2　クリープ曲線

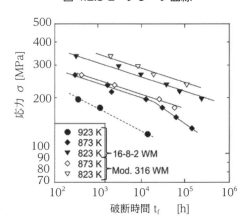

図4.2.5-3　オーステナイトステンレス
(SUS316FR)のクリープ破断時間線図

断試験として区別されているが，実際にはクリープ試験を破断するまで連続的に行い，破断時間も測定する場合が多い．図 4.2.5-3 に破断時間と応力の関係を温度ごとに整理した例を示す[4]．

クリープが問題となる条件で使用する高温構造物の設計では，通常 10^5 h で破断する応力の 2／3 を許容応力とする．そのためには想定使用温度での応力と破断時間の関係を知る必要があるが，このような部品は火力発電プラントで使用されるなど，10 年単位の使用が前提となるものが多く，それだけ長期のデータを取得することは容易ではない．そこで，クリープ変形速度の高い高温で取得した破断時間データをもとに，低温で長期間に起こる現象を推定することが行われる．この推定の手法は様々なものが提案されているが，よく利用されるものに，次式で表される Larson-Miller パラメータが挙げられる．

$$LMP = T(\log t_r + C) \tag{1}$$

ここで t_r は破断時間 [h]，T は温度 [K]，C は Larson-Miller 定数であり，試験データのフィッテングなどで決定する．温度による拡散係数の違い，変形にともなう組織や変形機構の変化がないと仮定した場合，低温時の破断時間はこの式を用いて，高温時と LMP が同一となる時間として計算することができる．

多結晶体の高温クリープは①拡散による結晶粒の変形，②粒界に沿った結晶粒の滑り，③転位の滑り運動によるものがあるが，いずれの機構もクリープ速度 $\dot{\varepsilon}$ は，次の式で表される．

$$\dot{\varepsilon} = \dot{\varepsilon}_0 \times \left(\frac{\sigma}{G}\right)^n \times \left(\frac{b}{d}\right)^p \times \left(\frac{D}{b^2}\right) \tag{2}$$

$\dot{\varepsilon}_0$ は定数，G は剛性率 [Pa]，n は応力指数，b はバーガースベクトルの大きさ [m]，d は結晶粒径 [m]，p は結晶粒径指数，D は拡散係数 [m^2/s] である．なお n，p は無次元数である．この式からも結晶粒径が小さいほどクリープ変形速度は高くなることがわかる．

一般的に AM 材の結晶粒径は鋳造材と比べ微細なものになり，引張強度や疲労強度に対しては有利となるが，クリープ強度に対しては不利な要因となる．改善の試みとして，組織の制御技術の開発が現在盛んに行われている．クリープ現象は粒界の影響を強く受ける現象であり，応力方向を横切る粒界が無ければ強度は向上する．タービンブレードなど一方向の応力を受けてクリープを起こす部品では，粒界の方向が揃った組織となるように鋳造されている．AM ではさらに，場所によって組織をつくりわけることができると期待されている．図 4.2.5-4 に示す模式図は上下で異なる組織を持ったタービンブレードの模式図および実証サンプルの光学顕微鏡写真と EBSD 観察像である．疲労強度の要求されるダブテール部（下部）では微細な等軸晶組織を，クリープ強度が要求されるブレード部（上部）では柱状晶組織となるよう造形することで，場所ごとに特性の最適化を図ることができる．

この例のように，AM 技術は場所によって組織の最適化ができるメリット持った技術である．克服すべき課題も多いが，今後の技術開発によってさらなる発展が期待される．

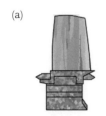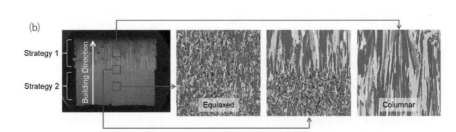

(a) タービンブレード　(b) 実証サンプルの断面とミクロ組織
図 4.2.5-4　タービンブレードの組織制御と実証サンプル

4.3 非破壊検査

4.3.1 はじめに

近年，Additive Manufacturing（AM）技術は，製造業界に革命をもたらす新たな製造技術として注目を集めている。従来の機械加工では難しかった複雑形状の製品を迅速に生産でき，機械部品の軽量化や高機能化，そして設計の自由度を向上させることができるため，その適用先が拡がっている。一方，AM製品は従来の製品と同様，製造時品質と供用中（使用中）の健全性の保証が必要となる場合が多く，その手段の1つとして非破壊検査が行われている。医療分野の検査（診断）において，結核を見つけたければ結核の，癌を見つけたければ癌の検査が行われているように，工業分野の検査でも，見つけたい欠陥の種類ごとに検査法が異なる。したがって，「見つけたい欠陥」，すなわちAM造形品で発生し得る有害な欠陥（＝非破壊検査で検出すべき欠陥）を検査の前に把握しておく必要がある。

AM技術ではなく，従来法で製造された製品について考える。これらの製品は，製造時と供用中に様々な要因で欠陥が発生する可能性があるものの，非破壊検査の視点にたつと，その多くは「減肉」，「割れ」，「空洞」のわずか3種類に分類でき，その分類と発生個所（表

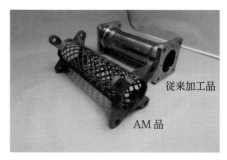

図4.3.1-1　AMで作製した複雑形状製品の例[5]

面／内在）で検査法を選択できる。AM造形品の場合，上記の3つに分類できる欠陥もあるが，分類できない欠陥も発生することが知られており，それを検出対象とする場合には，特別な非破壊検査が必要となる。また，AM製品は図4.3.1-1に示すように複雑形状であることも多く，その形状が影響して従来の非破壊検査が適用できない場合もある。AM造形品の品質と健全性を保証しようとする場合に従来の非破壊検査法が適用できない場合があるということは記憶に留めておくべきであろう。

本節では，はじめに非破壊検査とその役割について説明をする。その後，PBF（Powder Bed Fusion：粉末床溶融結合）とDED（Direct Energy Deposition：指向性エネルギー堆積）を用いて作製するAM造形品を対象に，製造時と供用時（使用開始後）に発生し得

非破壊検査の基礎知識 (1)　「非破壊検査」，「非破壊試験」，「非破壊評価」の使い分け

4.3のタイトルにもなっている"非破壊検査（No-destructive Inspection：NDI）"と類似した言葉に"非破壊試験（Non-destructive Testing：NDT）"と"非破壊評価（Non-destructive Evaluation：NDE）"がある。これらの用語はあまり区別せずに使われることもあるが，例えば，非破壊検査の分野で有名な国際学術誌のタイトルは"NDT and E International"で，T（試験）とE（評価）を使い分けている。JIS（日本産業規格）によるとそれぞれの用語の定義は次の通りである。

「非破壊検査」　非破壊試験の結果から，規格などによる基準に従って合否を判定する方法
「非破壊試験」　素材や製品を破壊せずに，欠陥の有無・その存在位置・大きさ・形状・分布状態などを調べる試験
「非破壊評価」　非破壊試験で得られた指示を，試験体の性質または使用性能の面から総合的に解析・評価すること

非破壊検査関連の仕事を実際に行う際には，これらの用語の使い分けが必要な場合もあるが，非破壊検査に直接的に係わらない限り，これらの用語をシビアに使い分ける必要がある機会は少ない。4.3「非破壊検査」では使い分けのことはあまり気にせず，テレビ，雑誌などで広く使われている非破壊検査という言葉を使用する。

る欠陥の種類を紹介する。次に AM 造形品にも適用可能な従来の非破壊検査法と，AM 造形品に存在する特殊な欠陥の検出のための非破壊検査法の説明をする。最後に，AM 造形品の非破壊検査に関する規格の動向とともに課題と考えている項目を列挙する。

4.3.2 非破壊検査とその役割

非破壊検査とはものを破壊せずに検査をする技術である。非破壊検査は工業分野に限らず，医療分野，食品分野などでも行われている。工業分野において非破壊検査の対象となるのは主に機械・構造物，輸送機などに使われている部材とその接合部である。欠陥が材料の内部に潜んでいる場合には，目視による検査では見つけることができないが，適切な非破壊検査を行うこ とで検出することができる。

次に非破壊検査の役割の説明をする。機械と構造物の部材には外から力（外力）が作用する。外力が作用すると，部材の内部には，外力に比例した内力が発生する。その様子を図 4.3.2-1 に示す。

部材に欠陥が含まれない場合（左上図），内力は断面に対して均一に発生する（左下図）。ここで，単位面積あたりの内力を応力という。部材にある一定以上の応力が発生すると部材は破壊するので，設計者は各部材に発生する応力を見積もり，材料強度のばらつきなども考慮しながら破壊しないような部材の寸法と形状を決めている。しかし，部材に図 4.3.2-1（中央上図，右上図）のように設計者が想定していないような欠陥が存在した場合（中央上図は左側が欠けている。右上図は部材中央に楕円状の貫通欠陥が存在する），部材に発生する応力は，欠陥がない左図の場合から変化し，設計者が想定していた以上の応力が部材に発生する。このような応力状態になると最悪の場合，部材が破壊して機械・構造物の破壊事故を引き起こす。すなわち，設計者が想定していない欠陥を非破壊検査で検出することが重要である。この種の欠陥は製造時だけではなく，供用中（使用中）にも発生する。また，欠陥は，図 4.3.2-1 の中央図と右図のようなものとは限らず，AM 造形品で発生し得る溶融不良なども欠陥になり得る。なぜなら，溶融不良が存在すると，内力の伝達を阻害して内力の分布

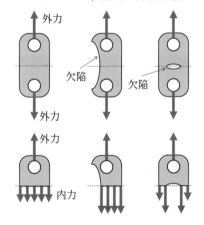

図 4.3.2-1 部材に発生する内力の分布（左図：欠陥がない場合，中央・右図：欠陥がある場合）

非破壊検査の基礎知識 (2)　欠陥 (defect) ときず (flaw)

本文の中で"欠陥"と"きず"という言葉がでてきたが，JIS によるそれぞれの用語の定義を示す。非破壊試験によって得られたすべての不連続部のことをきずといい，そのうち不合格となるきず，すなわち機械・構造物などに悪影響を及ぼすと判断されたものを欠陥という。非破壊検査の分野では"欠陥"と"きず"の厳密な使い分けが要求される場合があり，筆者の感覚では，先の非破壊検査／試験／評価の使い分けよりもこちらの使い分けの方が要求される機会が多いと考えている。

表　"きず"と"欠陥"（JIS Z 2300 非破壊試験用語による）

用語	英訳	意味
きず	flaw	非破壊試験の結果から得られる指示が，きずの種類，形状などによって健全部と異なって現れる不連続部。
欠陥	defect	形状，寸法等が規格，使用などで規定する合否判定基準で不合格となるきず。

が変化するためである。さらに，材料が破壊しなくとも欠陥が存在することにより機械・構造物などの機能が低下する場合がある。例えば，AM技術を用いて細かいフィンを有する構造を作製した場合，フィンの間に金属粉がトラップされる（閉じ込められる）ことがあるが，その場合，溶け残った金属粉表面と周辺の溶融凝固した部分との間に，極薄い間隙ができ，造形品の機能に影響を与える。このような機能低下を引き起こすものも非破壊検査の検出対象となる。機能管理の面からも非破壊検査は重要である。非破壊検査を実施するタイミングは，製造中，製造後，供用中となる。補修を実施する場合には，補修後に行うこともある。

4.3.3 AM造形品で発生し得るきず

本項ではAM造形品の中でも，DEDとPBFで作製する造形品を対象に，製造時と供用時（使用開始後）に発生し得る欠陥の種類を紹介する。すでに基礎知識(2)で欠陥(defect)ときず(flaw)の違いについて説明をしたが，ISO/ASTM TR52905「Additive manufacturing of metals -Non-destructive testing and evaluation- Defect detection in parts」[6]の中で主なきずとして挙げられている損傷は表4.3.3-1および表4.3.3-2の通りである。きずが欠陥となるかどうかは，対象となる部材に作用する外力の大きさや種類などによる。

なお，これらのきずの和訳はJISの付加製造（AM）―用語及び基礎的概念に記述がなく，筆者が独自に翻訳したものも含まれることをご承知おき頂きたい。

表4.3.3-1　DEDによるAM造形品に存在し得るきず

表面仕上げ不良	Poor surface finish
ポロシティ	Porosity
溶込み不足	Incomplete fusion
幾何学的精度不良	Lack of geometrical accuracy
アンダカット	Undercuts
不均一な溶接ビードと融合特性	Non-uniform weld bead and fusion characteristic
ホール，ボイド	Hole or void
非金属介在物	Non-metallic inclusions
亀裂	Cracking

表4.3.3.-2　PBFによるAM造形品に存在し得るきず

未固結粉末	Unconsolidated powder
トラップされた粉末	Trapped powder
レイヤー欠陥（水平方向の融合不良）	Layer defect (Horizontal lack of fusion)
クロスレイヤー（垂直方向の融合不良）	Cross layer (Vertical lack of fusion)
ポロシティ	Porosity
幾何学的精度不良	Lack of geometrical accuracy
機械特性の低下	Reduced mechanical properties
介在物	Inclusions
ボイド	Void
表面仕上げ不良	Poor surface finish

各表に示した多くの損傷は，通常の溶接や鋳造で生じるきずであり，多くの参考書に写真付きで説明があるためここではここでは説明しない。前述のISO／ASTM TR52905の中で，AM特有のきずとして区分されている，(a)未固結粉末，(b)トラップされた粉末，(c)レイヤー欠陥，(d)クロスレイヤーについてのみその概略を説明する。

(a) 未固結粉末（Unconsolidated powder）

粉末層の粒子間に結合力が生じて固体化する現象を固結というが，固結が生じていない部分（図4.3.3-1）。応力が伝達しないため，応力集中が生じる。

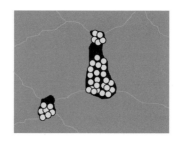

図4.3.3-1　未固結粉末が残留した例

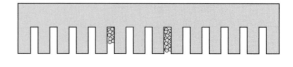

図4.3.3-2　トラップされた粉末の例

(b) トラップされた粉末（Trapped powder）

図 4.3.3-2 のように細かいフィンなどを作る場合，そのフィンの間にトラップされ，残ってしまった粉末。材料強度上は問題とならない場合が多いが，製品の機能上問題となる場合がある。

(c) レイヤー欠陥（Layer defect）

積層面と平行にボイド，ポロシティ，未固結粉末などが連結して生じる平面状のきず。

(d) クロスレイヤー（Cross Layer）

積層面と垂直にボイド，ポロシティ，未固結粉末などが連結して生じる平面状のきず。

なお，ISO／ASTM TR52905 では製造時に発生するきずのみが掲載されているが，供用中にも使用環境と使用方法によっては損傷が発生する。例えば，局部／全面減肉，疲労／応力腐食割れなどが生じる可能性があり，構造強度もしくは製品の性能に影響を及ぼすものは非破壊検査の検出対象となる。

4.3.4　従来の非破壊検査法[7]

検査対象の AM 造形品の形状が複雑でなく，また表面が平坦な場合，4.3.3 項で紹介したきずのうちの多くに対して，従来の非破壊検査法が適用できる。また，図 4.3.4-1 のように表面が粗い AM 造形品については，例えば非破壊検査に使用するセンサをあてる位置だけを機械加工で平坦にすることにより，従来の方法が適用できるようになる場合もある。従来の代表的な非破壊検査法には以下の(a)～(h)がある。それぞれの試験法について，英語名と略称も記載した。

(a) 目視試験（Visual Testing: VT）
(b) 浸透探傷試験（Dye Penetrant Testing: PT）
(c) 磁粉探傷試験
　　（Magnetic Particle Testing: MT）
(d) 渦電流探傷試験（Eddy Current Testing: ET）
(e) 放射線透過試験（Radiographic Testing: RT）
(f) 超音波探傷試験（Ultrasonic Testing: UT）
(g) アコースティック・エミッション試験
　　（Acoustic Emission Testing: AT）
(h) 赤外線サーモグラフィ試験
　　（Infrared Thermographic Testing: TT）

一般に(a)～(d)，(h)の方法が，表面／表面近傍の欠陥検出に適用されているのに対し，(e)～(g)は内部の欠陥検出にも適用されている。それぞれの手法の概略を紹介する。

(a) 目視試験（Visual Testing：VT）

試験体の表面性状（形状，色，粗さ，欠陥の有無など）を肉眼で直接，もしくはファイバースコープ，ビデオ内視鏡などの補助機器を用いて間接的に観察し，欠陥を検出する試験法である。直接肉眼で観察する場合には，直接目視，間接的に観察する場合には間接目視という。図 4.3.4-2 に溶接部の表面欠陥（アンダカット）を目視試験によって検出しているイメージを示す。AM 品においては，表 4.3.3-1，-2 中の表面仕上げ不良と幾何学的精度不良の検出などに用いることができる。

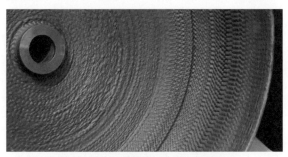

図 4.3.4-1　表面が粗い AM 品の例
（2023 年にシンガポールで開催された
IIW（国際溶接学会）の展示ブースで筆者が撮影）

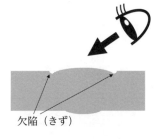

図 4.3.4-2　目視試験のイメージ

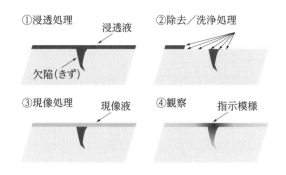

図 4.3.4-3　浸透探傷試験の原理

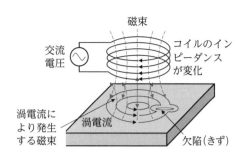

図 4.3.4-5　渦電流探傷試験の原理

(b)　**浸透探傷試験**（Dye Penetrant Testing：PT）

図 4.3.4-3 に浸透探傷試験の基本原理を示す。亀裂状の欠陥が存在する材料の表面に着色染料または蛍光体を含有する液体（浸透液）を塗布すると，浸透液は毛管現象によって欠陥の内部に染み込む①。一定時間後に表面に残った浸透液を洗浄し②，現像剤を塗布③して欠陥の中に浸透した浸透液を表面に吸い出だして拡げることにより④，欠陥を検出する。浸透探傷試験は，対象が多孔質の材料でなければ，非磁性材料と非導電性材料にも適用可能である。

(c)　**磁粉探傷試験**（Magnetic Particle Testing：MT）

図 4.3.4-4 に磁粉探傷試験の基本原理を示す。磁粉探傷試験では材料を磁化し，材料中に磁束を発生させる。このとき，材料の表面に欠陥が存在すると，この部分で磁束の通過が妨げられて磁束が外側に漏洩する（漏洩磁束）。材料の表面に磁粉を塗布することで，この漏洩磁束を検出し，欠陥の位置と形状を測定する。漏洩磁束により形成される磁粉模様の幅は欠陥の幅の数倍から数十倍になるので，欠陥の存在を目視で確認することが可能となる。磁粉探傷試験では試験体を磁化する必要があるので，磁化しない材料には適用できない。例えば，オーステナイト系ステンレス鋼には適用できない。

(d)　**渦電流探傷試験**（Eddy Current Testing：ET）

図 4.3.4-5 に渦電流（うずでんりゅう）探傷試験の基本原理を示す。導電性のある材料の表面近くに交流を流したコイルを近づけると，材料の表面近傍に渦電流が発生する。一方で，この渦電流は試験コイルが誘導する交流磁束を打ち消すような磁束を発生する性質がある。表面に欠陥があると渦電流の流れが変わるために打ち消す方向の磁束が変化し，コイルの交流に対する抵抗（インピーダンス）が変化する。このインピーダンス変化を捉えることによって欠陥を検出する。欠陥を非接触かつ高速で検出できるという特徴がある。コイルと試験対象の間隔（リフトオフという）が変化するとコイルのインピーダンスが変化するため，表面に凹凸がある AM 造形品には適用できない。

(e)　**放射線透過試験**（Radiographic Testing：RT）

図 4.3.4-6 に放射線透過試験の基本原理を示す。放射線は物質を透過する性質があるが，材料中に空隙な

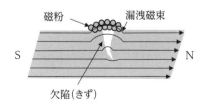

図 4.3.4-4　磁粉探傷試験の原理

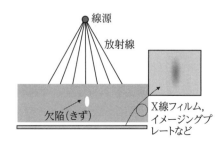

図 4.3.4-6　放射線透過試験の原理

4.3 非破壊検査

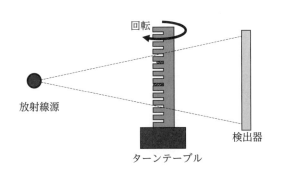

図 4.3.4-7 放射線 CT 装置の原理

どの欠陥があると，この部分を透過する放射線の強さは周辺の健全部よりも強くなる。この放射線の強さの変化をフィルムまたはイメージングプレートなどで画像化することにより欠陥を観察する。放射線として一般に X 線またはγ線を用いるが，中性子線を用いる場合もある。放射線透過試験は，機械・構造物，輸送機などの工場製作において製造検査に広く適用されている。ただし，供用期間中の検査では，放射線の遮蔽の問題がある。また，検出対象が疲労亀裂のような平面状欠陥の場合には，放射線の向きによっては開口幅が狭いために放射線の強さに差が現れにくく，検出するのが難しい。

AM 造形品では複雑形状な製品が多いため，様々な方向から放射線を透過させて確認をする必要がある。図 4.3.4-7 のようにターンテーブルの上に試験対象を設置して回転させながら放射線を検出し，画像処理をすることで任意の断面画像を得られるようにしたものが，放射線 CT（Computed Tomography）装置である。この装置を使用することで，AM 造形品の任意の断面画像が得られ，欠陥の有無を確認できる。図 4.3.4-8 は X 線を用いて取得した CT 画像の例である。4.3.3 で紹介した AM 特有のきずとして区分されている(a)未固結粉末，(b)トラップされた粉末，(c)レイヤー欠陥，(d)クロスレイヤーに対する検出手段の1つとして用いられている。

(f) **超音波探傷試験**（Ultrasonic Testing：UT）

図 4.3.4-9 に超音波探傷試験の基本原理を示す。超音波は指向性が強く，材料に入射するとあまり拡がらずに直進するが，欠陥が存在すると反射したり回折したりする。超音波探傷試験では，欠陥で反射／回折して戻ってきたエコー（きずエコー）の有無を観察することによって欠陥を検出する。欠陥エコーが観察された時間から欠陥の位置を測定する。

また，多数の振動子を配列したアレイ探触子を用いるフェーズドアレイ超音波探傷試験が用いられることもある。この方法は，各振動子から発信する超音波のタイミングを連続的にずらすことにより，合成した超音波を任意の方向に集束させたり，走査させたりする方法である。探触子を動かさなくても，任意の方向に超音波を集束できるので，複雑な形状の部材にも適用ができるという特徴があり，複雑な形状の AM 造形品に対応できる場合がある。代表的な走査の仕方には図 4.3.4-10

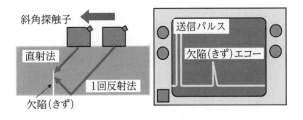

図 4.3.4-9 超音波探傷試験の原理

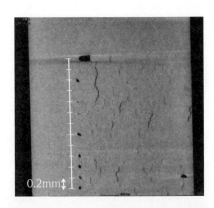

図 4.3.4-8 X 線 CT で AM 造形品の断面を観察した例[8]

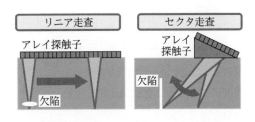

図 4.3.4-10 リニア走査とセクタ走査

143

で示したリニア走査とセクタ走査がある。また最近では，計算量は増えるものの従来のフェーズドアレイ法よりも高空間分解能の探傷画像が得られる，TFM（Total Focusing Method）も用いられることがある。

(g) アコースティック・エミッション試験
（Acoustic Emission Testing：AT）

図 4.3.4-11 にアコースティック・エミッション試験の原理を示す。検査対象物に欠陥が内在する状態で荷重，もしくは圧力を作用させると，欠陥が進展したり，欠陥近傍が塑性変形したりして弾性波を発生する。この弾性波（アコースティック・エミッション）を高感度の AE センサで検出することで，欠陥検出を行う。複数の AE センサを検査対象物に取り付けておけば各センサへの AE の到達時間差から欠陥の位置も推定できる。

(h) 赤外線サーモグラフィ試験
（TT：Infrared Thermographic Testing）

図 4.3.4-12 に赤外線サーモグラフィ試験の原理を示す。検査対象物に欠陥が内在すると健全な部分と比較して温度差が生じる場合がある。このような場合，も

しくはこのような状況を作り出して，温度が異常な箇所を赤外線カメラで探し，欠陥を検出する。熱伝導の良い材料の場合には自然発生的に生じる温度差を測る方法（パッシブ赤外線サーモグラフィ法）ではなく，強力なフラッシュランプもしくはヒータなどで計測対象に熱負荷を与える方法（アクティブ赤外線サーモグラフィ法）が適用される。

4.3.5 AM 造形品に特化した非破壊検査の規格基準と方法

表 4.3.5-1 に AM 造形品に特化した非破壊検査に関する規格基準を示す[9]。検出したい欠陥の損傷モードと AM 造形品の形状によっては従来の非破壊検査が使える場合があり，その場合には従来の溶接部や鋳造品に対する非破壊検査の規格基準が参考になる。

ISO／ASTM TR52905[6] の中で，AM 造形品特有の欠陥に対する製造後検査法として，放射線 CT，サーモグラフィ，フェーズドアレイ，PCRT（Process Compensated Resonance Testing），RAM（Resonant Acoustic Method），NLA（Non-linear acoustic）が有望な非破壊検査法としてとり挙げられている。これらの検査法の中で，PCRT，RAM，NLA は 4.3.4 の従来の非破壊検査法では取り上げなかった方法である。

表 4.3.5-1　AM 品に特化した非破壊検査に関する規格基準類

ISO/ASTM TR52905, Additive Manufacturing of Metals – Non-Destructive Testing and Evaluation – Defect Detection in Parts
ASTM E3166, Standard Guide for Nondestructive Examination of Metal Additively Manufactured Aerospace Parts after Build
NIST, Measurement Science Roadmap for Metal-Based Additive Manufacturing
USAF/AFRL-RX-WP-TR-2014-0162, AMERICA MAKES: NATIONAL ADDITIVE MANUFACTURING INNOVATION INSTITUTE (NAMII) Project 1: Nondestructive Evaluation (NDE) of Complex Metallic Additive Manufactured (AM) Structures
NASA/TM-2014-218560, Nondestructive Evaluation of Additive Manufacturing State-of-the-Discipline Report

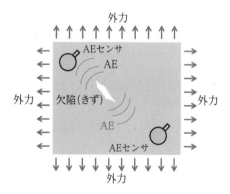

図 4.3.4-11　アコースティク・エミッション試験の原理

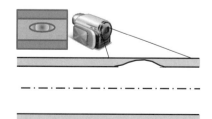

図 4.3.4-12　赤外線サーモグラフィ試験の原理

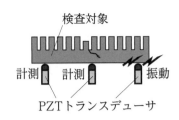

図 4.3.5-1　PCRT による検査の模式図

　PCRT と RAM はどちらも RUS (Resonance Ultrasound Spectroscopy) の一種であり，自由振動状態における固体の固有振動数を計測し，亀裂やボイドが生じた際の固有振動数変化を利用してこれらを検出する方法である [6, 10, 11]。

　PCRT [12] は RUS に基づいた技術であり，図 4.3.5-1 のように検査対象物を複数の PZT トランスデューサの上にカプラント（接触媒質）などを介さずに直接載せ，1 つの PZT [脚注5] を振動させ，残りの PZT で応答を測定する。周波数スペクトルを分析して合否判定するかわりに，パターン認識アルゴリズムを用いて評価する。

　RAM [6] は検査対象をインパクトハンマで叩き，マイクロフォンでその応答を計測し，合格品の周波数スペクトルと比較することで合否を判定する方法である。PCRT と異なり，検査対象に PZT トランスデューサをコンタクトさせる必要はない。

　NLA は音響の非線形性を利用して検査する方法であり，様々な手法がある。例えば，NRUS (Nonlinear Resonant Ultrasound Spectroscopy) は，RUS を拡張したものであり，入射波振幅に依存した共鳴周波数シフトを利用して検査対象の非線形弾性特性や対象の中に存在する非線形欠陥を検出できるようにしたものである [13]。NRUS を AM 造形品に適用した例 [14] も複数報告されている。

　PCRT, RAM, NLA は基本的には製品の合否判定をする手法であり，欠陥の形状や存在する場所などは特定できないが，これらの手法は放射線を用いた方法よりも高速で行うことができる。したがって，AM 造形品を量産する場合には検査を自動化できる可能性がある。また，複数の方法を組み合わせることにより，マクロスケールからミクロスケールまでの欠陥を検出できる可能性があり，AM 造形品の検査法として期待されている。

4.3.6　今後の課題とまとめ

　AM 造形品の非破壊検査は，検出したいきずの種類と対象とする構造の形状複雑性によって使い分ける必要があるが，適切な非破壊検査法が存在しない場合もある。その場合，同じ製品を複数作製して破壊試験により製品の品質を保証したり，安全率を割り増して使用したりしている。例えば，NASA-HDBK-5026 [15] では，AM 造形品を使用する場合には使用用途によっては降伏応力に対する安全率に 1.2，引張強さに対する安全率に 1.3 を掛けて割りますことを要求している。すなわち，AM 造形品の強度性能を 100％活かして使用するためには，AM 造形品の品質保証の高度化が重要な課題である。非破壊検査は品質保証に重要な役割を果たすが，製品の製造法，材質，形状，用途，使用方法と環境により，非破壊検査で検出すべき欠陥の種類と大きさが変わる。すなわち，非破壊検査で検出すべき欠陥の種類と大きさを上述したことを考慮しながら決定する必要があるが，その際には AM 造形方式だけではなく，材料や材料強度，AM 造形品が適用される機械・構造物などの幅広い知識が必要になる。また，欠陥の種類と大きさが決められたとしても，検査対象の表面粗さや形状複雑性により，適切な非破壊検査法を選定する必要があるため，非破壊検査についても幅広い知識が要求される。AM 造形品そのものと AM 造形品の品質保証に関する教育をするための教育機材と教育機関，AM 技術を用いた製造と品質保証に係わる技術者の技量を保証するための認証方法，品質精度を安定させ，世の中で安全に AM 造形品が使用されるためのガイドラインや規格・基準類の充実が今後の課題として挙げられる。

脚注5) PZT：PZT（チタン酸ジルコン酸鉛）は，圧電性をもつ代表的な圧電体のセラミックスである。超音波発生素子やソナー，ス ピーカーなどに用いられる。

4.4 インプロセスモニタリング

Additive Manufacturing（AM）は，材料を層状に積み重ねて部品や製品を作り上げる製造方法であり，従来の削り出しや切削加工とは異なる特徴をもつ。そのため，AM プロセス中には材料の層ごとの形成や，温度，圧力，造形速度，レーザパワーなど溶融接合に関わる様々なパラメーターが存在する[16]。インプロセスモニタリングは，これらのパラメーターや計測信号のデータをリアルタイムで監視することで，製造中に生じる欠陥や異常を早期に検出し，AM の品質管理やプロセス改善に活用するための手段である。

インプロセスモニタリングの一般的な例として，温度モニタリングやレーザパワーのモニタリングが挙げられる。加工中の温度が管理範囲を超えると，製品の品質が低下する可能性がある。例えば，温度モニタリングには，非接触型の赤外線温度計や接触型の熱電対などが使用され，これらのセンサを加工領域に配置し，加工中の温度をリアルタイムで計測する。加工中の温度を定期的に計測することで，加工中の温度異常を検出・監視することができる。また，センサやデータ収集システムの進歩により，リアルタイムでデータを収集し，分析することが可能になっている。これにより，製造中の異常を早期に検出することができる。

このようにインプロセスモニタリングの利点として品質向上が挙げられ，さらにはコスト削減，生産効率向上にも役に立つ。

1. 品質向上：加工中に生じる異常や欠陥を早期に検出し，修正することができる。これにより，製品の品質を向上させることができる。
2. コスト削減：製品の不良率を低下させることができる。不良品の発生を減らすことで，再加工や廃棄物処理などのコストを削減することができる。
3. 生産効率向上：生産中に起きる問題を早期に発見し，生産ラインの停止や中断を最小限に抑え，生産効率を向上させることができる。

このような背景を踏まえ，本節では普及が進んでいる PBF-LB を事例にモニタリングによる欠陥の検出とその応用について述べる。

モニタリングによる品質監視では，欠陥や異常の形成メカニズムに基づいた分析が必要となる。PBF-LB における欠陥や異常は，気孔 [脚注6]，未溶融による融合不良 [脚注7]，亀裂 [脚注8]，組織異常 [脚注9]，および幾何学的異常 [脚注10] に分類でき，その形成メカニズムは未溶融，溶融池内の対流，キーホール形成など，加工中の入熱にともなう金属の溶融現象に関連している。図 4.4-1 に PBF-LB における溶融池現象の模式図を示す。溶融池から，反射・散乱されるレーザ，温度に応じた電磁波，

脚注6）気孔：気孔の形成は，粉末などの素材品質と溶融池の不安定さに起因する。粉末品質に関しては，プラズマ回転電極プロセス法（PREP：Plasma Rotating Electrode Process）と比較して，ガスアトマイズ法で作製された粉末では約3倍のポロシティが形成することが報告されている[21, 22]。ガスアトマイズ法では金属の溶湯に高速のアルゴン，あるいは窒素ガスを噴霧することで粉末化するため，粉末内に残留したガス成分が造形物中で気孔になると推察される。原料粉末由来のガス成分は造形における入熱量を増加することで，溶融池から放出・低減できるが[22]，過大な入熱は溶融池の表面張力の変化や，元素の蒸発によって気孔を形成する[23]。
　一般的に溶融池の中心温度が高く，端部の温度は低い。溶融金属の表面張力は温度によって変化する。このため，溶融金属は表面張力の大きいところに引き寄せられるため，対流が生じ，溶融池形状を変化させる。この対流は溶融池内にガスを引き込んで，大きな気孔を形成するとされている[24]。

脚注7）未溶融による融合不良：溶融池のエネルギーが不十分な場合，粉末粒子を溶融できなくなると未溶融部による空隙が生じる[21]。この空隙は通常，層間の境界に沿って形成し，不規則な形状であり，未溶融の粉末を含むことが多い[25]。

脚注8）亀裂：亀裂の要因として次の3つが挙げられる[21]。1つ

目は前述の未溶融部が亀裂となって残る可能性がある。2つ目は溶融池内の対流やキーホール形成によって閉じ込められたガスが亀裂として残るものである。最後は熱勾配であり，基板と構築材料の線膨張係数に違いがある場合，または凝固の進行中に溶融池に大きな熱勾配がある場合に亀裂が生じる可能性がある。

脚注9）組織的な不均質性（異方性，介在物）：入熱量を変化させると，金属組織が変化する[26]。溶融池の温度勾配の変化にともなって凝固速度が変化し，造形物の組織異方性などの微細構造に影響を与える[27-29]。また酸素による酸化物の形成など，造形中の雰囲気も微細組織に影響を及ぼす[30]。$0.5\mu m$ 以上の粗大な介在物は機械的特性，特に延性，破壊じん性，および疲労特性を悪化させる[6]。また，金属粉末が含有する酸素も酸化物形成の原因となる[6]。

脚注5）幾何学的異常：幾何学的な異常は寸法変化と表面粗さに関するものであり，原因として2つが挙げられる。1つ目は，目標とする製造物の CAD モデルを造形のためにステレオリソグラフィー（拡張子 ".stl"）ファイル形式に変換する際に，オーバーハング部などが階段状となり，表面粗さが増大する[31]。2つ目は溶融池の安定性に関するものであり，溶融池内の対流が寸法や表面粗さに影響を及ぼすことが報告されている[32]。こうした幾何学的異常を最小限に抑えるには，安定した溶融池のサイズ・形状に制御する必要がある。

4.4 インプロセスモニタリング

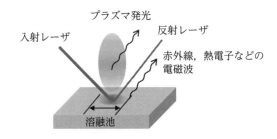

図 4.4-1 PBF-LB における溶融池現象の模式図

イオン化されたガスと金属蒸気で構成されるプラズマプルームが放出されるが[17]、これら電磁波やプラズマプルームは温度により変化する。PBF-LB における溶融池の形成は入熱量によって変化するため、溶融池の温度変化を捉えることで溶融池の状態を推測することができ、溶融池から放出される各種信号は溶融池の深さや溶融池内の対流に起因した欠陥の形成を判定するインプロセスモニタリングにおいて重要な指標となる。

前書きで述べたように AM プロセス中は層ごとに積み重ねていくため、各層の全面にわたる品質監視が求められる。図は溶融池局部の現象を模式的に示したものであり、積層面全体に対して、溶融池から放出される各種信号を監視する必要がある。

近年、PBF-LB におけるインプロセスモニタリング手法として、可視光、電磁波、音響モニタリングなどが検討されている。特に、電磁波モニタリングは、主として温度により強度が変化する赤外線（波長 700nm ～）を観測する光トモグラフィ（OT：Optical Tomography）、フォトダイオード、2 色温度計、サーモグラフィ、分光器などがあり、実機への適用が進んでいる（表 4.4-1）。

前述した PBF-LB における代表的な欠陥である気孔と融合不良を対象に、電磁波モニタリング手法を検討した例を示す。ここでは EOS 社の M290 機を用いて、図 4.4-2 に示す直径 5mm を有する試験片を 1 層の厚さ 40μm の積層造形した場合を示す。モニタリングシステムとしては、同機に装備した図 4.4-3 に示す光トモグラフィー（OT）システムを使用している。OT システムは、加工チャンバ上面の斜め方向から CMOS カメラにより造形中の発光輝度を検出するものであり、濃淡値（Gray value: Gv）と呼ばれる輝度値をインプロセスで計測する。この場合、直径 5mm の粉末床表面上をレーザがスキャンされ、照射された部分の溶融現象が発光強度の輝度として検出される。

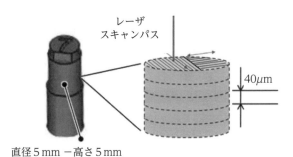

図 4.4-2 造形試験片の概要

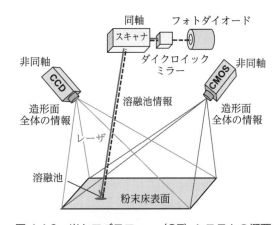

図 4.4-3 光トモグラフィー（OT）システムの概要

表 4.4-1 電磁波モニタリングの種類 [18-20]

商標名	装置メーカー	モジュラー名	モニタリング機器
Direct metal laser sintering（DMLS）	EOS	EOSTATE Exposure OT	sCMOS-camera
		EOSTATE MeltPool	Photodiodes
LaserCUSING	Concept Laser	QM melt pool	High-speed CMOS-camera
Laser metal fusion（LMF）	Sigma Group	PrintRite3D®	N/A
		IPQA®	

147

第4章 AM造形物の品質保証に向けて

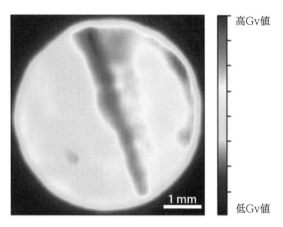

図 4.4-4 造形面全体における Gv 値マッピング

ある造形面における Gv 値の分布例を図 4.4-4 に示す。造形面全体の Gv 値をマッピングしたものであり、黒いほど Gv 値が高く、レーザスキャンの軌跡に依存して生じるエネルギー投入量および温度が高い領域に相当する。

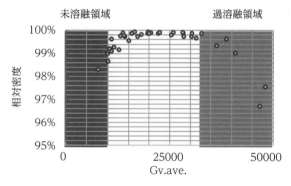

図 4.4-5 Gv 値と相対密度の相関図

図 4.4-5 に Gv 平均値（Gv. ave.）と相対密度の相関図を示す。Gv. ave. は、試験片1個分の全データ（1層全ピクセル×積層数）の平均値であり、相対密度は、試験片1個に対して乾式密度計で測定した値である。Gv 平均値が 25,000 近傍の領域で相対密度が 100% に近くなる傾向であり、欠陥の少ない適正条件に相当する領域が存在する。一方、Gv 平均値が適正条件より低く未溶融状態になる領域では融合不良の欠陥が発生し、Gv 値が高い過溶融状態となる領域では気孔状の欠陥が発生している。

図 4.4-6 に溶融状態と Gv 値の関係を推定した模式図を示す。Gv 値の低い、すなわち低パワー密度のレーザスキャンでは、ビードが細く浅い状態となるので、造形する粉末同士を十分に溶融させることができない。そのため、融合不良の欠陥が発生しやすくなると考えられる。一方、Gv 値の高い箇所では高パワー密度のレーザスキャンが行われており、ビード幅が大きく、溶込みが深くなる溶融池が形成されるが、キーホール形成と溶融池内の対流が不安定となりやすく、気孔状の欠陥が発生するものと考えられる。

造形物の欠陥形成は溶融現象と関係があり、溶融池から温度に関連する赤外線をインプロセスモニタリングした例を示した。このように、各種の情報をモニタリングすることで品質状態を推定できる可能性がある。モニタリングデータを基に品質管理を行う場合は、管理すべき品質項目に応じて適切なモニタリング機器を選択する必要がある。

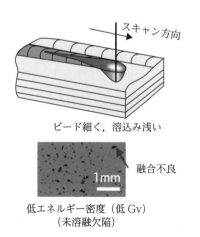
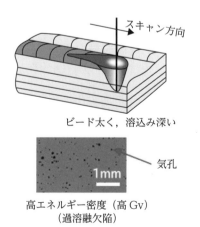

図 4.4-6 溶融状態と Gv 値の関係

4.4 インプロセスモニタリング

Step-Up PBF-LB におけるインプロセスモニタリングの手法

近年，PBF-LB におけるインプロセスモニタリング手法として，可視光，電磁波，音響モニタリングが検討されている。より詳しい情報を以下に述べる。

1 可視光モニタリング

可視光モニタリングは，インプロセスモニタリングに用いられる手法の 1 つであり，比較的安価に設置できるメリットがある。主としてパウダーベッドの監視に使用され，造形品の形状，パウダーベッドにおける熱応力による部品の高さ変化，およびサポート部の接合不良が評価できる[1, 2]。リコーターによる粉敷後のパウダーベッド画像を分析して，パウダー供給不良やリコーターの損傷による粉敷の不均質さ，さらに熱応力による造形品の隆起を検出できる[3]。また，表面部の亀裂は判定可能であると推察される。波長 650nm のレーザ光を用いた造形品高さ測定の検討では，溶融池と凝固層の高さから凝固時の表面変位の情報を取得し，リアルタイムに FEM モデルを形成することで残留応力を算出できることが示されている[4]。

2 電磁波モニタリング

電磁波モニタリングは，表 4.4-1 に示すように，温度により強度が変化する赤外線（波長 700nm ～）を観測する手法として，実機への適用が進んでいる。これら手法は，図 4.4-3 のようにレーザと同軸にモニタリング機器を設置する計測方法と，造形チャンバの上部から造形領域全体をモニタリングする非同軸の手法に分類できる。代表的な例として，同軸タイプはフォトダイオードや 2 色温度計光が挙げられ，非同軸としては，光トモグラフィ（OT：Optical Tomography）やサーモグラフィがある。ここでは，フォトダイオードと光トモグラフィを事例に，モニタリング機器の特徴を述べる。

PBF-LB におけるレーザスキャン速度は非常に早く（100 ～ 1,000 mm/s），レーザのフォーカスエリアは小さい（10 ～ 100μm）ため，モニタリングする機器には高いスキャン速度と空間分解能が求められる。レーザと同軸となるよう設置したフォトダイオードは，空間分解能を有さないが，設定したレーザ照射パターンと比較することで空間的な位置関係を類推できる。フォトダイオードは視野中の信号を単一の数値，つまり検出器に当たる光の量に対応する電圧に限定する特徴があり，低コスト，高感度，高信頼性，高スキャン速度（約 50 kHz）を有するため，モニタリング設備として有用である。

CCD や CMOS カメラを用いる光トモグラフィは空間分解能を有する特徴がある。CCD や CMOS カメラは溶融池サイズや形状を評価し，温度履歴を推定できる[5, 7, 8]。また，スペクトルフィルタによって，観察する波長範囲を選択している。カメラを用いたモニタリング機器のスキャン速度は 0.5 ～ 10kfps（fps：frame per second）であり，同軸で計測するフォトダイオードなどと比較して小さい傾向がある[5]。必要なスキャン速度（fps）の目安はレーザスキャン速度を溶融池サイズで除することで算出できる[5]。

レーザと同軸の電磁波モニタリングは溶融池の情報が得られることから，気孔，亀裂，組織的異常，幾何学的異常を検出できる可能性がある。しかしながら，気孔[5, 7] 以外の検討事例は少ない。一方で非同軸の電磁波モニタリングでは，造形品の温度履歴から定性的な気孔形成の予測が試みられている[8]。また熱履歴が影響する組織的，幾何学的異常の検出に有効であると考えられる。熱履歴から引張強度や残留応力も導出されており，機械的特性や残留応力の品質判定に有効であると考えられる[9]。

3 音響モニタリング

音響モニタリングは，音響センサが低コストであるメリットがあり，レーザ溶接プロセスで有効性が確認されている[10, 11]。良好な溶接条件における音響特性を事前に取得し，評価対象の溶接部の音響特性と比較することで，キーホール形成，プラズマ形成，亀裂伝播など溶接品質を評価できる[10]。また，デポジション方式の造形機では供給粉末量のモニタリング例がある[12]。現在，PBF-LB における音響モニタリングに関する有効性についても議論されている[11]。

参 考 文 献

1) Kleszczynski S., et al.:"Error Detection in Laser Beam Melting Systems by High Resolution Imaging", In: 23rd Annu. Int. Solid Free. Fabr. Symp. University of Texas at Austin, p. 975-987

2) Cooke A.L., Moylan S.P.: "Process intermittent measurement for powder-bed based additive manufacturing", In: 22nd

Annu. Int. Solid Free. Fabr. Symp. University of Texas at Austin, p. 81-98

3) Craeghs T. et al.:"ONLINE QUALITY CONTROL OF SELECTIVE LASER MELTING", In: 22nd Annu. Int. Solid Free. Fabr. Symp. - An Addit. Manuf. Conf. SFF 2011. University of Texas at Austin, p. 212-226

4) Lu Y., et al.: "Online Stress Measurement During Laser-aided Metallic Additive Manufacturing", Sci. Rep., Vol. 9, No. 7630, (2019)

5) Berumen S., et al.:"Quality control of laser- and powder bed-based additive manufacturing (AM) technologies", Phys Procedia, Vol. 5, p. 617-622, (2010)

6) Chivel Y, Smurov I, "On-line temperature monitoring in selective laser sintering/melting", Phys Procedia, Vol. 5, p. 515-521, (2010)

7) Mohamad Mahmoudi, Ahmed Aziz Ezzat, Alaa Elwany, "Layerwise Anomaly Detection in Laser Powder-Bed Fusion Metal Additive Manufacturing", J. Manuf. Sci. Eng., Vol. 141, (2019)

8) Williams R.J., et al.: "In-situ thermography for laser powder bed fusion: effects of layer temperature on porosity, microstructure and mechanical properties", Additive Manufacturing, (2019)

9) Sigma labs HP, https://sigmalabsinc.com/

10) Xie X., et al.:"Mechanistic data-driven prediction of as-built mechanical properties in metal additive manufacturing", Comput. Mater., Vol. 7, No. 86, (2021)

11) Gu H., Duley W.W.: "A statistical approach to acoustic monitoring of laser welding", J Phys D Appl Phys, Vol. 29, p. 556-560, (1996)

12) Purtonen T., et al.: "Monitoring and adaptive control of laser processes" Phys Procedia, Vol. 56, p. 1218-1231, (2014)

13) Whiting J., et al.: "Real-Time Acoustic Emission Monitoring of Powder Mass Flow Rate for Directed Energy Deposition", Additive Manufacturing, (2018)

第4章　参考文献

1) ISO／ASTM 52920:2023　Additive manufacturing - Qualification principles - Requirements for industrial additive manufacturing processes and production sites

2) JSMEテキストシリーズ　機械材料学：日本機械学会（2008）

3) 金属便覧：日本金属学会, 丸善株式会社（2000）

4) 松永哲也, 本郷宏通, 山崎政義, 田淵正明：鉄と鋼 Vol. 109（2023）, No. 7, pp. 605-612

5) 北本和也, 長田泰一, 内田英樹, 住田泰史, 畠中龍太：非破壊検査, 70, 7, p.257（2021）

6) ISO／ASTM TR 52905, pp.1-27, pp.59-75（2023）

7) 水谷義弘：よくわかる最新非破壊検査の基本と仕組み, pp.66-73, 秀和システム（2010）

8) 伊藤海太, 草野正大, 出村雅彦, 渡邊誠：非破壊検査, 70, 7, p.270（2021）

9) J. M. Waller: Presentation material for ASTM International Webinar "Nondestructive Testing of Additive Manufactured Metal Parts Used in Aerospace Applications", pp.24-36（2018）https://ntrs.nasa.gov/api/citations/20180001858/downloads/20180001858.pdf

10) 垂水竜一：まてりあ, 48, 8, p.420（2009）

11) B. Tran, K. A. Fisher, J. Wang, C. Divin, G. J. Balensiefer, A. P. Townsend, NDT and E International, 138, pp.1-7（2023）

12) A.T. Sidambe, W.L. Choong, H.G.C. Hamilton, I. Todd: Materials Science & Engineering A, 568, p.220（2013）

13) 小原良和, B. Anderson, T. J. Ulrich, P.L. Bas, P. Johnson, S. Haupert: 非破壊検査, 64, 12, pp. 571-578（2015）

14) 例えば E. Bozek, S. McGuigan, Z. Snow, E. W. Reutzel, J. Rivière, P. Shokouhi: NDT and E International, 123, 102495（2021）

15) M. McElroy, Presentation material for ICAM2021, p.23, Milan（2021）https://ntrs.nasa.gov/api/citations/20210020710/downloads/NASA%20AM%20Handbook%20Overview%208-18-21.pdf

16) J.P. Oliveira, A.D. LaLonde, J.Ma, "Processing parameters in laser powder bed fusion metal additive manufacturing", Materials and Design,193（2020）108762.

17) Thomas G. Spears and Scott A. Gold, "In-process sensing in selective laser melting (SLM) additive manufacturing", Spears and Gold Integrating Materials and Manufacturing Innovation, DOI 10.1186/s40192-016-0045-4, (2016)

18) Sarah K. Everton, Matthias Hirsch, Petros Stravroulakis, Richard K. Leach, Adam T. Clare, "Review of in-situ process monitoring and in-situ metrology for metal additive manufacturing", Materials and Design, Vol. 95, p. 431-445, (2016)

19) Sigma labs HP, https://sigmalabsinc.com/

20) Eugen Boos, Michael Schwarzenberger, Martin Jaretzkiy, Hajo Wiemer, Steffen Ihlenfeldt, "Melt Pool Monitoring using Fuzzy Based Anomaly Detection in Laser Beam Melting", Metal. Addit. Manuf. Conf., (2019)

21) Hossein Taheri, Mohammad Rashid Bin

Mohammad Shoaib, Lucas W. Koester, Timothy A. Bigelow, Peter C. Collins, Leonard J. Bond, "Powder-based additive manufacturing - a review of types of defects, generation mechanisms, detection, property evaluation and metrology", Int. J. Additive and Subtractive Materials Manufacturing, Vol. 1, No. 2, (2017)

22) Ahsan, M.N., Bradley, R. and Pinkerton, A.J., "Microcomputed tomography analysis of intralayer porosity generation in laser direct metal deposition and its causes", Journal of Laser Applications, Vol. 23, No. 2, (2011)

23) Aiden A. Martin, Nicholas P. Calta, Saad A. Khairallah, Jenny Wang, Phillip J. Depond, Anthony Y. Fong, Vivek Thampy, Gabe M. Guss, Andrew M. Kiss, Kevin H. Stone, Christopher J. Tassone, Johanna Nelson Weker, Michael F. Toney, Tony van Buuren, Manyalibo J. Matthews, "Dynamics of pore formation during laser powder bed fusion additive manufacturing", NAT. COMMUN., DOI: 10:1987, (2019)

24) Shyam Barua, Frank W. Liou, Joseph William Newkirk, Todd E. Sparks, "Vision-Based Defect Detection in Laser Metal Deposition Process", Rapid Prototyping Journal, Vol. 20, No. 1, p. 77-86, (2014)

25) Qianchu Liu, Joe Elambasseril, Shoujin Sun, Martin Leary, Milan Brandt, Peter Khan Sharp, "The Effect of Manufacturing Defects on The Fatigue Behaviour of Ti- 6 Al- 4 V Specimens Fabricated Using Selective Laser Melting", Advanced Materials Research, Vol. 891-892, p.1519-1524, (2014)

26) Xibing Gong, James Lydon, Kenneth Cooper, Kevin Chou, "Beam speed effects on Ti- 6 Al- 4 V microstructures in electron beam additive manufacturing", Journal of Materials Research, Vol. 29, No. 17, p. 1951-1959, (2014)

27) Sung-Hoon Ahn, Michael Montero, Dan Odell, Shad Roundy and, Paul K. Wright, "Anisotropic material properties of fused deposition modeling", ABS" Rapid Prototyping Journal, Vol. 8, No. 4, p.248-257, (2002)

28) Yanyan Zhu, Xiangjun Tian, Jia Li, Huaming Wang, "The anisotropy of laser melting deposition additive manufacturing Ti-6.5Al-3.5Mo-1.5Zr-0.3Si titanium alloy", Materials and Design, Vol. 67, p.538-542, (2015)

29) Beth E. Carroll, Todd A. Palmera, Allison M. Beesea, "Anisotropic tensile behavior of Ti- 6 Al- 4 V components fabricated with directed energy deposition additive manufacturing", Acta Materialia, Vol. 87, p.309-320, (2015)

30) Corinne Charles Murgau, "Microstructure Model for Ti- 6 Al- 4 V used in Simulation of Additive Manufacturing", (2016)

31) Giovanni Moroni, Wahyudin P. Syam, Stefano Petro, "Towards early estimation of part accuracy in additive manufacturing", Procedia CIRP, Vol. 21, p.300-305, (2014)

32) Y. S. Lee, D. F. Farson, "Surface tension-powered build dimension control in laser additive manufacturing process", Vol. 85, p.1035-1044, (2015)

第5章

AM設計（DfAM）入門
～トポロジー最適化による構造設計～

5.1 はじめに

　昨今の積層造形（AM：Additive Manufacturing）技術の飛躍的発展により，本書の随所でも見られるように様々な構造を自在に製造できる時代が到来している。これまでの製造法では実現が困難，あるいは不可能な構造を創成する点において，AMは人類の成し得る設計自由度の飛躍的向上に寄与していると言っても過言ではない。つまり，工学設計において何らかの機能を実現するにあたり，AMは我々に新たな選択肢を与えてくれるのである。

　さて，AMによって製造の自由度が飛躍的に向上されるとして，そもそもAMによってどのような構造を製造させれば良いのであろうか？どんなに優れた製造技術だとしても，AMはあくまで手段であり，目的を達成するための適切な造形対象をあらかじめ定めることができなければ，当然ながら宝の持ち腐れとなってしまう。これに対し，系統的な設計方法や指針を与えることを目的とした考え方としてAMのための設計（DfAM：Design for Additive Manufacturing）がある[1-3]。

　DfAMという言葉は，そこからAdditiveを取り除いた，いわゆる製造性設計法（DfM：Design for Manufacturing）と関連付けられるものであり，AM全般に関連する設計法の広範囲において使用されている。文献[3]においては「望ましい性能やライフサイクル目標の達成に向け，AMの製造能力を最大限活用するための，形状，寸法，材料組成，微細構造の総合」と定義されている。そのための方法論としては，2.4節に述べられている造形設計の最適化とともに，機能性を最大限発揮する造形対象の構造最適化が挙げられる。本章では，後者についてその基本的な考え方や方法論について解説していく。以降，特に断りが無ければAM

のための構造設計法という意味合いでDfAMという言葉を用いる。なお，DfAMについてより包括的に学びたい読者は文献[1-3]を参照されたい。

　以下5.2節ではDfAMに向けた構造最適化について概説する。5.3節ではDfAMで中核的な技術として注目を集める構造最適化の一方法論として知られるトポロジー最適化[4,5]について，その基本的な理論を紹介する。5.4節では，トポロジー最適化と同様に昨今のDfAMにおいて重要な役割を担いつつあるジェネレーティブデザイン[6,7]について，学術的な側面から眺めた際の考え方を述べる。5.5節では，最適化によってコンピュータ上で得られた構造を実際のAMへ展開するために重要となる手続きについて解説する。5.6節では様々な例題を通して，トポロジー最適化によって得られた構造やプロトタイプとしての造形物を紹介する。最後に，本章で取り上げたDfAMに関する事項をまとめた上で，今後の展望について述べたい。なお，今回は幅広い分野における初学者を読者の対象としており，DfAMの簡素な理解に繋がることを目指して記述している。したがって，一般的な専門書や論文とは異なり，厳密性は犠牲にしつつ，筆者の私見を交えながら読みやすい文章になるように努めた。また，以降の中核となるトポロジー最適化の数学的に込み入った議論や，事例における具体的な定式化方法およびパラメータ値などについては割愛している。適宜関連する文献を引用しているので，詳細を知りたい読者はそれらを参考にしていただきたい。

5.2 DfAMと構造最適化

　DfAMを考えるにあたり，ここでは造形対象の「形」に着目しよう。一般に構造物や機械製品の各種性能はそれらの形に強く依存する。例えば，自動車の車体構

造は衝突安全性や車体重量と密接に関わっているし，飛行機の翼形状は空力抵抗を左右する重要な設計対象である。このように，「最適な形を如何に仕立て上げるか」というのは，工学設計において常に付きまとう根源的な課題といえよう。

ここで，最適な形を数理的に求める方法として，構造最適化がある。この方法では，コンピュータによる数値計算と最適化理論を駆使することにより，人の勘や経験によることなく系統的に最適な構造を生み出すことを可能とする。図5.2-1に示すように，構造最適化は寸法最適化，形状最適化，トポロジー最適化の3つに大別される。この図では，限られた質量のもとで，左端を固定して右下に荷重を与えた際に変形量が最小となる構造の導出を目的としている（剛性最大化問題と呼ばれる）。図からわかるように，寸法最適化は構造物の寸法値を調整することで高性能化，すなわちここでは変形量の最小化を図る方法である。形状最適化は構造物の外形を変えることで高性能化を図る方法であり，一般に寸法最適化よりも高い設計自由度を扱うことになる。これに対し，トポロジー最適化は外形だけでなく穴の数をも設計対象とする方法であり，構造最適化の中で最も設計自由度が高い方法として知られる。

本章ではトポロジー最適化による構造設計を基本とするDfAMについて見ていく。つまり，5.1節で触れたように，DfAMでは材料組成や微視構造についても設計対象としているが，本章では言及しない。なお，これらについても重要な設計対象であり，現在も様々な研究がなされていることを付記しておく[2, 3]。

5.3 トポロジー最適化

ここでは，最適化問題を解くにあたり必要な手続きである定式化について説明した上で，トポロジー最適化の基本的な考え方について述べる。

5.3.1 最適化問題の定式化

最適化を行うにあたり，どういった問題を解くのかをあらかじめ決めねばならない。これを「最適化問題を定式化する」という。話を簡単にするために，ここでは思い切って「美味しいカレーを作る」ことを最適化問題として考えてみよう。言うまでもなくカレーを作るには，じゃがいも，玉ねぎ，人参，肉，カレー粉といった具材が必要である。ここでは，それらの材料を使って可能な限り美味しいカレーを作りたいとしよう。ここで，単に美味しさだけを追い求めてしまうと，高級食材を使えば良いかもしれないが，通常は予算があり，例えば一皿数百円に抑えたい。つまり，限られた予算の下，カレーの美味しさが最大になるように，各材料の分量を決定することになる。さて，このカレーを作る行為をあえて最適化問題として定式化する場合，図5.3.1-1に示すように具材を「設計変数」，カレーの美味しさを「目的関数」，予算を「制約条件」と呼び，解くべき問題を記述する。

トポロジー最適化の場合，最適化問題を材料の分布問題として定式化する。例えば，図5.2-1のトポロジー

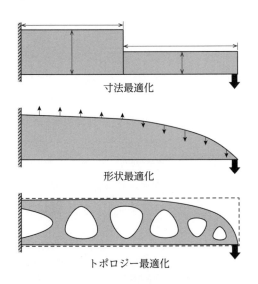

図5.2-1　構造最適化の分類

図5.3.1-1　美味しいカレーを作ることを目的とした最適化問題の定式化

第 5 章 AM設計（DfAM）入門 ～トポロジー最適化による構造設計～

図 5.3.1-2　ディスプレイによる描画方法

最適化問題を定式化する場合，設計変数は枠線内の固体部分，目的関数は構造物の変形量，制約条件は構造物の質量に上限値を設けることに相当する。例を挙げて説明すると，これはディスプレイの描画方法に似ている。図 5.3.1-2 にその例を示そう。このディスプレイは簡単のため非常に解像度が低く，白黒の二色のみを描画できるものとする。ここで，各ピクセルの色を切り替えることで，様々な文字や絵を描画できるものとする。トポロジー最適化がやっていることは，構造物をディスプレイ上に表現した上で，黒色のピクセル数の上限を制約条件として与え，目的関数が改善されるように，設計変数に対応する各ピクセルの色の濃さを調整し，最適なピクセルの分布を求めることである。なお，三次元問題の場合は，ピクセルをボクセルに置き換えて考えれば良い。これらを最適化問題として形式的に書くと，以下のようになる。

$$\begin{aligned}&\text{Find } \mathbf{d} = (d_1, \cdots, d_N)\\&\text{that minimize } J(\mathbf{d})\\&\text{subject to } G(\mathbf{d}) \leqq G_{\max}\\&\qquad d_i = 0 \text{ or } 1, i = 1, \ldots, N\end{aligned} \qquad (1)$$

ここで，N 次元ベクトルで与えられる $\mathbf{d}$ は本最適化問題における設計変数であり，解析領域を N 個のピクセルで分割した際に，各ピクセルにおいて 0 か 1 の値をとるものとして定義する。例えば 0 を空洞，1 を材料と定義すれば，$\mathbf{d}$ によって材料分布を表現できる。また，J と G はそれぞれ目的関数および制約関数であり，まとめて評価関数と呼ぶ。J については最小化としているが，最大化であっても目的関数に負号を付せば両者は等価となるので，以降は最小化問題のみを扱う。また制約関数についてはその最大値を $G_{\max}$ とすることで制約条件を表現する。ここでは簡単のため目的関数と制約条件をそれぞれ 1 つずつ考えているが，複数個の場合も同様に定式化すれば良い。ただし，トレードオフ関係にある複数の目的関数を扱う場合は，パレート最適解[脚注1]の考え方が必要となるので注意されたい。

式(1)を図 5.2-1 の剛性最大化問題に当てはめてみよう。d_i を設計変数ベクトル $\mathbf{d}$ の i 番目の要素とすると，例えば $d_i = 0$ を空洞，1 を材料として，目的関数を荷重が作用している箇所の変位量，制約関数を d_i の総和から算出される質量とすれば良い。なお，式(1)には明記していないが，トポロジー最適化では対象とする物理場の支配方程式を有限要素法等によって数値的に解くことで評価関数を算出する。剛性最大化問題であれば弾性体の平衡方程式が一般に用いられる。そして，構造物の剛性に対応するヤング率 E を次式のように設計変数と紐付けることで，空洞と材料を表現する。

$$E = d_i E_0 \qquad (2)$$

式(2)は各ピクセル（要素）において異なるヤング率を振り分けることを意味しており，空洞では $E = 0$（数値計算上は小さな値を与える），材料では $E = E_0$ とする（E_0：材料固有のヤング率）。

5.3.2　密度法による最適化問題の緩和

ひとたび定式化が完了すれば，あとは適切な数理最

脚注1）**パレート最適解**：複数の目的関数を考慮した際，ある目的関数を改善するために，他の目的関数も同時に改善することができない状況における最適解を指し，これは一意に定まらず複数の最適解として存在する。例えば，抜群に美味しいが超高級食材を要するカレーも程々に美味しいが低予算のカレーもそれぞれ最適であり，甲乙つけがたいことに対応する。

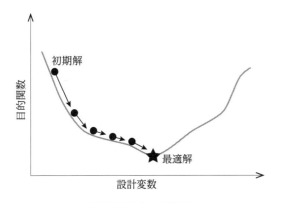

図 5.3.2-1 勾配法

図 5.3.3-1 剛性最大化の問題設定

適化の手法を用いて解けば良いものと考えられるが，実は式(1)で表現されるトポロジー最適化問題を直接解くことは一筋縄にいかない。理由は，トポロジー最適化問題では一般に設計変数の次元 N（図 5.3.1-2 のピクセルの数）が非常に大きくなり，超高次元の 0 / 1 設計変数に対する組合せ問題を解くことに相当するためである。これは，設計変数の次元の増加にともない計算コストが指数関数的に増大する，いわゆる次元の呪いに相当する。したがって，設計変数の次元に制限を課した研究を除いて，多くの先行研究では式(1)を何らかの効率的に解ける問題に置き換えることで，現実的な計算コストでトポロジー最適化を実現している。本章では代表的な緩和手法として知られる密度法[4]について以下解説する。なお，密度法以外の代表的な手法としては，レベルセット法に基づく手法[8]などが挙げられる。

密度法はトポロジー最適化の研究分野で最も利用されている方法として知られており，その基本的な考え方は，設計変数を 0 / 1 の離散変数から連続変数に置き換え，各評価関数の設計変数に関する微分情報（感度）を使用して，効率的に解探索を行うことにある。感度を用いる最適化法は勾配法と呼ばれており，図 5.3.2-1 に示すように目的関数の減少する方向に沿って設計変数を逐次的に動かしていくことで最適解を獲得する。なお，図 5.3.2-1 では一次元の設計変数を扱っているが，トポロジー最適化では数万から場合によっては数億の次元を扱うため，そのような超高次元の解空間を描画することはできないことに注意されたい。また，超高次元の解空間において効率的に感度を算出するには，随伴法と

呼ばれる技術が通常用いられる。随伴法は勾配法を基本とするトポロジー最適化のほとんどの場合において不可欠となる。本章ではその具体に立ち入らないが，興味のある読者はぜひ文献[9]を参照されたい。

5.3.3 工学的に価値のある構造を得る手続き

密度法により最適化問題を勾配法で解ける形式に置き換えることで，いよいよ最適解に辿り着くための道筋が見えてくる訳だが，実は設計変数を連続値に置き換えるだけではうまくいかない。ここでは図 5.3.3-1 に示すように両端を支持し中央に荷重を与えた場合の剛性最大化問題を例に話を進めよう。式(2)を用いると，実際に得られる構造は図 5.3.3-2 のようになってしまう。すなわち，設計変数を連続値に置き換えたために，最適解として中間的な値（グレースケール）を持つ構造を許容してしまうのである。グレースケールは多孔質構造に対応することから，例えばマルチスケールトポロジー最適化[10]といった微視構造も考慮した方法において，積極的に活用する取組みが成されているものの，製造性を加味すると工学的には取り除きたい場合が多い。

トポロジー最適化はあくまで数学的に最適な構造を導き出す方法であるため，工学的に価値のある構造を得るための手続きを組み込む必要がある。

グレースケールを取り除くため，密度法では設計変数がなるべく中間値を許容しないようにする仕組みを取り入れている。剛性最大化問題を例にとると，式(2)のヤング率を以下の補間関数に置き換える。

$$E = d_i^p E_0 \tag{3}$$

ここで，p はペナルティパラメータと呼ばれ，構造力学問題では $p = 3$ が用いられることが多い。この補間関数

図 5.3.3-2　密度法で求めた最適解

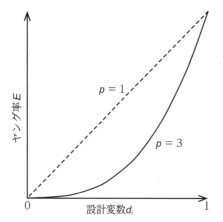

図 5.3.3-3　設計変数とヤング率の補間関数

図 5.3.3-4　補間関数を用いた密度法で求めた最適解

によって，図 5.3.3-3 に示すように設計変数が中間値を取る際に質量あたりの剛性を下げることに繋がる。このように，中間値を取ると損をしてしまう状況をあえて作り出すことによって，最適化過程において設計変数がなるべく中間値を取らないことを実現している。さて，式(3)の補間関数の導入により設計変数の二値化の促進を実現することができるものの，最適化の結果としては図 5.3.3-4 に示すように複雑な最適解が得られてしまう。これはチェッカーボードパターンと呼ばれており，トポロジー最適化で一般に用いられる有限要素法の特性上，せん断方向や体積変化の方向の剛性を過剰に評価してしまうことに起因して発生する。

チェッカーボードパターンを回避する方法として，離散化の際に異なる有限要素を用いる方法などがこれまでに提案されているものの，完全には除去できない場合や，要素分割の仕方によって細かすぎる構造を最適解として許容してしまう問題が知られている。本章の主眼

図 5.3.3-5　密度フィルタと射影法を用いた場合の最適解

にある DfAM に照らし合わせると，AM であっても造形不可能な細かい構造までも許容することに相当する。したがって，最適化で得られる構造の幾何学的な複雑さや部材の最小厚みに対し，ユーザー側で制御できると都合が良い。

ユーザー側で構造の複雑さを抑制するため，密度法では設計変数に対しフィルタ処理を一般に施す。図 5.3.3-5 は密度フィルタによる平滑化処理と射影法による二値化処理を用いた場合[11]に得られる最適解を示す（詳細は「Step-Up：密度法におけるフィルタ処理」を参照）。図からわかるように，チェッカーボードパターンが生じることなく適度な複雑さでありながらグレースケールを抑制できていることがわかる。

5.4　ジェネレーティブデザイン

ここではトポロジー最適化と並び，最近の DfAM で注目を集めているジェネレーティブデザインについて，学術界での定義を踏まえ紹介しておく。なお，ジェネレーティブデザインの定義については，筆者の知る限り，いまだ明確に定められておらず，一部ではトポロジー最適化と混同して使用されている。筆者の周りで話を聴く限りは，ジェネレーティブデザインの定義について疑問を抱いている人が少なくない。そこで本節では，筆者の私見も幾らか交えつつ，ジェネレーティブデザインの定義を定めた上で，DfAM への展開について論じてみたい。

5.4.1　定義

ジェネレーティブデザインの研究分野で比較的引用回数の多い文献[4]によると，以下3つの要素を有するものをジェネレーティブデザインと呼ぶ。
(1)設計の枠組み
(2)設計解のバリエーションを生み出す手段
(3)望ましい結果を選択する手段

この時点で，ジェネレーティブデザインはトポロジー

Step-Up　密度法におけるフィルタ処理

複雑な構造を最適解として許容させないための方法として，密度フィルタが広く用いられている．この方法は，もとの設計変数を周辺の値を用いて平滑化することで，過度に複雑な構造の創出を抑制するものである．

$$\tilde{d}_i = \frac{\sum_{j\in\Omega_i} w_j\, d_j}{\sum_{j\in\Omega_i} w_j} \tag{S1}$$

ここで，$\tilde{d}_i$はフィルタ後の設計変数，Ω_iはフィルタの影響半径内の要素集合，w_jは適当な重み係数を表す．その他にも感度に同様のフィルタを作用させる方法や，平滑化のための偏微分方程式を別に解く方法も提案されている[1]．いずれもフィルタを作用させる際の影響半径がパラメータとなっており，その大きさによって構造物の複雑さの度合いを制御しつつ，部材の最小寸法をある程度規定したりすることができる．図に密度フィルタを用いた際に得られる最適解を示す．確かに複雑な構造の創出は回避できているものの，グレースケールが顕著に現れていることがわかる．これは各設計変数の周辺で平滑化するフィルタの役割を考えると当然の結果であろう．すなわち，密度フィルタを用いた場合，構造の複雑さとグレースケールはトレードオフ関係にある．

図　密度フィルタを用いた場合の最適解

工学的にはグレースケールも複雑な構造も抑制する方法が理想である．これを実現するには，上記のフィルタに加え，設計変数の二値化を促進する手続きを組み込む必要がある．前述の補間関数を用いる方法だけでは，もとの設計変数を完全に二値化できたとしてもフィルタの影響により必ずグレースケールが生じてしまう．そのため，フィルタ後の設計変数に対し二値化を促進する方法が必要となるのである．これを実現する方法としては，緩和ヘビサイド関数を用いた射影法がある．例えば，次式によりフィルタ後の設計変数を，連続関数に緩和したヘビサイド関数へ置き換える[2]．

$$\hat{d}_i = \frac{\tanh(\beta\eta) + \tanh(\beta(\tilde{d}_i - \eta))}{\tanh(\beta\eta) + \tanh(\beta(1-\eta))} \tag{S2}$$

ここで，βおよびηは緩和ヘビサイド関数のプロファイルを決定するためのパラメータであり，$\beta\to\infty$で厳密なヘビサイド関数と一致し，ηは緩和ヘビサイド関数が0から1に遷移する際の変曲点に対応する．βは大きいほど厳密なヘビサイド関数に近づくことでグレースケールをより抑制することに対応するが，大きすぎると遷移領域が急峻になることに起因して最適化計算が不安定化する．そのため，問題によるが$\beta = 4$から8程度の数値的に安定したところで最適化を実施するか，最適化途中で値を大きくしていく方策が取られる．ηは特に理由がなければ0.5に設定しておいて問題ないが，最小寸法をフィルタ半径に対応させる際は，ηを0とすることもある．ただし，その場合はグレースケールが残りやすくなるため注意が必要である．先に示した図5.3.3-5は，緩和ヘビサイド関数による射影法を用いることで得られた最適解である．

以上のように，補間関数，密度フィルタ，射影法を導入することによって工学的に価値のある構造を求めることができる．これらは密度法に基づくトポロジー最適化を活用していく上で重要な手続きであり，今回紹介した以外の方法も多数提案されている．ちなみに，こういったフィルタ処理が不要な手続きとなることもある．例えば，流路の圧力損失最小化問題では，補間関数を用いた方法に対応する手続きのみで良いことが知られている[3]．これは，圧力損失を最小化する目的の場合，幾何学的に単純な流路の方が優位になるためである．このように，対象とする最適化問題の評価関数の特性に応じて，フィルタ処理を導入するか否かを判断すべきである．特に射影法は最適化計算を不安定化する方向へ働くため，闇雲に使用すべきではないことを注記しておく．

参 考 文 献

1) A. Kawamoto, T. Matsumori, S. Yamasaki, T. Nomura, T. Kondoh, S. Nishiwaki: Struct. Multidisc. Optim., 44, 19-24 (2011)
2) F. Wang, B.S. Lazarov, O. Sigmund: Struct. Multidisc. Optim., 43, 6, 767-784 (2013)
3) T. Borrvall, J. Petersson: Int. J. Numer. Methods Fluids, 41, 1, 77-107 (2003)

最適化ではないことがわかる。つまり、上記の(2)に対し、トポロジー最適化によって設計解を網羅的に生成することを意図しているのが、昨今注目を集めているトポロジー最適化を用いたジェネレーティブデザインといえよう。あくまでトポロジー最適化はジェネレーティブデザインという枠組みの中で利用される技術であり、学術的にはジェネレーティブデザインそのものではないことを強調しておきたい。実際、ジェネレーティブデザインの過去の研究では、設計解を生み出す手段として寸法最適化や形状最適化を用いたものも見られる[12]。

ジェネレーティブデザインの歴史を紐解くと、その基本的な考え方は1970年代まで遡ることになる。当初は"Concept Seeding Approach"として建築分野を中心に一部の研究者によって研究が進められたようである[13]。その後、2000年前後からコーヒーメーカー[14]や携帯端末[6]といった製品設計への応用展開が進み、現在も様々な研究が成されている。これらの先行研究では、図5.4.1-1に示すように設計対象物の何らかのモデルをもとに、ルールベースのアルゴリズムによって網羅的に解候補を生成し、その結果を踏まえ、設計者がモデルやアルゴリズムを適宜修正することで満足解の獲得を目指す。代表的な例としては、製品のCADモデルをもとに、その幾何的なパラメータを変化させることによって多様な設計解を生成する方法が挙げられる[6, 11]。このように、モデルの形状を規定する幾何的なパラメータを起点とする方法は以前から行われており、ここでは

以降のトポロジー最適化を用いた最近の方法と区別するため、第一世代ジェネレーティブデザインと名付けておく。

ジェネレーティブデザインが一躍脚光を浴びるきっかけとなったのは、2018年に発表された論文[7]であろう。この論文では設計解を生み出す手段としてトポロジー最適化を採用し、問題を規定する境界条件やパラメータを変化させることで多様な設計解を網羅的に生成する。第一世代ジェネレーティブデザインと大きく異なる点は、トポロジー最適化を駆動力とするその設計自由度にあり、形状を規定する幾何的なパラメータをあらかじめ用意することなく、多種多様な設計解の生成に成功している。このようにトポロジー最適化を利用するジェネレーティブデザインを、以降は第二世代ジェネレーティブデザインと呼ぶことにする。また、この方法では網羅的に生成した設計解から設計者が望ましい結果を選択するための系統的な方法も組み込まれており、トポロジー最適化を起点とした新たなジェネレーティブデザインの可能性を示唆する研究として注目を集め、その後、様々な構造解析ソフトウェアの一機能として普及している。

5.4.2 DfAMでの活用

つづいて、DfAMを念頭に置いた際の第二世代ジェネレーティブデザインについて、その活用方法について述べる。

ジェネレーティブデザインでは、設計者に多様な設計解を提示することから、複数の目的関数を同時に扱う多目的最適化において、複数のパレート最適解を提示することに似ている。無論、解析モデルのパラメータを変更するだけでなく、パレート最適解によって設計解の充実を図ることは得策といえる。ここで、ジェネレーティブデザインと通常の多目的最適化で明確に異なる点は、図5.4.1-1にあるように前者ではあえて人を基本としてモデルやアルゴリズムの改良を行う点にある。つまり、ジェネレーティブデザインの特徴として、最適化計算で用いた評価指標以外の要素も考慮され得る。例えば、意匠といった数式に落とし込むことが難しい評価指標についても、人を基本とすることで、その良し悪しは別として、自然に評価の対象に組み込むことができる。往来

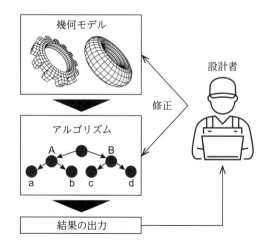

図5.4.1-1　ジェネレーティブデザインの基本的な枠組み

の多目的最適化ではあらかじめ数式で表現した評価指標をもとに種々の最適化アルゴリズムによってパレート最適解の獲得を図るため，基本的に新たな評価指標を最適化途中や最終段階で介入させることは前提にない。

5.5 AMを考慮した最適化

ここまでは，DfAMを実現するにあたり重要な位置づけにあるトポロジー最適化と，それを用いた設計法として最近注目を集めているジェネレーティブデザインについて要点をまとめてきた。これらは主に数値計算に閉じた話題に焦点を絞っているが，AMを念頭に置いて最適化を行うためには，多くの場合において実問題を考慮した追加の手続きを組み込む必要性がある。そこで本節では，AMの製造性制約と最適化後の後工程についてまとめておこう。

5.5.1 AMの製造性制約

AMはこれまでの製造性に対する制約を取り払う可能性を有する技術として注目されているが，必ずしも万物を造形できるわけではない。AMに関する代表的な製造制約としてはオーバーハング制約が挙げられる。図5.5.1-1に示すように，造形面からθ_{oh}度を下回らない

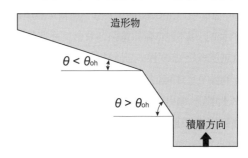

図 5.5.1-1　オーバーハング

Step-Up　ジェネレーティブデザイン研究の展望

DfAMでは積層造形を念頭に置いていることから，造形物の表面粗さといった数値的に取り扱いが難しい要素に起因する誤差が無視できないことが少なくない。つまり，最適化計算によって最終的に算出される性能と，実際の造形物による実験的評価で得られる性能に乖離が生じるのである。とりわけトポロジー最適化では一般にグレースケールを許容することから，いくつかの先駆的な取組みはあるものの，数値計算と実験の乖離を埋める決定的な方法は，いまだ確立されていない。この問題の克服には，実現性を精密に再現し得る詳細な解析モデルを導入した方法をボトムアップに開発していくことが当該研究分野の主流である。しかし，そういった高精度の解析モデルは往々にして膨大な計算コストを要してしまう。一度の最適化に途方もない計算コストを要してしまうと，ジェネレーティブデザインのような網羅的な解探索の手段を取ることは非現実的なものになっていく。さらにトポロジー最適化のような超高次元の最適化問題を解く際に，その強非線形性から勾配法では太刀打ちできない強い多峰性（無数の局所最適解）の問題にもしばしば直面することになる。この二重でのしかかる課題は単にスーパーコンピュータといった高性能計算機があればすべて解決できるものではないため，複雑な最適化問題を別の視点から解くためのアプローチの開発も求められる。

上記の課題を克服するアプローチとして，筆者の研究グループでの取組みを簡単に紹介しておきたい。複雑な問題を直接的に解くのではなく，簡易的なモデルによる網羅的な解候補の生成と高精度モデルによる評価を基本とするマルチフィデリティ法[1]と呼ばれる方法がある。この方法は，航空宇宙分野における航空機やロケットといった大規模システムの最適設計に関する研究を中心に発展し，最近の研究によってトポロジー最適化分野においてもその有効性が示唆されている[2]。この筆者の研究グループで提唱するマルチフィデリティ法では，簡易的な解析モデルによる網羅的なトポロジー最適化と高精度モデルによる評価を軸に枠組みを構成しており，その考え方はジェネレーティブデザインにも通じる。前述の積層造形を考慮した際に生じる誤差に対し，本マルチフィデリティ法の考え方を取り入れることは，ジェネレーティブデザインをDfAMで有効に活用するための1つのアプローチとなり得る。近年は深層学習と組み合わせたデータ駆動型の方法[3]も提唱しており，今後のDfAMへの展開が期待される。

参　考　文　献

1) B. Peherstorfer, K. Willcox, M. Gunzburger: SIAM Rev., 60, 3, 550-591, (2018)
2) K. Yaji, S. Yamasaki, K. Fujita: Struct. Multidisc. Optim., 61, 3, 1071-1085 (2020)
3) K. Yaji, S. Yamasaki, K. Fujita: Comput. Methods Appl. Mech. Eng., 388, 114284 (2022)

ように積層する必要がある。これは，およそ 45 度を下回ると造形物の自重を支えられなくなるためである。極端な例として，0 度の場合はそもそも材料を積層していくことができないことからも理解できよう。

トポロジー最適化において，このような幾何的な制約を埋め込む取組みは盛んに行われてきており，オーバーハング制約についても多くの研究が成されている [15, 16]。ただし，こういった制約は制約がない場合に到達し得る本来の性能を損なう方向に働く。また，幾何的な制約条件は最適化計算の不安定性を引き起こす要因にもなることから，扱いには注意が必要である。他にオーバーハングを回避する方法としては，サポート材のトポロジー最適化 [17] なども提案されているので，状況に応じて使い分けると良い。また，オーバーハング以外の AM に関する製造性制約としては，金属 AM における粉抜きを保証するため，密閉区間の創成を回避する方法 [18] なども提案されている。

5.5.2 後工程

トポロジー最適化で得られた構造を造形するにあたり，一般にはコンピュータ上で得られた構造から STL（Stereolithography）ファイルを作成し，それをもとに三次元プリンターで造形を実施する。ここでは，STL ファイルを作成する際の注意点をまとめておく。

STL ファイルは，図 5.5.2-1 に示すように対象物の形を三角形の集まりで表現したメッシュデータを保存したファイル形式である。ここで，トポロジー最適化では多くの場合において，境界面が有限要素をまたがっている場合や，そもそも密度法で見られるように境界近傍がグレースケールで表現されることから，最適化された構造から設計変数の等値面を抜き出し，メッシュデータを再構成する必要がある。

少し細かい話題になるが，滑らかな境界面を有するメッシュデータを取得したい際は，等値面を抜き出す際に設計変数を節点に定義した上で，5.3.2 節で説明したフィルタをかけておくと良い（その際のフィルタの影響半径は最適化時と同じである必要はない）。トポロジー最適化を実施可能な市販のソフトウェアによっては，同様の機能が組み込まれている場合もあるので適宜マニュアルを参照いただきたい。

最適化結果を STL ファイルに変換後，そのまま造形に移行するのではなく，高精度の数値シミュレーションを実施すべきである。これは，トポロジー最適化を実施した際の解析モデルと STL ファイルに変換後の明確な境界面を有する解析モデルにはいくらかの数値誤差が生じているためである。後者のモデルの方が明確な境界を有していることから，実現象に近い振る舞いをすることが期待できるため，STL ファイルをもとにジオメトリ形状を作成し，詳細な数値シミュレーションによって性能を評価しておく。この時の性能評価において，トポロジー最適化時のものと比較した際に無視できない乖離が生じ，実用に耐え得る性能値を有していない場合は，メッシュデータの構成方法や，最適化の解析モデルの工夫が必要となる。また，複雑な最適化構造の場合は，STL ファイルに修正が必要になるなど，場合によっては膨大な時間を要してしまうこともある。この問題を解決するため，最適化構造をスムーズに CAD データへ変換する方法として，アイソジオメトリック解析を利用することで CAD との親和性に重点を置いたトポロジー最適化 [19] などについても研究が進められている。

5.6 トポロジー最適化の事例紹介

本節では構造，熱，流体といった様々な物理場を対象としたトポロジー最適化の事例を紹介する。本章では初学者を対象として DfAM の一端を簡潔にまとめることを目的としているので，それぞれの問題を解くための具体的な定式化や実装方法について興味のある読者は関連する文献を参照いただきたい。また，事例の多くは

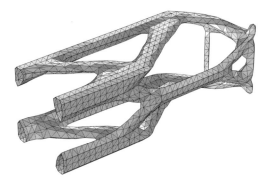

図 5.5.2-1　STL ファイルの例

二次元の解析モデルを用いた数値例となっている。DfAMであれば三次元の解析モデルが前提となるが，二次元であってもトポロジー最適化の基本的な考え方は三次元の場合と同様であるため，DfAMに向けた低計算コストの基礎検討と捉えて差し支えない。

5.6.1 剛性最大化

ここでは最も基本的な問題として知られる剛性最大化問題[4]について紹介しよう。問題設定は図5.3.3-1と同じとする。この問題では，あらかじめ与えた体積制約のもと，荷重を与えている点の変位量を最小化することを目的とする。図5.6.1-1に最適化が進展する様子を示す。初期構造として，体積制約を満たす均一の設計変数を与えており，そこから固体と空洞に分化していく様子が見て取れる。

図5.6.1-2に目的関数と制約関数の収束履歴を示す。この図からわかるように，目的関数は50ステップまでにほぼ収束する。剛性最大化では，体積が大きいほど目的関数（荷重点での変位量）が小さくなることから，体積制約は常に等式で満たされる。

実際，図5.6.1-3は異なる体積制約を設定した際に得られる最適化構造を示しており，いずれも体積制約は等式で満たされる。なお，本事例では体積を制約条件として与えているが，目的関数とすることも可能であ

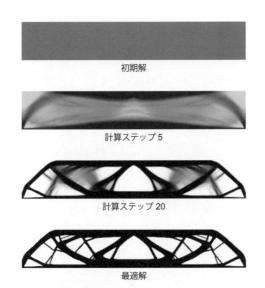

図5.6.1-1　剛性最大化における最適化構造の履歴（体積制約50%）

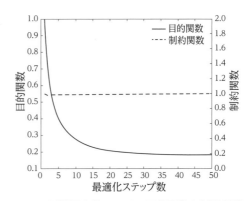

図5.6.1-2　剛性最大化における目的関数と制約関数の履歴（それぞれの代表値で正規化）

図5.6.1-3　剛性最大化における異なる体積制約での最適化構造

る。例えば，「ある最大変位量を制約値として与えた上で，体積をどこまで小さくできるか」という最適化問題を解くことも可能である。設計問題として軽量化を重視するのであれば，目的関数は体積に設定するのが素直であろう。このように目的関数と制約関数をどのように定義するのかは，対象とする設計問題に応じて決定する必要があることを改めて注記しておく。

5.6.2　最大応力最小化

構造設計では，剛性だけでなく強度も重要な評価指標となる。ここで強度を考える上で重要となるのが応力であり，構造設計では許容応力を超えないように形状を決定する必要がある。

強度に着目したトポロジー最適化[20]を実施する場合，重要となるのは構造に生じる応力の最大値である。応力は方向性を持つ量なので，方向性を持たないスカラー値で評価する場合，フォンミーゼス応力がよく用いられ，トポロジー最適化における評価関数としても一般に用い

られる。つまり，本最適化問題では構造に生じるフォンミーゼス応力の最大値を最小化することを目的に据える。

最大値の最小化はいわゆるミニマックス問題として定式化されるが，最大値は一般的な意味での微分を計算できない。したがって，勾配法を基本とするトポロジー最適化では，微分が取れるように何らかの近似処理が必要となる。代表的な手法では Kreisselmeier-Steinhauser 関数や p ノルム関数といったものが用いられる。両者の詳細は割愛するが，基本的な考え方としては，着目している最大値を表現するための近似関数として指数関数を利用することにある。指数が大きくなるにつれて近似関数が最大値に漸近していく仕組みになっており，最適化の途中で徐々に大きくしていく場合もあれば，はじめから値を固定する場合もある。パラメータ（ここでは指数）を最適化の過程で徐々に大きくしていくことで真の最大値に近づくものの，合わせて最適化計算が不安定化することに注意する必要がある。このようなパラメータ調整の必要性から，最大応力最小化は剛性最大化と比べると扱いが難しく，これまでに様々な定式化が提案されている[21]。

代表的な最大応力最小化の例題として，図 5.6.2-1 の問題を見ておこう。この問題では凹角部に応力集中が発生するため，それを避けるような構造が得られるかを検証する。ここでは体積制約として 36% の上限値を与え，フォンミーゼス応力の最大値を p ノルムによって近似する。

図 5.6.2-2 に得られた最適化構造を示す。ここでは参考として同じ解析モデルを用いた剛性最大化の結果

最大応力最小化

剛性最大化

図 5.6.2-2　強度最大化と剛性最大化における最適化構造の比較

も載せている。図に示すように，最大応力最小化では凹角部での応力集中を避ける構造が形成されているのに対し，剛性最大化の場合は凹角部周辺の材料が削られていないことが確認できる。

5.6.3　コンプライアントメカニズム

構造問題の代表的な事例として，コンプライアントメカニズムを紹介する。コンプライアントメカニズムは，

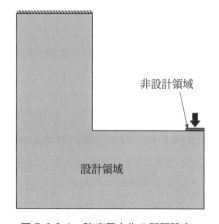

図 5.6.2-1　強度最大化の問題設定

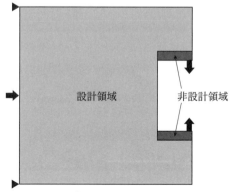

図 5.6.3-1　コンプライアントグリッパーの最適設計における問題設定

構造の適切な位置に柔軟性を付与することにより，構造一体で機能を実現するメカニズムである．ジョイントと剛体要素で構成される従来のメカニズムと異なり，無潤滑や小型化といった利点を有していることから，医療部品や MEMS (Micro-Electro Mechanical Systems) などへの応用が進められている．

ここではトポロジー最適化によってコンプライアントメカニズムを創成する方法[22]について見ていこう．コンプライアントメカニズムに必要な機能としては，メカニズムとしての柔軟性だけでなく作用荷重などに対する剛性も求められる．これらは相反する機能であるため，剛性最大化とは異なる定式化が必要とされ，90 年代の後半頃から様々な研究が行われてきた．代表的な方法論としては，相互平均コンプライアンスと呼ばれる指標を用いるもの[23]と，仮想的なバネ要素を用いるもの[22]があり，ここでは後者の方法による例を示していく．

コンプライアントメカニズムの代表的な事例として，コンプライアントグリッパーの最適設計について見ていこう．図 5.6.3-1 は本最適化問題で扱う解析領域であり，図の左中央を水平方向に押し込むことで，右端点が垂直方向にそれぞれ変位して近づくメカニズムについて考える．これは，右の開口部において物体を把持するためのグリッパーを設計することに対応する．図 5.6.3-2 では体積制約を 30% とした際に得られた最適化構造を示す．図の変形図からわかるように，挟む機能を有するメカニズムを実現できていることがわかる．なお，本最適化では初期値として図 5.6.1-2 と同様に設計変数分布が均一の構造を用いており，初期の段階では挟むことはできず，開口部が広がる方向に変形する．こういった新たな機能の発現を実現するところは，トポロジー最適化の高い設計自由度の為せる技といえよう．

続いて，コンプライアントグリッパーの最適設計を三次元問題へ展開し，AM で造形した事例を紹介する．図 5.6.3-3 に最適化構造とそれを熱溶解積層方式の 3D プリンターによって造形した事例を示す．このように，トポロジー最適化の結果をそのまま 3D プリンターで造形し，実際に手にとって確認することができる．

最適解

最適解

変形図

図 5.6.3-2　コンプライアントグリッパーの最適設計における最適化構造とその変形図

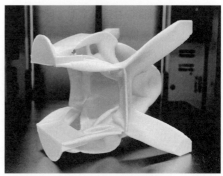

3D プリンターによる造形

図 5.6.3-3　三次元コンプライアントグリッパーの最適設計における最適化構造と AM による造形例

5.6.4 熱伝導問題

ここでは伝熱を考慮したトポロジー最適化について見ていく。熱の制御は様々な場面で必要とされる。例えば，電子機器の冷却はその典型例であり，高集積化に起因して発熱密度が増加の一途を辿っている。そのため，高効率な冷却技術が益々求められている。こういった背景から，トポロジー最適化を利用することにより，斬新な冷却構造の創成を図る研究が数多く成されている[24]。

代表的な伝熱問題を対象としたトポロジー最適化として，熱伝導問題における放熱性能最大化[4]について見ておこう。図 5.6.4-1 に本最適化問題の解析領域を示す。ここでは設計領域全体に内部発熱が生じており，温度を固定した下端の境界より放熱するための構造について考える。ここでのトポロジー最適化問題としては，金属などの高熱伝導率の材料と，それよりも熱伝導率の低い空気の分布問題として定式化する。図 5.6.4-2 に体積制約を 30% とした際に得られた最適化構造を示す。図からわかるように，得られた結果は植物の根を彷彿とさせる分岐構造であり，限られた材料で可能な限り表面積を確保するための形態が最適化構造として優位であることを示唆している。

続いて，図 5.6.4-3 において三次元問題に展開した際の最適化構造と AM で造形した事例を示す。図からわかるように，得られた最適化構造はサンゴ礁のような形態を有しており，二次元の場合と同様に高熱伝導率

図 5.6.4-2　熱伝導問題における放熱性能最大化の最適化構造

の材料と空気との伝熱面積を確保するために分岐構造となる。造形物についてはヒートシンクといった冷却機器を想定しているものの，デモンストレーション用として樹脂で造形している。実際の冷却機器設計への展開には金属3D プリンターを利用することになる。

最適解

3D プリンターによる造形

図 5.6.4-1　熱伝導問題における放熱性能最大化の問題設定

図 5.6.4-3　三次元熱伝導問題における放熱性能最大化の最適化構造と AM による造形例

5.6.5 熱対流問題

先に紹介した熱伝導問題においては，高熱伝導率の材料と空気の分布問題を考える場合，熱伝導率が低い材料を空気とみなすため，流体としての空気は扱っていない。しかし実際のところ，空気は構造物のまわりをうごめいているし，伝熱性能はその空気の振る舞いに依存する。そこで，ここでは流体の影響も考慮した，いわゆる熱対流問題について見ていこう。

熱対流は強制対流と自然対流に大別でき，両者とも流体の振る舞いを考慮する必要性があることから，それらのトポロジー最適化問題の定式化や数値実装はやや複雑になる。ここではこれらの詳細を述べることはしないが，これまでに様々な方法が提案されているので，興味のある読者は最近のレビュー論文[25, 26]を参照されたい。

まずは強制対流を考慮したトポロジー最適化[27, 28]について見ていく。図 5.6.5-1 に解析領域を示す。ここでは，上の流入境界から規定した圧力損失のもとで冷媒が入り，発熱する内部より熱を奪って下の流出境界から冷媒が出ていく問題を考える。最適化問題としては，流体と固体の分布問題を考え，両者の熱交換量最大化問題として定式化する。

図 5.6.5-2 に強制対流問題において得られた最適化構造を示す。図からわかるように，本最適化問題では分岐した流路構造が得られる。このように分岐した構造は流体と固体の境界面（二次元であれば境界線）を多

図 5.6.5-2　強制対流問題における熱交換料最大化の最適化構造

く確保することで熱伝達を促進しているものと考えられる。ここで，もっと細い流路を増やした方が性能の向上が見込めると思われるが，この最適化問題では先に記したように「規定した圧力損失のもとで」熱交換量の最大化を図っているため，細かすぎる流路は圧力損失の増大を招くことから最適解として許容されないのである。この圧力損失に対する制約がない場合は，圧力損失をいくらでも大きくしても良いということになるので，解像度の許す限り細い流路を形成するように最適化は進展するが，数学的には無限小の幅を有する流路が無限にあるような状態をも最適解として許容しているため，数値計算上は固体領域やグレースケールで設計領域が埋め尽くされる結果となる。工学的にはこのような設計解を活用するメリットは基本的に無いことから，強制対流問題においては圧力損失に対する制約を付与する場

図 5.6.5-1　強制対流問題における熱交換量最大化の問題設定

最適解

3Dプリンターによる造形

図 5.6.5-3　三次元自然対流問題における放熱性能最大化の最適化構造とAMによる造形例（サポート材込み）

合がほとんどである。なお，圧力損失を制約条件として与える場合もあれば，流体計算の際に境界条件として直接的に圧力を規定する場合もある。最適化問題を解く観点からは，後者の方が制約関数を一つ減らせることになるので，計算コストの削減と数値安定性に繋がりやすい。

続いて，自然対流を考慮したトポロジー最適化[29, 30]について見てみよう。問題設定としては，図5.6.4-3の三次元熱伝導問題と同様とし，ここでは空気の自然対流を考慮する。自然対流は，流体の密度が温度に依存することで生じる浮力を駆動力とする対流現象である。

図5.6.5-3に得られた最適化構造とAMによる造形例を示す。熱伝導問題では分岐構造が支配的であるのに対し，自然対流問題ではフィン構造が最適解として得られる。これは，過度な分岐構造は構造周りの対流を阻害するためであり，フィン構造は自然対流を促進するためのガイドの役割を担うためと考えられる。

最後に，二流体熱交換器を対象としたトポロジー最適化[31]を紹介する。これまでの熱伝達問題の事例では流体と固体の分布問題を扱ってきたが，伝熱機器の代表ともいえる熱交換器においては，異なる2つの流体が隔壁構造を介して熱交換を行うことから，合計3つの状態を加味した分布問題を扱う必要がある。そのための定式化方法はこれまでにいくつか提案されているが，ここでは1つの設計変数を用いてこれら三状態を表現するモデルを採用する。

図5.6.5-4に本最適化問題で対象とする解析領域を

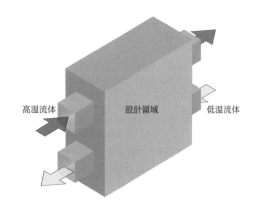

図5.6.5-4　二流体熱交換器問題における熱交換量最大化の問題設定

図5.6.5-5　二流体熱交換器問題における熱交換量最大化の最適隔壁構造

示す。これはいわゆる対向流型熱交換器を想定しており，ここでは高温流体と低温流体が隔壁を介して熱交換を行う際の最適な形態を導く。最適化問題としては，規定した圧力損失のもとで，両者の熱交換量の最大化を目的とする。

図5.6.5-5に本最適化問題で得られた最適隔壁構造を示す。得られた構造は限られた領域で熱交換性能が最大限発揮されるように複雑な熱交換の形態を有している。このような構造はAMであっても製造が困難であることから，実問題への展開には幾何学的な製造制約を課す必要がある。いずれにしても，「箱の中に対向流型熱交換器としての最適な隔壁を創成せよ」という単純ながら自由度のきわめて高い問題に対し，トポロジー最適化によって人知を超えた設計解を導くことができることは興味深い。

5.7　おわりに

本章ではDfAMの技術の1つとして注目を集めるトポロジー最適化について，その基本的な考え方，ジェネレーティブデザインとの関係，具体的な数値計算を紹介した。これらはDfAMのほんの一部の話題ではあるが，本章をきっかけにAMによって拡張された設計自由度の1つの活かし方について，読者に新しい視点を与えることができたのであれば，筆者としては嬉しい限りである。

DfAMの今後の展望としては，数値計算と実験の乖離を抑えた一気通貫の設計方法論や，時間軸をも考慮した4Dプリンティングへの展開などが挙げられる。

第5章 参考文献

1) G.A. Adam, D. Zimmer: CIRP J. Manuf. Sci. Technol., 7, 20-28 (2014)

2) M.K. Thompson, G. Moroni, T. Vaneker, G. Fadel, R.I. Campbell, I. Gibson, A. Bernard, J. Schulz, P. Graf, B. Ahuja, F. Martina: CIRP Annals, 65, 2, 737-760 (2016)

3) D. Rosen, S. Kim: JMEPEG, 30, 6426-6438 (2021)

4) M.P. Bendsøe, O. Sigmund: Topology optimization: theory, methods, and applications, Springer Science & Business Media (2003)

5) 西脇眞二, 泉井一浩, 菊池昇: トポロジー最適化, 丸善出版 (2013)

6) S. Krish: Comput. Aided Des., 43, 1, 88-100 (2011)

7) J. Matejka, M. Glueck, E. Bradner, A. Hashemi, T. Grossman, G. Fitzmaurice: Proceeding of the 2018 CHI Conference on Human Factors in Computing Systems, 369, Montréal (2018)

8) N.P. van Dijk, K. Maute, M. Langelaar, F. Keulen: Struct. Multidisc. Optim., 48, 437-472 (2013)

9) 畔上秀幸: 形状最適化問題, 森北出版 (2016)

10) J. Wu, O. Sigmund, J.P. Groen: Struct. Multidisc. Optim., 63, 1455-1480 (2021)

11) F.Wang, B.S. Lazarov, O. Sigmund: Struct. Multidisc. Optim., 43, 6, 767-784 (2013)

12) S. Khan, M.J. Awan: Adv. Eng. Inform., 38, 712-724 (2018)

13) J. Frazer: Creative Evolutionary Systems, Morgan Kaufmann, 253-274 (2002)

14) M. Agarwal, J. Cagan: Environ. Plann. B Plann. Des., 25, 205-226 (1998)

15) A.T. Gaynor, J.K. Guest: Struct. Multidisc. Optim., 54, 5, 1157-1172 (2016)

16) J. Liu, A.T. Gaynor, S. Chen, Z. Kang, K. Suresh, A. Takezawa, L. Li, J. Kato, J. Tang, C.C. Wang, L. Cheng, X. Liang, A.C. To: Struct. Multidisc. Optim., 57, 2457-2483 (2018)

17) G. Allaire, B. Bogosel, M. Godoy: Struct. Multidisc. Optim., 65, 299 (2022)

18) T. Yamada, Y. Noguchi: Addit. Manuf., 52, 102630 (2022)

19) J. Gao, M. Xiao, Y. Zhang, L. Gao: Chin. J. Mech. Eng., 33, 87 (2020)

20) R.J. Yang, C.J. Chen: Struct. Optim., 12, 98-105 (1996)

21) C. Le, J. Norato, T. Bruns, C. Ha, D. Tortorelli: Struct. Multidisc. Optim., 65, 299 (2022)

22) O. Sigmund: Struct. J. Struct. Mech., 25, 4, 493-524 (1997)

23) S. Nishiwaki, M.I. Frecker, S. Min, N. Kikuchi: Int. J. Numer. Methods Eng., 42, 3, 535-559 (1998)

24) T. Dbouk: Appl. Therm. Eng., 112, 841-854 (2017)

25) J. Alexandersen, C.S. Andreasen: Fluids, 5, 1, 29 (2020)

26) A. Fawaz, Y. Hua, C.S. Le, Y. Fan, L. Luo: Energy, 252, 124053 (2022)

27) T. Matsumori, T. Kondoh, A. Kawamoto, T. Nomura: Struct. Multidisc. Optim., 47, 571-581 (2013)

28) K. Yaji, T. Yamada, S. Kubo, K. Izui, S. Nishiwaki: Int. J. Heat Mass Transf., 81, 878-888 (2015)

29) J. Alexandersen, N. Aage, C.S. Andreasen, O. Sigmund: Int. J. Numer. Methods Fluids, 76, 10, 699-721 (2014)

30) Y. Tanabe, K. Yaji, K. Ushijima: Struct. Multidisc. Optim., 66, 5, 103 (2023)

31) H. Kobayashi, K. Yaji, S. Yamasaki, K. Fujita: Struct. Multidisc. Optim., 63, 821-834 (2021)

索 引

あ行

あ

アーク ………… 6, 7, 20, 26, 30, 31, 56, 57, 58, 59, 92
アーク溶接用ワイヤ ………………… 71, 72, 73
RAM ……………………………………… 144, 145
ISO/ASTM略称 ……………………………… 21
IGES ………………………………………… 77
アイソジオメトリック解析 ………………… 160
アコースティック・エミッション試験 ……… 141, 144
圧力損失 ………………………… 157, 165, 166
アルミニウム合金 ………………………… 2, 3
アンカー効果 ………………………………… 8
安全対策 ……………………………… 68, 69, 71

い

異常 ……………………………………… 146
移動座標系 ……………………………… 87, 95
移動熱源 ………………………………… 97, 98
インプロセスモニタリング ……… 134, 146, 147, 148, 149

う

VPP（VAT PhotoPolymerization）…………………… 24

え

エアコン ………………………………… 69, 70
AMのための設計 ………………………… 152
SHL（Sheet Lamination）………………… 23
STL ……………………………………… 76
STLファイル ………… 76, 77, 78, 79, 80, 160
NLA ……………………………………… 144, 145
NC ……………………………………… 9, 75, 81, 82
MJT（Material Jetting）………………… 22
エレメントバース ……………………… 113

お

オーバーハング ……………… 22, 115, 159, 160
音響 ……………………………… 145, 147, 149
温度勾配 …………… 86, 88, 98, 99, 102, 107, 111, 112

か行

か

改質 ……………………………………… 5, 8
回転円板法 ……………………………… 64
CAE ……………………………………… 75, 76
CAEソフトウェア ……………………… 81

拡散接合 …………………………… 7, 8, 23
火災 ……………………………… 49, 67, 69, 70
可視光 …………………………………… 147, 149
ガスアトマイズ法 ……………………… 64, 65
渦電流探傷試験 ………………………… 141, 142
ガルバノミラー ………………………… 23, 24, 46
換気扇 ………………………………… 69, 70
感度 ……………………………………… 155, 157

き

キープロセスパラメータ ………………… 126
キーホール ……………………… 43, 44, 51, 92, 148
キーホール欠陥 ………………………… 52, 129
機械的性質 ……………………………… 2, 3, 8
危険物 ………………………………… 37, 67
気孔 ……………………………… 65, 146, 147, 148
きず ………………… 139, 140, 141, 143, 145
輝度 ……………………………………… 147
CAD ………… 37, 75, 76, 77, 79, 80, 81, 82, 158, 160
CADソフトウェア ……………………… 78
CAM ………………… 37, 75, 76, 77, 78, 81
CAMソフトウェア ……………………… 81, 82
急冷 …………… 103, 105, 106, 107, 111, 130
凝固 ………………… 128, 129, 130, 140
凝固速度 ………… 65, 98, 99, 100, 101, 107, 130
凝固モード ……………………………… 101
凝固割れ ……………………… 61, 101, 102
強制対流 ………………………………… 165
強度異方性 ……………………………… 132, 133
亀裂 ………… 51, 53, 61, 135, 142, 143, 145, 146
金属間化合物 …………………………… 104, 107
金属材料 …………………………… 1, 2, 91, 109
金属粉末 ………… 37, 40, 64, 66, 67, 68, 122

く

クリープ試験 …………………………… 136
グレースケール ………… 155, 156, 157, 159, 160, 165

け

形状最適化 ……………………………… 153, 158
欠陥 … 44, 49, 50, 51, 52, 53, 61, 101, 112, 121, 123, 128, 129, 134, 135, 138, 139, 140, 141, 142, 143, 144, 145, 146, 147, 148
結合剤噴射法 …………………………… 19
結晶集合組織 ……………… 103, 109, 110, 112

こ

高温延性曲線 …………………………… 102
合金鋼 …………………………………… 1, 2

剛性最大化‥‥‥‥‥‥‥ 153, 154, 155, 161, 162
構造最適化‥‥‥‥‥‥‥‥‥‥‥‥‥ 152, 153
工程‥ 9, 10, 11, 14, 31, 36, 69, 121, 123, 124, 127, 128, 159
工程管理‥‥‥‥‥‥‥‥‥ 122, 123, 124, 126
勾配法‥‥‥‥‥‥‥‥‥‥‥‥ 155, 159, 162
固相接合‥‥‥‥‥‥‥‥‥‥‥‥‥‥‥‥‥ 7
固相変態‥‥‥‥‥‥‥‥‥‥‥‥‥ 97, 100
固溶体‥‥‥‥‥‥‥ 103, 104, 106, 107, 108
固有ひずみ‥‥‥‥‥‥ 112, 113, 114, 117, 118
固有変形‥‥‥‥‥‥‥‥‥‥‥‥‥ 113, 117
コンプライアントメカニズム‥‥‥‥‥‥ 162, 163

========= さ行 =========

さ

最大応力最小化‥‥‥‥‥‥‥‥‥‥ 161, 162
再熱割れ‥‥‥‥‥‥‥‥‥‥‥‥‥‥‥‥ 61
材料押出法‥‥‥‥‥‥‥‥‥‥‥‥‥‥‥ 22
材料噴射法‥‥‥‥‥‥‥‥‥‥‥‥‥‥‥ 22
材料分布‥‥‥‥‥‥‥‥‥‥‥‥‥‥‥ 154
サテライト‥‥‥‥‥‥‥‥‥‥‥‥‥‥‥ 65
サポート‥‥‥‥‥ 22, 36, 37, 49, 52, 53, 115, 126, 165
酸素量‥‥‥‥‥‥‥‥‥‥‥‥‥‥ 66, 73
残留応力 8, 61, 107, 112, 113, 114, 116, 117, 118, 121

し

CCT線図 (Continuous Cooling Transformation diagram)
‥‥‥‥‥‥‥‥‥‥‥‥‥‥‥‥‥‥‥ 108
シート積層法‥‥‥‥‥‥‥‥‥‥‥‥‥‥ 23
ジェネレーティブデザイン‥‥‥‥ 156, 158, 159
次元の呪い‥‥‥‥‥‥‥‥‥‥‥‥‥‥ 155
指向性エネルギー堆積法‥‥‥‥‥‥‥ 20, 56
自然対流‥‥‥‥‥‥‥‥‥‥‥‥‥ 165, 166
支燃性物質‥‥‥‥‥‥‥‥‥‥‥‥‥ 68, 69
支配方程式‥‥‥‥‥‥‥‥‥‥‥‥‥‥ 154
磁粉探傷試験‥‥‥‥‥‥‥‥‥‥‥ 141, 142
射影法‥‥‥‥‥‥‥‥‥‥‥‥‥‥ 156, 157
放射線透過試験‥‥‥‥‥‥‥‥ 141, 142, 143
晶出‥‥‥‥‥‥ 101, 104, 105, 106, 130
消防法‥‥‥‥‥‥‥‥‥‥‥‥‥ 37, 67, 68
シングルモード‥‥‥‥‥‥‥‥‥‥‥‥‥ 29
浸透探傷試験‥‥‥‥‥‥‥‥‥‥‥ 141, 142
じん肺‥‥‥‥‥‥‥‥‥‥‥‥‥‥‥‥ 70

す

随伴法‥‥‥‥‥‥‥‥‥‥‥‥‥‥‥ 155
数値解法‥‥‥‥‥‥‥‥‥‥‥‥‥ 90, 96
数値計算‥‥‥‥‥‥‥ 115, 153, 159, 165
スキャンストラテジー‥‥‥‥‥‥‥‥‥‥ 44
STEP ‥‥‥‥‥‥‥‥‥‥‥‥‥‥‥‥ 77

ステンレス鋼‥‥‥‥‥‥‥‥‥‥ 2, 91, 101
スポット径‥‥‥‥ 29, 30, 34, 40, 41, 42, 46, 50
スラグ‥‥‥‥‥‥‥‥‥‥ 6, 10, 72, 73, 74
3Dスキャナ‥‥‥‥‥‥‥‥ 76, 79, 80, 114
寸法最適化‥‥‥‥‥‥‥‥‥‥‥‥ 153, 158

せ

成形‥‥‥‥‥‥‥‥‥‥‥‥ 5, 6, 19, 66
製造性設計法‥‥‥‥‥‥‥‥‥‥‥‥‥ 152
制約関数‥‥‥‥‥‥‥‥‥‥ 154, 161, 166
制約条件‥‥‥‥‥‥ 153, 154, 160, 161, 166
赤外線サーモグラフィ試験‥‥‥‥‥‥ 141, 144
積層厚さ‥‥‥‥‥ 38, 39, 40, 44, 47, 48, 50, 117
設計自由度‥‥‥‥ 152, 153, 158, 163, 166
設計変数‥‥‥‥‥‥‥‥‥ 156, 157, 166
接合‥‥‥‥‥‥‥‥‥‥‥‥ 4, 5, 7, 8, 9
切削加工‥‥‥‥‥‥‥‥‥‥‥‥‥‥‥‥ 5
切断‥‥‥‥‥‥‥‥‥‥‥‥ 5, 6, 7, 126
穿孔‥‥‥‥‥‥‥‥‥‥‥‥‥‥‥‥ 5, 6
潜熱‥‥‥‥‥‥‥‥‥‥‥‥‥‥‥ 85, 88

そ

造形時間‥‥‥‥‥‥‥‥‥‥‥‥‥‥‥ 54
造形設計‥‥‥‥‥‥‥‥‥‥‥‥‥ 75, 152
走査速度‥‥‥‥ 40, 41, 43, 44, 50, 52, 99, 102
掃除機‥‥‥‥‥‥‥‥‥‥‥‥‥ 37, 69, 70
相変態‥‥‥‥‥‥ 98, 103, 104, 106, 107, 109, 111, 112
組成的過冷却‥‥‥‥‥‥‥‥‥‥‥‥ 98, 99
ソフトウェア‥‥‥‥ 75, 77, 81, 108, 123, 124, 158, 160
ソリッドワイヤ‥‥‥‥‥‥‥‥‥ 72, 73, 74

========= た行 =========

た

第一世代ジェネレーティブデザイン‥‥‥‥‥ 158
体積エネルギー密度‥‥‥‥‥‥‥‥ 41, 50, 52
体積制約‥‥‥‥‥‥‥ 161, 162, 163, 164
対流駆動力‥‥‥‥‥‥‥‥‥‥‥‥‥ 91, 92
多目的最適化‥‥‥‥‥‥‥‥‥‥‥ 158, 159
弾性限度‥‥‥‥‥‥‥‥‥‥‥‥‥‥‥ 2, 3
鍛造‥‥‥‥‥‥‥‥‥‥‥‥‥‥‥‥ 5, 6
炭素鋼‥‥‥‥‥‥‥‥‥‥‥‥‥‥‥‥‥ 1
断面観察‥‥‥‥‥‥‥‥‥‥‥ 128, 129, 130

ち

チェッカーボードパターン‥‥‥‥‥‥‥‥ 156
チタン合金‥‥‥‥‥‥‥‥‥‥‥‥‥‥‥ 2
着火源‥‥‥‥‥‥‥‥‥‥‥‥‥ 68, 69, 70
鋳造‥‥‥‥‥‥‥‥‥‥‥‥‥‥ 101, 144
超音波探傷試験‥‥‥‥‥‥‥‥‥‥ 141, 143

169

て

DED（Directed Energy Deposition）
　‥‥‥‥‥‥‥‥‥ 20, 21, 30, 56, 59, 60, 61
DED-Arc ‥‥‥‥‥ 20, 21, 31, 56, 57, 61, 92
DED-EB ‥‥‥‥‥‥‥ 20, 56, 57, 59, 61
DED-LB ‥‥‥‥‥‥ 20, 21, 56, 57, 61
DfM ‥‥‥‥‥‥‥‥‥‥‥‥‥‥‥‥ 152
DfAM‥‥‥‥‥ 16, 17, 152, 156, 158, 159, 160, 161
ティグ溶接‥‥‥‥‥‥‥‥‥‥ 21, 30, 57, 59
TTT線図（Time Temperature Transformation diagram）
　‥‥‥‥‥‥‥‥‥‥‥‥‥‥‥‥‥ 108
デニュデーション‥‥‥‥‥‥‥‥‥‥‥ 43
電子ビーム‥‥‥‥‥‥ 7, 20, 23, 26, 30
電磁波‥‥‥‥‥‥‥‥‥‥‥‥ 146, 147, 149
電磁力‥‥‥‥‥‥‥‥‥‥‥‥‥‥‥‥ 62

と

銅合金‥‥‥‥‥‥‥‥‥‥‥‥‥‥‥‥‥ 2
トーチ‥‥‥‥‥ 20, 21, 30, 31, 36, 56, 57, 59, 60, 61, 72
特殊工程‥‥‥‥‥‥‥‥‥‥‥‥ 121, 124
トポロジー最適化‥152, 153, 154, 155, 156, 157, 158, 159, 160, 161, 162, 163, 164, 165, 166

========== な行 ==========

に

ニッケル合金‥‥‥‥‥‥‥‥‥‥‥‥‥‥ 2
認証‥‥‥‥‥‥‥‥‥‥‥‥‥‥ 37, 124, 145
認定‥‥‥‥‥‥‥‥‥ 122, 123, 124, 127

ね

熱交換器‥‥‥‥‥‥‥‥‥‥‥‥‥ 11, 166
熱交換量最大化‥‥‥‥‥‥‥‥‥‥‥ 165
熱効率‥‥‥‥‥‥‥‥‥‥‥‥‥‥‥‥ 86
熱サイクル‥‥‥‥‥‥‥‥‥‥ 8, 91, 93
熱弾塑性解析‥‥‥‥‥‥‥‥‥ 113, 115, 118
熱変形‥‥‥‥‥ 37, 44, 45, 46, 52, 112, 113, 114, 115, 118
燃焼‥‥‥‥‥‥‥‥‥‥‥‥ 67, 68, 69, 70
燃焼対策‥‥‥‥‥‥‥‥‥‥‥‥‥‥‥ 69

========== は行 ==========

は

BJT（Binder Jetting）‥‥‥‥‥‥ 19, 20, 37
パウダーベッド‥‥ 23, 38, 39, 40, 42, 43, 46, 47, 48, 53, 149
バッチ供給プロセス‥‥‥‥‥‥‥‥ 47, 48
ハッチピッチ‥‥‥‥‥‥‥‥‥ 40, 41, 50
パレート最適解‥‥‥‥‥‥‥‥ 154, 158, 159

パワー密度‥‥‥‥‥‥ 8, 29, 32, 85, 86, 90, 91, 92, 148
半導体レーザ‥‥‥‥‥‥‥‥‥‥ 27, 29, 46

ひ

PAW ‥‥‥‥‥‥‥‥‥‥‥‥‥‥‥ 30, 31
PCRT‥‥‥‥‥‥‥‥‥‥‥‥‥‥ 144, 145
ヒートシンク‥‥‥‥‥‥‥‥‥‥‥‥‥ 164
pノルム関数‥‥‥‥‥‥‥‥‥‥‥‥‥ 162
PBF（Powder Bed Fusion）‥‥‥‥‥‥ 23, 38, 150
PBF-EB ‥‥‥‥‥‥ 23, 38, 106, 109, 133
PBF-LB ‥‥ 23, 36, 38, 40, 41, 43, 46, 49, 50, 51, 52, 64, 100, 106, 109, 146, 149
微細組織‥‥‥‥‥‥‥‥‥‥‥‥‥‥ 109
引張強度‥‥‥‥‥‥‥‥‥‥ 2, 3, 133, 137
引張試験‥‥‥‥‥ 131, 132, 133, 134, 136
HIP処理‥‥‥‥‥‥‥‥‥‥‥‥‥ 53, 136
非破壊検査‥126, 127, 134, 138, 139, 140, 141, 144, 145
比表面積‥‥‥‥‥‥‥‥‥‥‥‥‥ 66, 67
ヒューム‥‥‥‥‥ 42, 43, 48, 49, 65, 70, 74
評価関数‥‥‥‥‥‥‥‥ 154, 155, 157, 161
表面張力‥‥‥‥‥ 57, 64, 73, 91, 92, 146
疲労試験‥‥‥‥‥‥‥‥ 129, 134, 135, 136
品質保証‥16, 17, 121, 122, 123, 124, 126, 127, 128, 132, 134, 145
融合不良欠陥‥‥‥‥‥‥‥‥‥‥‥ 51, 129

ふ

フーリエの法則‥‥‥‥‥‥‥‥‥‥‥‥ 86
ブラスト‥‥‥‥‥‥‥‥‥‥ 8, 53, 126
プラズマアーク方式‥‥‥‥‥‥‥‥ 31, 57
プラズマ回転電極法‥‥‥‥‥‥‥‥‥ 64
プラズマ溶接‥‥‥‥‥‥‥‥‥‥‥‥ 31
プラズマ溶融‥‥‥‥‥‥‥‥‥‥ 64, 66
フラックスコアードワイヤ‥‥‥‥‥‥‥ 73
プロセスマップ‥‥‥‥‥‥‥ 50, 51, 52
分級‥‥‥‥‥‥‥ 64, 65, 66, 69, 70, 123
粉塵爆発‥‥‥‥‥‥‥‥‥‥‥‥ 68, 70
分配係数‥‥‥‥‥‥‥‥ 98, 102, 111
粉末床溶融結合法‥‥‥‥‥‥‥‥‥‥ 23

へ

平衡状態図‥‥‥‥‥‥‥ 97, 98, 103, 104, 112
偏析‥‥‥‥‥‥ 65, 97, 98, 102, 106, 107

ほ

放電加工‥‥‥‥‥‥‥‥‥‥‥‥‥ 7, 53
放熱性能最大化‥‥‥‥‥‥‥‥‥ 164, 165
保護具‥‥‥‥‥‥‥‥‥‥‥‥‥‥ 37, 71

ま行

ま

マグネシウム合金 …………………………………… 2
マクロ組織観察 …………………………………… 128
摩擦撹拌接合 …………………………………… 7, 8, 23
マランゴニ効果 …………………………………… 91

み

ミグ溶接ソリッドワイヤ …………………………… 72
ミグ溶接 …………………………… 21, 30, 31, 57, 58
ミクロ組織 ……………… 8, 97, 100, 130, 133, 137
ミクロ組織観察 …………………………… 130, 131
水アトマイズ法 …………………………………… 64
密度 ………………… 2, 37, 39, 40, 50, 51, 52, 53, 148
密度フィルタ …………………………………… 156, 157
密度法 ……………… 154, 155, 156, 157, 160
ミニマックス問題 ……………………………… 162

め

MEX（Material Extrusion）…………………… 22, 37
メルトプール …………………………… 41, 43. 52, 56

も

目視試験 ………………………………………… 141
目的関数 ……………… 153, 154, 155, 158, 161

や行

や

ヤング率 ………………… 2, 3, 109, 110, 118, 131, 154, 155

ゆ

有限要素法 …………………………………… 154, 156
融合不良 …………… 51, 52, 128, 135, 140, 146, 147, 148

よ

溶射 …………………………………………… 8, 9, 66
溶滴 …………………………………………… 57, 58, 59
溶融現象 …………………………………… 85, 147, 148
溶融池 …………………………… 88, 89, 90, 91, 92
4M …………………………………………… 122

ら行

り

リコート …………………………………………… 38, 48
リサイクル ……………………………………… 37, 47, 66

粒子形状 ………………………………………… 65
流動性 ………………………… 37, 40, 64, 65, 66
粒度分布 ……………………………………… 64, 65

れ

冷却速度… 65, 89, 93, 98, 99, 100, 102, 106, 107, 108, 109, 130
レイヤー間温度 ……………………………… 59
レーザ（レーザビーム）… 6, 20, 23, 26, 27, 28, 29, 30, 33, 38, 40, 41, 42, 43, 44, 46, 56
レーザ吸収率 …………………………… 41, 42, 44, 66
レーザ出力 ………………… 32, 41, 42, 43, 44, 50, 52
レベルセット法 ……………………………… 155
連続供給プロセス …………………… 46, 47, 48

わ行

わ

WAAM（Wire Arc Additive Manufacturing）… 20, 21, 30, 31, 56, 57, 58, 61, 92, 106, 109
割れ ………………… 61, 101, 102, 112, 121, 138, 141

入門　金属3Dプリンター技術

2024年9月1日　初　版　第1刷発行
2025年3月20日　初　版　第2刷発行

編　　者	一般社団法人日本溶接協会	
	AM部会 技術委員会	
発行者	大友　亮	
発行所	産報出版株式会社	

〒101-0025 東京都千代田区神田佐久間町1丁目11番地
TEL. 03-3258-6411 ／ FAX. 03-3258-6430
ホームページ　https://www.sanpo-pub.co.jp
印刷・製本　株式会社ターゲット

ⓒThe Japan Welding Engineering Society, 2024　ISBN978-4-88318-070-7　C3053

定価はカバーに表示しています。万一，乱丁・落丁がございましたら，発行所でお取替えいたします。